主 编　郑国光

副主编　矫梅燕　丁一汇　宋连春

中国气候

ZHONGGUO QIHOU

『十三五』国家重点出版物出版规划项目

气象出版社
China Meteorological Press

图书在版编目（CIP）数据

中国气候 / 郑国光主编 . —北京：气象出版社，
2019.3

ISBN 978-7-5029-6879-3

Ⅰ . ①中… Ⅱ . ①郑… Ⅲ . ①气候—研究—中国
Ⅳ . ① P468.2

中国版本图书馆 CIP 数据核字（2018）第 285227 号

审图号：GS（2018）6209 号

出版发行：**气象出版社**

地　　址：北京市海淀区中关村南大街 46 号　　　邮政编码：100081
电　　话：010-68407112（总编室）　　010-68408042（发行部）
网　　址：http//www.qxcbs.com　　　**E-mail：**qxcbs@cma.gov.cn
责任编辑：陈红　黄海燕　　　　　　　　　终　　审：吴晓鹏
设　　计：符　赋　　　　　　　　　　　　责任技编：赵相宁
印　　刷：北京中科印刷有限公司
开　　本：710 mm×1000 mm　1/16　　　　印　　张：21
字　　数：378 千字
版　　次：2019 年 3 月第 1 版　　　　　　印　　次：2019 年 3 月第 1 次印刷
定　　价：140.00 元

本书如存在文字不清、漏印以及缺页、倒页、脱页等，请与本社发行部联系调换

《中国气候》编委会

主　编：郑国光

副主编：矫梅燕　丁一汇　宋连春

委　员：张祖强　顾建峰　谢　璞　毕宝贵　翟盘茂

　　　　杨修群　江志红　姚学祥　王江山　陈振林

　　　　崔讲学　庄旭东　彭　广　鲍文中　王存忠

　　　　李维京　张　强　贾小龙　张培群

《中国气候》编写组

第1章	郑国光	陈　峪	黄　磊	周　兵	李修仓	孙　颖	刘芸芸
	赵　琳						
第2章	丁一汇	张　强	江志红	李清泉	王遵娅	王东阡	王朋岭
	邹旭恺	王艳娇	李　多				
第3章	姚学祥	王江山	陈振林	崔讲学	庄旭东	彭　广	鲍文中
	高　荣	王　冀	赵春雨	穆海振	刘　敏	杜尧东	陆　虹
	马振峰	马鹏里					
第4章	杨修群	张培群	陈海山	高　辉	袁　媛	李伟平	蒋兴文
第5章	翟盘茂	张存杰	朱　蓉	申彦波	周毓荃	申双和	廖要明
	慕建利	段居琦					
第6章	矫梅燕	高　歌	赵珊珊	叶殿秀	廖要明	韩荣青	肖　潺
	黄大鹏	李　莹	王遵娅	王　飞	江　滢	钟海玲	
第7章	刘洪滨	周波涛	许红梅	宋艳玲	翟建青	陈鲜艳	王长科
	魏　超						
第8章	宋连春	贾小龙	王玉洁	宋艳玲	李修仓	王　阳	邵鹏程
	张颖娴	刘昌义	艾婉秀	梅　梅	陈鲜艳		

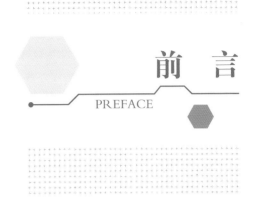

前 言
PREFACE

　　茫茫宇宙中，地球这颗蓝色的星球，是人类赖以生存的家园，它被大气紧紧包围着，在太阳辐射的驱动下，大气不停地运动和变化，像一幕幕戏剧在上演，变幻无穷，演化出多姿多彩的气候特征，可谓气象万千。

　　从现代科学的角度，气候是大气的长期状态，它既为人类的繁衍生存提供了丰富的资源，也频繁发生着威胁人类生存的自然灾害，如何认识气候、趋利避害，既是一部气象科学的发展史，也是人类文明的发展史。上古时期的人们已经认识到风调雨顺有赖于每年的季风能否按时到来，人类早期的文明中心也大都分布在北半球中纬度气候温暖、土地肥沃、水源充足的世界著名的几大江河流域。

　　"春雨惊春清谷天，夏满芒夏暑相连，秋处露秋寒霜降，冬雪雪冬小大寒"，这是民间为便于记忆而编成的二十四节气歌，充分体现了中华民族祖先在长期生产实践中对季节更替等气候规律的认识。二十四节气自秦汉以来已沿用了2000多年，是中国历法的独特创造。2016年，联合国教科文组织正式将"二十四节气"列入人类非物质文化遗产代表作名录。

　　"正月寒，二月温，正好时候三月春；暖四月，燥五月，热六月，湿七月，不冷不热是八月；九月凉，十月冷，冬腊两月冻冰雪。"它很形象地反映出中国阴历各月的气候特点。

　　随着时代的进步，电子仪器、人造卫星、通信网络和高性能计算机的发展，对气候系统进行观测的设备已经有了很大的改进，许多仪器能够利用遥感技术探测大气、海洋和陆地的特征，人们对气候的基本规律的认识也取得了巨大进步。

　　21世纪以来，全球气候变暖趋势明显，极端天气气候事件频繁发生，对经济社会产生了显著影响。科学认识气候、适应气候、利用气候、保护气候，走人与自然和谐发展的道路，已经成为社会的广泛共识。因此，我们应当对变化了的中国气候进行再分析、再认识，编写能够反映当前中国气候状况的权威性著作。

习近平总书记强调，应对气候变化是中国可持续发展的客观需要和内在要求，事关国家安全。应对气候变化既是中国现代化长期而艰巨的任务，又是当前发展中现实而紧迫的任务。既需要有中长期战略目标和规划，又需要有现实可操作的措施，开展实实在在的行动。2013 年，中国颁布了《国家适应气候变化战略》；2014 年，国务院批复了《国家应对气候变化规划（2014—2020 年)》。目前，中国经济发展进入新常态，转型发展和低碳发展成为经济发展的新特点，"一带一路""京津冀一体化""长三角协同"等重大战略的实施，对气候服务、应对气候变化提出了新要求。因此，编写一部能够反映当前气候特点的《中国气候》，是服务决策、服务民生、服务生产的迫切需要。

近 20 年建立起来的全球气候观测网，能够全面观测大气、海洋、陆地生态系统、冰冻圈以及它们之间的相互作用，以更深入地综合了解气候系统的基本特征及演变规律。进入 21 世纪以后，已经发展出了包含大气圈、水圈、冰冻圈、岩石圈和生物圈五大圈层的地球系统模式，人类对气候系统及其规律的认识得到了飞跃式的提升。中国在气候理论、概念、方法、模式等方面都有新的进展，对中国气候和气候变化都有新的认识，气候观测资料更加丰富，认识气候的手段更加先进，气候领域的一批优秀年轻人才也成长起来。因此，组织编写和出版《中国气候》一书正当其时。

20 世纪 50 年代以来，为了认识中国气候的基本情况，中国科学家多次出版了中国气候分析专著。近年来，随着气候业务和科研的发展，气候理论、概念、方法、模式等方面都取得了重要进展。为了进一步分析中国气候和气候变化的最新特征，总结气候和气候变化领域取得的最新研究成果，为中国应对气候变化、防灾减灾、生态文明建设以及经济社会可持续发展提供科学支撑，迫切需要对中国气候的基本特征、极端事件、灾害风险、服务和应对措施等进行全面分析和总结，编写和出版新的《中国气候》。

本书共分 8 章。第 1 章 "认识气候"，介绍气候的形成、气候的类型、气候的变化、气候的影响以及气候的认知等基础内容；第 2 章 "中国气候特征"，详细阐述中国主要气候要素特征；第 3 章 "区域气候"，阐述华北气候、东北气候、华东气候、华中气候、华南气候、西南气候、西北气候以及流域气候特征；第 4 章 "中国气候的影响因子"，全面说明影响中国气候的主要因子，尤其是海洋、青藏高原、大尺度环流、温室效应、气溶胶效应、土地利用变化和城市化效应等；第5章"气候资源"，阐述风能资源、太阳能资源、云水资源、农业气候资源、旅游气候资源等，为利用气候提供科学认识；第6章"气象灾害"，详细阐述对中国影响较大的干旱、暴雨洪涝、台风、高温热浪、低温冷冻害，以及雪灾、雷电、冰雹、大风、雾、霾、沙尘暴等气象灾害；第7章"气候风险与气候安全"，较完整地说明气候变化大背景下，中国气候响应的重要特点，以及由此带来的气候风险和气候安全问题；第8章"气候服务"，融合最新的气候监测与气候预测的重要成果，紧密结合用户需求，详细阐述把气候科学的发展成果转化为面向决策、面向生产、面向民生的气候服务的潜在可能性。

《中国气候》一书由中国气象局牵头，以国家气候中心的专家团队为主，联合相关高校和科研单位共同编写完成。

本书中应用的资料以1949以来的资料为主，气候平均值以1981—2010年为准，极端值使用建站至2016年的资料。

《中国气候》在编写中注重将科学性、权威性、科普性和通俗性相结合，力求做到图文并茂、通俗易懂。它体现了对气候规律的新认识，也融合了气象现代化建设所取得的最新业务和科研成果，体现了新技术、新思维、新理念，将对社会各界认识气候、适应气候、利用气候、保护气候，走一条人与自然和谐发展的道路提供科学支撑。

本书涉及的知识面广，资料甚多，错误之处在所难免，诚望读者不吝赐教。

作者

2018年4月

目录

CONTENTS

第3章　区域气候

第4章　中国气候的影响因子

第5章　气候资源

第8章 气候服务

第1章 认识气候

CHAPTER ONE

1.1 气候的形成

1.1.1 什么是气候

气候（climate）源自希腊语中的 klima，意思是倾斜，指的是地平线上太阳光线的角度。古希腊人已经知道各地的冷暖与太阳光线的倾斜程度有关，如果太阳倾角较小，则比较寒冷，太阳倾角大的地方则比较热。冷暖是人类对气候最早的感知。中国的"气候"一词由二十四节气和七十二候而来，起源于中华文明发祥地黄河流域的农时变化，是对冷、暖、干、湿与物候现象有机组合的认识。

从现代科学的角度，气候是大气的长期状态，即大气长时间内气象要素和天气现象的平均或统计状态。但它并不是几个气象要素的简单平均状态，而是热量、水分及空气运动的大气综合状态的统计特征，既包括平均状态，也包括各种可能状况的概率分布及其极端状况。气候反映了一个地区的冷、暖、干、湿等状态及其变化。

1.1.2 什么因素决定了气候

现代人们认识到，决定一地气候的因素是十分复杂的。气候的形成是我们所处的大气圈、水圈、冰冻圈、岩石圈、生物圈五大圈层相互作用的结果，主要受太阳辐射、海陆分布与地理条件、大气环流等因素的影响。

1.1.2.1 太阳辐射

太阳辐射是地球大气运动的驱动力，是形成气候的主要能源。太阳辐射维持着地球表面与大气之间各种形式的运动过程的平衡，气候取决于接收到的太阳辐射和散失（反射、散射和放射）的热量之间的平衡。

太阳辐射经过地球大气层时，一部分被大气吸收，一部分反射回太空，其余部分则穿过大气层到达地球表面。太阳短波辐射到达地球表面后，一小部分被直接反射回太空，大部分则被地球表面吸收并以长波辐射的方式向外传播，这部分长波辐射的热量被大气吸收一部分，其余的都反射回太空。大气被加热之后也会产生长波辐射，一小部分向太空散失，另一大部分射向地面被吸收（图1.1）。地球表面失去的长波辐射减去从大气得到的长波辐射称为有效辐射，有效辐射与地球表面实际接收的太阳短波辐射的差额是地球表面最终得到的辐射平衡值。对于整个地球气候系统而言，地面的辐射收支差额为零，但对于不同地区，地面所接收的辐射存在差异。

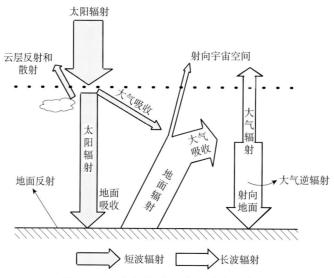

图 1.1　地球气候系统能量收支示意图

太阳辐射分布的不均匀性是造成各地气候差异的根本原因。由于地球是一个球体，不同纬度带上太阳照射角不同，所得到的太阳辐射能量（热量）也不同。一般来说，纬度越高太阳照射角越低，所得到的太阳辐射也就越少，温度就越低；纬度越低得到的太阳辐射就越多，温度就越高，这就使得相同或相近纬度带上各地气候具有一定的相似性，但不同纬度带上的气候就有很大的差异。

地球在自转的同时也绕太阳公转，由于地轴和地球公转轨道面保持一定的夹角（约 23.5°），这样当地球绕太阳公转时，地球表面上的太阳直射点就在南北回归线之间来回移动，使得任一地区一年中得到的太阳辐射量发生变化，从而形成了气候的季节变化。气候的季节特征在中高纬地区比较明显，多数地区四季分明。而极地地区由于得不到太阳直射，终年严寒；热带地区由于在赤道附近，太阳直射或近乎直射，终年炎热。

1.1.2.2 海陆分布与地理条件

海陆分布与地理条件对形成气候有重要影响。海洋占地球表面总面积的71%，陆地仅占 29%。海洋不仅面积远大于陆地，而且和陆地具有不同的热力学特性。海水热容量大，接收到的太阳辐射大部分被海水吸收，热量被存贮在海洋内部，升温缓慢但降温也慢。陆地热容量相对海洋小得多，没有贮存大量热量的能力，增温快降温也快，因此形成冬冷夏热的气候。与陆地相比，海洋具有巨大的调节作用，使得沿海地区形成冬暖夏凉的气候。

海陆热力学特性的差异还是形成季风气候的原因之一。夏季，大陆增温比海洋剧烈，大陆比海洋暖，在大陆上为热低压，海洋上温暖湿润的空气吹向大陆；冬季，大陆迅速冷却，大陆比海洋冷，形成冷高压，寒冷干燥的空气由大陆吹向海洋。这种季节性转变的盛行风就是季风，受季风影响的地区就形成了季风气候。

另外，海洋与陆地表面空气中所含水汽的多少也有不同。一般来说，在海洋或者近海地区，降水比较丰富，降水的季节变化也比较均匀，气候多雨湿润；而在远离海洋地区则完全相反，降水少且不均匀，气候干燥。

地形地势对局部气候的形成也有重要作用。在高大山地和高原地区，气温随海拔增高而降低，气候垂直变化显著，辐射强，气温的年较差小，而日较差大，形成高原山地气候。山地的迎风坡对气流产生抬升作用，暖湿气流在抬升过程中气温降低，易凝结致雨，而在山地的背风坡，盛行下沉气流，降水较少。

1.1.2.3 大气环流

大气环流是大气中热量、水分输送和交换的重要方式，对气候的影响十分显著。由于纬度的不同和地球表面海陆分布的不均，地球表面接收到的太阳辐射存在明显差异，热力差异引起的气压差以及地球的自转运动等形成了大气的运动，称为大气环流。大气环流既有全球性的环流运动，也有局地性的环流运动；有水平方向的也有垂直方向的，有低层大气的也有高层大气的，有缓慢推进的也有急速流动的。

在水平方向上，南北半球各存在 4 个气压带和 4 个风带。以北半球为例，4 个气压带即赤道低压带、副热带高压带、副极地低压带和极地高压带，4 个风带即赤道无风带、低纬信风带（东北信风带）、中纬西风带和极地东风带。在垂直方向上，南北半球各有 3 个闭合环流圈，即低纬环流圈（也称"哈得来环流"）、中纬环流圈（也称"费雷尔环流"）和极地环流圈。水平方向也就是东西方向的环流称为纬向环流，垂直方向即南北方向的环流称为经向环流。

地球大气正是通过这些环流系统进行热量和水汽的输送和再分配，以此调节各个地区的气候，使得各地气候既有相似性又有差异性，同时还具有季节性。

1.1.3 中国气候的形成

中国幅员辽阔，地形复杂，地理位置特殊，形成了复杂多样的气候。中国南北跨度大，从最南端的曾母暗沙（3°56′N）到最北端的漠河（53°32′N），依次跨越了热带、亚热带和中纬度温带地区，形成了具有热、温、寒的多种气候。中国处于亚欧大陆东侧，东临太平洋，所处的地理位置使之成为典型的大陆性季风气候国家，大部分地区冬季寒冷干燥，夏季多雨炎热。东部和南部的沿海地区以及众多岛屿受海陆特性的影响，形成了湿润温热的海洋性气候；中国西部内陆处于亚欧大陆深处，由于远离海洋很难得到海洋上暖湿空气的眷顾，形成了干燥少雨的大陆性气候。中国的西南矗立着世界屋脊——青藏高原，不仅形成了独特的高原气候，还对中国其他地区气候形成有着重要的影响。冬季青藏高原迫使4000米以下的西风环流分为南北两支，北支气流的作用之一就是加强了西北部冷空气的势力，南支绕过高原后的西南气流成为暖湿气流的通道，两支气流在长江中下游汇合，形成冬季多雨雪的气候。

中国气候的形成除了自身的地理条件外，还受全球其他地区下垫面的影响，这些下垫面包括热带和中高纬度的海洋、北极的冰雪等。当这些下垫面的热力性质发生变化时，会造成大气环流异常，使得热量和水分的再分配受到影响，从而影响中国某个时期的气候。

1.2 气候的类型

阳光的照射角度、纬度位置、海陆位置和海拔高低等是形成各地气候差异的主要因素。低纬度地区阳光照射的倾斜程度小，气候炎热，高纬度地区阳光照射的倾斜程度很大，气候寒冷，形成了气候的纬度地带性，即同一纬度地区的气候具有相似性。海陆分布和海陆特性差异会引起气候干湿度的差异，从而产生气候随干湿度发生有规律变化的经度地带性。随海拔高度的增加，气温会随之下降，从而产生气候随海拔高度变化的垂直地带性。此外，受地形起伏、坡向以及下垫面状况等因素的影响，气候也会发生变化。因此，任何地方的气候都受地带性与非地带性因素的综合影响，气候在区域分布上呈现出不同的规律，形成了气候的不同类型。

1.2.1 气候类型划分

气候分类即按某种标准将全球气候划分为若干类型。气候类型的划分大致有两大类不同的方法。一是实验分类法，根据大量观测记录，以某些气候要素的长期统计平均值及其季节变化与自然界的植物分布、土壤水分平衡、水文情况及自然景观等相对照进行划分；另一类是成因分类法，根据气候形成的辐射因子、环流因子和下垫面因子来划分气候带和气候型，一般先根据辐射和环流因子划分气候带，再根据海陆位置、地形等因素进行气候型的划分。

实验分类法的代表是柯本气候分类法。它以气温和降水这两种气候要素的观测记录为基础，并参照自然植被的分布，把全球气候分为热带、暖温带、冷温带、极地带（寒带）和干带 5 个气候带，每个气候带又做了进一步分类，如热带划分为热带雨林气候、热带草原气候、热带季风气候。由于柯本气候分类法系统简明并能反映世界自然植被的分布状况，因此在世界各国被广泛应用，但它也存在某些缺陷，如未考虑海拔高度对气候的影响等。随着气候科学认知的加深，气候类型划分方法正在不断改进和发展。

中国气候主要类型有温带季风气候、温带大陆性气候、亚热带季风气候、热带季风气候和高山高原气候五大类。

1.2.2　气候区划

气候区划即按气候特征的相似和差异程度，以一定的指标对一定的区域范围所进行的气候区域划分。气候区划与气候分类是气候划分的两种方法，某一类型的气候可以出现在不同的区域，而气候区划所划出的区域必须是连成一片的。

中国第一个较为完整的国家气候区划方案是 1929 年由竺可桢先生提出的。竺可桢先生认为柯本气候分类法并不完全适用于中国，因此在借鉴的基础上，根据中国的气候特征将全国划分为华南、华中、华北、东北、云贵高原、草原、西藏和蒙新共 8 个气候区。1949 年以后，中国科学院、中央气象局（现中国气象局）都开展了中国气候区划工作。如 1959 年中国科学院自然区划工作委员会公布的中国气候区划方案中，根据热量指标将全国划分为赤道带、热带、亚热带、暖温带、温带、寒温带 6 个气候带和 1 个高原气候区（青藏高原）。1966 年中央气象局在上述气候区划基础上，用 1951—1960 年全国 600 多个站的气候观测资料进行补充和修正，绘制了中国气候区划图；此后，又将所用气候资料更新为1951—1970 年，对原来的部分区划界线进行了修订，最终将全国划分为 10 个气候带、22 个气候大区。

1.2.3　气候带的变化

气候类型也不是一成不变的，特别是随着 20 世纪 80 年代以来快速的全球变暖，中国气候的总体格局虽然没有发生明显变化，但某些气候区的边界线出现了一定程度的移动。根据 1981—2010 年中国气候标准值数据集重新编制的中国气候区划（图 1.2），将中国划分为 12 个温度带、24 个干湿区（郑景云 等，2013）。与之前根据 1951—1980 年资料所得到的气候区划相比，中国亚热带北界与暖温带北界均出现了北移，寒温带和中温带面积减小，暖温带、北亚热带、中温带、南亚热带以及热带面积增大，北方地区的半湿润与半干旱分界线也出现了不同程度的东移与南扩。其中，北亚热带北界东段平均北移 1 个纬度以上并越过淮河一线，中亚热带北界中段则从江汉平原南沿移至江汉平原北部，青藏高原亚寒带范围缩小、高原温带范围增加，东北温带地区的湿润—半湿润东界东移，大兴安岭中部与南部的半湿润—半干旱线北扩。这些变化在中国农业生产和种植制度的变化上得到了印证，小麦、水稻和玉米三大粮食作物种植北界持续北推，黑龙江地区已大面积扩种水稻。未来随着全球气候继续变暖，中国大部分气候带可能会继续北移，一些粮食作物的种植北界也将继续北推，北方森林或草原的面积会有所减少。

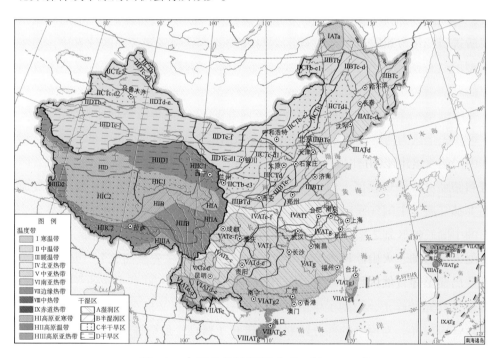

图 1.2　中国气候区划图（丁一汇，2013）

1.3 气候的变化

气候一直在发生着变化。地质年代，地球气候发生了剧烈的变化；过去250万年，气候呈现出冰期与间冰期的循环；工业革命以来，出现了显著的全球气候变暖，全球地表气温、大气温室气体含量、海平面高度以及其他自然与环境条件都出现了显著的变化。

1.3.1 气候变化的概念

气候变化是指气候平均值和气候离差值（距平）出现了统计意义上的显著变化；平均值的升降表明气候平均状态发生了变化，离差值的变化表明气候状态的不稳定性增加，离差值越大说明气候异常越明显。气候变化与时间尺度密不可分，在不同的时间尺度下，气候变化的内容、表现形式和主要驱动因子均不相同。根据气候变化的时间尺度和影响因子的不同，气候变化问题一般可分为三类，即地质时期的气候变化、历史时期的气候变化和现代气候变化。万年以上尺度的气候变化为地质时期的气候变化，如冰期和间冰期循环；人类文明产生以来（一万年以内）的气候变化可纳入历史时期气候变化的范畴；1850年有器测气象记录以来的气候变化一般被视为现代气候变化。

1.3.2 气候变化的原因

气候变化可以由自然原因引起，也可以由人为原因引起，或者由自然与人类活动的原因共同引起（图1.3）。在工业革命之前，气候变化主要受太阳活动、火山活动以及气候系统自然变率等自然因素的影响。工业化时期以来，人类通过大量燃烧煤炭、石油等化石燃料向大气中排放了大量的二氧化碳等温室气体，使温室效应进一步增强，全球气候出现了以

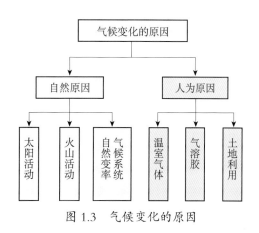

图 1.3　气候变化的原因

变暖为主要特征的显著变化。人类活动产生的大量气溶胶粒子，直接影响大气的水循环和辐射平衡，这两种过程都会引起气候变化。人类活动还可以通过土

地利用方式的变化，即通过改变地表物理特性影响地表和大气之间的能量和物质交换，从而使区域气候发生变化。

气候系统自然变率是影响全球气候变化的重要自然因素，如太平洋年代际振荡（PDO）和厄尔尼诺—南方涛动（ENSO）等在全球气温的年代际及年际变化上都发挥着重要的作用。从全球地表气温的年际变化来看，在出现厄尔尼诺事件的年份一般气温升高更为明显，而在出现拉尼娜事件的年份气温会有一定程度的降低。如受 1982—1983 年厄尔尼诺事件影响，1983 年全球温度达到 1950 年以来的最高值；1997—1998 年出现了 20 世纪最强的厄尔尼诺事件，1998 年也成为 20 世纪全球最暖的一年；2014—2016 年的超强厄尔尼诺事件，使全球地表平均气温接连打破历史纪录。这些例子说明像厄尔尼诺/拉尼娜等这类气候系统的内部变率会明显影响温度的年际变化。

1.3.3 现代气候变暖

虽然与漫长的地质年代相比，现代气候变暖可能并没有完全超出自然变化的幅度，但现代气候变暖的变化速率却是罕见的。

从全球平均地表（包括陆地表面和海洋表层）气温的变化速率来看，在地质年代约为 10 ℃ /10 万年，即平均每年变化 0.0001 ℃；而近百年来全球地表气温升高了大约 1 ℃，气温变化的速率已达到每年 0.01 ℃的量级，是地质年代气温变化的 100 倍左右。政府间气候变化专门委员会（IPCC）2013 年发布的第五次气候变化评估报告指出，1880—2012 年全球平均地表气温升高了 0.85 ℃，1951—2012 年全球升温速率为每十年 0.12 ℃，几乎是 1880 年以来的两倍；1981—1990 年、1991—2000 年和 2001—2010 年这三个十年的全球地表平均气温比 1850 年有系统观测记录以来的任何一个十年都要高。世界气象组织（WMO）发布的《2016 年全球气候状况公报》指出，2016 年全球地表平均温度比 1961—1990 年平均值高 0.83 ℃，比工业化之前高约 1.1 ℃，刷新了 2014 年、2015 年相继创下的最暖纪录，成为 1850 年有气象记录以来最暖的年份。有记录以来，全球最暖的 17 个年份中有 16 个都出现在 21 世纪。

对中国近百年来气候变化事实的研究显示，百年尺度上中国的升温趋势与全球基本一致，1900 年以来有两段明显的增温期，分别出现于 20 世纪 20—40 年代和 80 年代中期以后。《第二次气候变化国家评估报告》认为，1880 年以来中国的变暖速率为每百年 0.5～0.8 ℃，其中 1951—2009 年中国陆地表面平均气温升高 1.38 ℃，变暖速率为每十年 0.23 ℃，约为全球平均变暖速率的两倍（《第二次气候变化国家评估报告》编写委员会，2011）。

1.3.4　人类活动对气候系统的影响

现代全球气候变暖的影响因子与其他时期气候变暖的影响因子也不尽相同，太阳活动、火山活动等自然因素的贡献相对很小，人类活动成为气候变暖的主要影响因子。现代气候变暖除表现为全球地表平均气温的快速升高外，在气候系统其他圈层中也表现出显著的变化。并且自 1950 年以来观测到的许多变化在几十年乃至上千年的时间尺度上都是前所未有的，如大气中二氧化碳（CO_2）、甲烷（CH_4）、氧化亚氮（N_2O）等温室气体的浓度也都超过了近 80 万年的水平。

从组成大气的成分来看，氮气（N_2）占 78%，氧气（O_2）占 21%，氩气（Ar）等约占 0.9%，这些占大气中 99% 以上的气体既不吸收也不放射热辐射，因此都不是温室气体。二氧化碳、甲烷、氧化亚氮等气体占大气总体积混合比的千分之一以下，但由于它们能够吸收和放射辐射，所以这些气体又被称为温室气体。温室气体在地球气候系统的能量收支中起着重要的作用，因而能够引起气候变化。

二氧化碳、甲烷等温室气体从传统意义上来说并不是对环境有毒害作用的"污染物"，所以过去的观念认为这些温室气体并不需要被隔离和控制，可以直接排放到大气中。但随着人类活动向大气中排放的温室气体越来越多，全球气候变化问题日益凸显，科学家们通过大量观测事实和研究逐渐认识到温室气体排放等人类活动对气候的影响越来越突出。自 20 世纪中叶以来，人类活动造成的气候变化受到各国科学家、政策制定者和公众的关注，国际社会也开始了一系列从科学研究到气候变化科学评估和制定相关应对气候变化国际条约的行动。

1.3.5　应对气候变化行动

1979 年，第一次世界气候大会制订了世界气候计划，揭开了系统研究全球气候变化的序幕。1988 年，世界气象组织（WMO）和联合国环境规划署（UNEP）联合成立政府间气候变化专门委员会（IPCC），主要以气候变化的科学问题为切入点，对全世界范围内现有的与气候变化有关的科学、技术、社会、经济方面的资料和研究成果做出评估。

1990 年，IPCC 发布第一次评估报告，以综合、客观、开放和透明的方式评估了一系列与气候变化相关的科学问题，指出人类活动产生的各种排放正在使大气中的温室气体浓度显著增加，这将增强温室效应，从而使地表升温。1992 年达成的《联合国气候变化框架公约》（UNFCCC）于 1994 年生效，为国际社会采取应对气候变化的共同行动指明了方向。

自 1990 年以来，IPCC 已经发布了五次气候变化科学评估报告，所评估的焦点问题是人类活动与气候变化的关系，即人类活动在过去、现在和未来是否已经、正在和继续造成全球气候变化及其影响，以及应该采取什么样的政策措施应对气候变化。

近二十多年来，随着气候变化科学的迅速发展和地球气候的实际演变，科学界对人类活动影响气候变化的认识不断加深，所提供的证据不断增多，目前科学界比以往任何时候都肯定人类活动对地球气候的影响。研究显示，人类向大气中累积排放的二氧化碳总量和全球地表平均气温变化之间为近似的线性相关关系，即人为温室气体排放量越高，全球气候的增温幅度越大。虽然自然变率可使每年的温度在总体变暖的大趋势中出现偏冷或偏暖，但气候变暖的总体趋势不会改变。

要减小气候变化对人类社会的危害，需要控制大气中温室气体浓度的增加。为实现《联合国气候变化框架公约》确立的"将大气中的温室气体浓度稳定在使气候系统免受危险的人为干扰的水平，使生态系统能自然适应气候变化，确保粮食生产免受威胁并使经济可持续发展"目标，国际社会于 2015 年 12 月达成了《巴黎协定》，协定明确了到 21 世纪末将全球地表气温升高幅度相比工业化前控制在不超过 2 ℃的目标，确立了 2020 年后以国家自主贡献为主体的国际应对气候变化机制，最大限度地凝聚了国际社会的共识，是全球气候治理进程中的重要里程碑。

1.4 气候的影响

1.4.1 气候与文明

气候是自然环境的重要组成部分，是人类生命繁衍和发展的基本条件。气候条件是人类社会文明形成和发展的重要影响因素之一。

一般来说，社会发展历史的越早时期，人类对包括气候条件在内的自然环境的依赖性也越强；生产力水平越低，自然环境对人类的影响越大。"南风之薰兮，可以解吾民之愠兮。南风之时兮，可以阜吾民之财兮"，上古时期的《南风歌》抒发了中国先民对"南风"的期盼和赞美。清凉的南风吹来，可以解除百姓的愁苦；适时的南风吹来，可以丰富百姓的财物。上古时期的人们已经认识到风调雨顺有赖于每年的季风能否按时到来，因为那时候生产力并不发达，对气候条件有很强的依赖性。可见，人类社会的发展在很大程度上受气候因素的制约，特别是在人类文明形成的早期，气候扮演着重要的角色，对人类文明的进程具有广泛深远的影响。

适宜的气候条件是人类文明诞生的必要条件之一，太冷或太热的地区都不利于原始农业的发展，这些地区难以发展成为人类早期的文明中心。人类早期的文明中心大都分布在北半球中纬度气候温暖、土地肥沃、水源充足的世界著名的几大江河流域。农作物的发芽、生长、开花、结果都需要适宜的温度。在太冷的地区不仅农作物生长缓慢，而且还容易受到冷害、冻害等气象灾害的影响，很容易造成颗粒无收。在早期农业生产水平很低的情况下，寒冷地区的原始社会人类通过农业生产获取食物还不如狩猎方便，因此人类文明也很难在这些地区产生和发展。太热的地区虽然有利于植物生长，但在原始农业生产力水平比较低下的条件下，农业生产的成果也不如直接采集食物方便。因此，世界上四大早期文明的发源地，即非洲尼罗河流域的埃及文明、西亚两河流域的巴比伦文明、南亚印度河流域的印度文明以及中国黄河和长江流域的中华文明，都分布在北纬 30° 左右的气候适宜区。

中国东部季风区的黄河流域和长江流域是中华文明的摇篮。中华文明的母亲河黄河发源于青藏高原，向东流经黄土高原，这一区域的河谷和平原地带土壤肥沃，又具有雨热同期的温带季风气候特征，是发展旱地农业的好地方，非常有利于农业文明的产生和发展。长江流经的华中、华东地区为亚热带季风气候区，水热条件优越，良好的气候条件和其他自然环境为早期农业文明的形成和发展创造了条件。随着生产力的提高和人口的增加，人们聚族定居，在黄河流域和长江流域形成了最初的农耕聚落，灿烂、悠久的中华文明也正是在这里产生和发展起来的。

1.4.2 气候冷暖与朝代兴衰

气候和社会、政治、经济等因素交织在一起影响人类文明的进程。人类文明史上经历了数个温暖期与寒冷期的交替，这些交替对文明的兴衰产生了重要的影响。全球气候经历了多次冷、暖、干、湿变迁，在人类历史和文明的各个阶段都留下了印记。

五千年来，中国气候大致经历了四次"暖—冷"交替，对中国古代政治、经济和文化的发展产生了多方面深刻的影响。以近两千年为例，中国气候温暖期和寒冷期、湿润期和干燥期的交替变化与历代王朝治乱相间、盛衰更迭的周期性特点有着密切的关系，也左右着农业的发展、经济的兴衰。在中国历史上的气候暖湿期，农业生产条件较好，物产丰盛，北方草原水源充足，牧草茂盛。经济发展，国家强盛，中原农业政权与北方游牧民族和平相处。但每一次气候寒冷干燥期，农业生产能力减退，中原农业政权会更多地受到自然灾害的影响。同时，北方草原生态恶化，游牧民族生存压力增大，促使他们南迁以寻找更多的宜牧土地。历史上几次大规模民族融合，都发生在气候寒冷期，如公元400年左右的"五胡乱华"，公元1200年左右的契丹、女真和蒙古族的接踵南下，以及公元1700年左右的满族入关。明朝最后的40余年，即1600—1643年，是中国历史上气候最寒冷干旱的一段时间，明王朝的覆亡固然有多种原因，但连续8年的大旱或是压垮它的"最后一根稻草"。

当然，气候并不是制约中国社会发展和历史进程的唯一因子，历史的改朝换代和兴衰是多种因素作用的结果，气候降温期也曾有唐初贞观之治和东汉初期光武中兴等社会繁荣和稳定，气候持续增温期也有如东汉后期、唐朝后期等的政局和社会不稳。随着社会生产力的发展，特别是科学技术的进步，人类社会对气候、环境的依赖性越来越小，对其影响却越来越凸显，不但可以改变局地自然环境，还能通过改变大气成分使气候发生变化，反过来气候、环境又会对人类社会产生新的影响。

1.4.3 气候与衣食住行

人们居住的环境尤其是当地气候条件对服饰文化有很大影响。气候炎热的地区，一年四季冷暖变化不大，早晚温差小，服装样式相对简单，以轻、浅、薄为特征，能更好地透气散热。在高纬度和高海拔地区，冬季漫长且严寒，人们无须频繁更换衣服，服装功能主要是抵御严寒、大风等恶劣天气，服装样式也比较简单。而生活在温带地区的人们，四季气候不同，温度变化大，需要不同类型、不同厚度以及材质的衣服，以适应当地气候和天气的变化，因此服饰多样，服饰文化也最为发达。在新疆吐鲁番盆地，白天日照充足、气温升高，夜里气温快速下降，日夜温差非常大，一天之内可以经历寒暑变化，因此形成了"早穿皮袄午穿纱，抱着火炉吃西瓜"的地方特色。西藏地域高寒，牧民常常穿厚重的长袍，但在午间由于日照强烈，气温升高，穿长袍、皮袄会感觉热，为适应这种剧烈的气温变化，牧民常常将藏袍斜穿一半，另一半别在腰间，这也是气候影响下的一种独特的服饰文化。

在中国的饮食习惯上，受气候影响最典型的就是南米北面。南方地区雨量丰沛，适合种植需水多的水稻，自古以来南方就以大米类为主食。北方雨水少，适合种植需水少耐旱的作物，如小麦、玉米、高粱等，因此北方多以面食为主。而在内蒙古、新疆、西藏等一些降水稀少或高寒的地区，不适宜种植庄稼，以畜牧业为主，这里的食物则以肉类、奶类为主。在四川、重庆、贵州等西南地区，夏季闷热潮湿、冬季阴冷潮湿，光照少，辣椒有祛风祛湿、发汗驱寒的功效，因此这里的人们喜辣，与气候不无关系。

日照、降水、风速、风向、温度、湿度等气候条件，直接影响建筑的功能、样式、结构等。人们为适应当地的气候条件，形成了各有特色的居住形式。中国北方，冬季寒冷，常刮偏北大风，建筑物主要考虑防寒保温功能，因此房屋多为坐北朝南，南面接收更多的阳光，北面减少寒风的入侵。南方夏季多雨潮湿、高温闷热，因此房屋高大、多窗，为的是更好地通风、散热、防潮，而房屋朝向并非最主要的考虑因素。在云南南部的西双版纳，属热带雨林气候，终年高温且潮湿多雨。为便于通风防潮，形成了一种"高脚"的建筑，也就是傣家竹楼，住在里面清凉舒爽。在中国西北的黄土高原，先民们创造性地利用当地有利的地质条件和地形，形成了独特的建筑形式——窑洞，而干燥少雨的气候是窑洞得以保存百年的关键因素。

在古代，交通几乎完全取决于气候和地理条件，因此形成了一个地区交通工具的特殊性，如雪原用雪橇、河流多的地方有船、旱路地方用车、沙漠地区有骆驼、草原以马代步等。在中国，历史上形成的"南船北马"的交通方式，就是气候影响最直接的结果。中国南方降雨多，加之地形的作用，形成多江河湖泊的地理环境，水上交通便利又发达，因此有"南人善舟"的说法。北方降雨少，气候干燥，河流少，以陆路交通为主；在广袤的草原多以车马代步，故"北人善骑"。

1.4.4 气候与经济

气候对人类的经济社会活动有重要的影响，气候本身就是人类物质生产不可缺少的资源，在经济建设和社会发展过程中，合理利用气候资源，可取得良好的社会、经济、生态效益；反之，破坏气候资源，则会遭受经济损失。《齐民要术》就指出："顺天时，量地利，则用力少而成功多。任情返道，劳而无获。"其意思是若按气候规律办事，则可以以最小付出收获很大经济和社会效益，如若反其道行事则徒劳无益。

中国的季风气候特征使得不同地区发展了不同的经济类别。在夏季风影响的中国东南部地区，降水量丰沛，不仅农耕经济发达，还形成了分布广泛的城市体系，加上便利的交通条件，经济发展水平高。而夏季风影响不到的地区，年降水量一般不足 400 毫米，以牧业经济或半牧半农经济为主，经济发展水平在一定程度上受到气候条件的限制。

1935 年，中国地理学家胡焕庸在定量分析中国人口分布特征时提出，从黑龙江省瑷珲（1956 年改称"爱珲"，1983 年改称"黑河"）到云南省腾冲画一条大致倾斜角度为 45° 的直线（后称"胡焕庸线"），这条线的东南方占国土面积的 36%，却居住着 96% 的人口，以平原、水网、丘陵、喀斯特和丹霞地貌为主要地理结构，自古以农耕为经济基础；这条线的西北方占国土面积的 64%，分布着草原、荒漠和雪域高原，人口密度极低，居住着不到 4% 的人口。

自然环境、经济发展水平和社会历史条件不同是造成胡焕庸线东西两侧巨大差异的原因，而在这三个因素中，自然环境因素的作用最大，经济发展水平很大程度上也受制于自然环境，社会历史条件的影响也离不开自然环境基础。因此，胡焕庸线不仅是中国人口分布差异的分界线，也是气候等自然地理环境条件的分界线。

1.4.5 气候与自然环境

地形是形成局地气候的重要因素之一，而气候也能够重塑地形。风、降雨形成的流水，降雪形成的积雪和冰川等都说明气候在地理环境的形成和演变中起着非常重要的作用，长期稳定的气候对应一定的地形地貌，形成诸如雅丹地貌、沙丘沙垄、冲积平原、侵蚀峡谷等。多雨气候对地形的影响，在山地丘陵多以流水侵蚀为主，平原盆地则以沉积为主；干旱气候以风力侵蚀、沉积地形为主；高寒气候区则以冻融、冰川地形为主。

不同气候条件下的降水量、降水形态均不同，表现出的水文特征也不同。中国北方属于半湿润、半干旱或干旱气候，降水少，地形以高原山地为主，形成的河流湖泊少，河水流量普遍偏小；又因一年中降水时段集中且汛期较短，因此水位季节变化大，河流含沙量大。南方地区多属于湿润半湿润气候，降水多，地形以平原丘陵为主，河网密布、湖泊众多，水量大；且南方雨季长，四季降水分配相对均衡，因此水位季节变化较小，加上植物较茂盛，河流的泥沙含量也少。中国西北地区降水稀少，主要水源是高山冰雪融水和山地降水，河流水量偏小且与季节密切相关。夏季气温高，冰雪融水量多，山地降水也较多，水量丰富；冬季降水少，冰雪冻结，河流断流。中国最大的内陆河塔里木河就是季节性河。

地球上不同植被类型的分布基本上取决于气候条件，主要包括热量和水分等。终年湿润多雨的热带气候区年平均温度为 25～30 ℃，年降水量为 2000～4000 毫米或更多，空气中相对湿度达 90% 以上，分布着热带雨林；亚热带季风气候区年降水量达 1000 毫米以上，全年较湿润，年平均温度为 16～18 ℃，夏季炎热潮湿，最热月的平均温度达 24～27 ℃，冬季稍干寒，最冷月的平均温度为 3～8 ℃，是常绿阔叶林的主要分布区；大陆性气候区，气候干燥、降水少、变率大且集中在夏季，夏季温暖、冬季寒冷而漫长，气温年较差大，形成草原植被。

200 毫米年降水量等值线是中国干旱区与半干旱区的分界线，200～400 毫米降水量区域，耕地以旱地为主，自然植被是温带草原，是中国最重要的牧区；年降水量小于 200 毫米的干旱区，自然景观是半荒漠和荒漠，只在有水源的地区有绿洲农业，局部地区有牧业。400 毫米年降水量等值线是中国半干旱区和半湿润区的分界线，大体从大兴安岭向西南，经张家口、兰州、拉萨一线，此线与"胡焕庸线"大致重合，是中国农耕区与牧区、森林植被与草原植被的分界线。400～800 毫米降水量区域是中国主要的旱地农业区，自然植被为落叶林和草原。800 毫米年降水量等值线是中国半湿润区与湿润区的分界线，大致为秦岭至淮河一线。此线以南为湿润区，是中国以水田为主的农业区，自然植被为非落叶的各类森林。

1.5 气候的认知

1.5.1 二十四节气

二十四节气自秦汉以来已沿用了两千多年，是中国历法的独特创造，充分体现了中华民族祖先在长期生产实践中对季节更替等气候规律的认识，对农业生产和日常生活有非常实际的指导意义，其影响也由黄河流域扩展到整个华夏大地。2016 年，联合国教科文组织正式将"二十四节气"列入人类非物质文化遗产代表作名录。

中国古人将太阳周年视运动轨迹划分为二十四等份，每一份划为一个节气，每个节气有三候，每候有五天。可以看出，节气的划分充分考虑了季节、天气和气候、物候等自然现象的变化以及农事活动等诸多方面。其中，立春、立夏、立秋、立冬反映了季节的开始，春分、秋分、夏至、冬至反映了太阳高度变化的转折点，小暑、大暑、处暑、小寒、大寒反映了气温的变化，雨水、谷雨、小雪、大雪反映了降水现象，白露、寒露、霜降反映了气温逐渐下降的过程和程度，小满、芒种则反映了作物的成熟情况，惊蛰、清明反映了自然物候现象。

"春雨惊春清谷天，夏满芒夏暑相连，秋处露秋寒霜降，冬雪雪冬小大寒"，这是民间为便于记忆编成的二十四节气歌。二十四节气名称、出现时间及天气气候和物候特点见表1.1。

表1.1 二十四节气名称、一般出现时间及天气气候和物候特点

名称	一般出现时间	天气气候和物候特点
立春	2月3—5日	春季的开始，标志着冰河解冻，万物复苏。天气逐渐转暖，风不再刺骨寒冷
雨水	2月18—20日	冰雪融化，天气转暖，雨水开始增多。中国东南一带的暖湿气候开始显现
惊蛰	3月5—7日	天空开始打雷，气温、地温逐渐升高。蛰伏的冬眠动物、昆虫开始复苏活动，虫卵孵化，南方进入春耕季节
春分	3月20—22日	太阳光直射赤道，昼夜相等，此后阳光直射点逐渐北移，北半球白天长于黑夜。气温明显回升，越冬作物进入春季生长阶段
清明	4月4—6日	气候转暖，万物开始生长，进入春耕春种季节。华南前汛期拉开序幕，标志着汛期开始
谷雨	4月19—21日	各地雨量明显增多，江南一带进入春季连阴雨时期，天气气候适于五谷生长，许多作物在此节气前后种植
立夏	5月5—7日	气温升高，炎热的夏季即将到来，紧张的夏忙季节也将开始。孟加拉湾到中南半岛一带夏季风开始建立，中国南方雷雨增多
小满	5月20—22日	小麦、大麦等夏收作物籽粒逐渐饱满，但尚未成熟。正值南海夏季风爆发阶段，预示着来自热带海洋的暖湿空气将起主导作用，华南前汛期处于盛期，暴雨频繁
芒种	6月5—7日	带"芒"的麦类作物成熟并开始收割，谷类作物开始播种，是24个节气中最忙碌的季节。梅雨季节来临，进入主汛期，长江中下游地区常出现雨涝灾害
夏至	6月21—22日	阳光直射北回归线，这一天北半球白昼最长、黑夜最短，北半球都将进入炎热的夏天

名称	一般出现时间	天气气候和物候特点
小暑	7月6—8日	进入炎夏季节，中国主雨带位置进一步北推，到达江淮之间。随着小暑节气的结束，梅雨季节也会随之结束
大暑	7月22—24日	天气更加炎热，进入一年中最热的季节，长江流域可能会出现伏旱。华北雨季开始，雷阵雨天气频发
立秋	8月7—9日	炎热的夏天即将过去，秋天即将来临
处暑	8月22—24日	夏季暑气散去，气温出现由高到低的转折点，是气候开始变凉的象征
白露	9月7—9日	天气逐渐转凉，地面水汽易凝结成露，开始进入秋收阶段。中国东部地区主汛期已经结束，华南仍处在台风活跃期
秋分	9月22—24日	阳光再次直射赤道，昼夜几乎等分，中国大部地区天高云淡、秋高气爽。南海夏季风趋于结束，中高纬度冷空气将逐渐成为主导
寒露	10月8—9日	气温继续降低，露水日更多，气候逐渐转冷，但仍未寒
霜降	10月23—24日	天气寒冷起来，开始出现霜冻。东亚冬季风逐渐成为主角，强冷空气或寒潮天气开始蠢蠢欲动
立冬	11月7—8日	预示着冬季就要开始。南海和西太平洋一带台风季节已告结束
小雪	11月22—23日	气温继续下降，不时有寒风吹来，北方开始降雪，进入封冻季节
大雪	12月6—8日	气温进一步下降，鹅毛大雪不时而至，大地渐现积雪，气候意义上的冬季正式到来
冬至	12月21—23日	阳光几乎直射南回归线，这一天北半球白昼最短而黑夜最长，寒冷的天气就要到来
小寒	1月5—7日	大地进入隆冬季节，强冷空气或寒潮会频繁光顾，天气寒冷但还没有冷到极点
大寒	1月20—21日	一年中最冷的时节，冷空气势力强劲，大有滴水成冰之势。这是最后一个节气，大寒以后，立春到来，完成一个循环

1.5.2 二十四节气变了吗

二十四节气是中国古人以黄河中下游地区的自然气候条件为基准而制定的，对中国其他地区来说，同一节气所描绘的情况会有很大不同。此外，二十四节气是以固定节点划分的，中国又是一个典型的大陆性季风气候国家，逐年间气温高低、降水多寡都有很大差异，因此，二十四节气所对应的天气气候和物候也会有差别，特别是随着全球气候变暖，人们发现桃花往往在惊蛰节气到来前就开了，清明节后气温飙升一日便入夏，鹅毛大雪成了大雪节气的稀客，小寒、大寒节气没有那么冷了。人们的感知和科学数据都反映出二十四节气所对应的天气气候发生了变化。

作为中国传统文化的重要组成部分，两千多年来二十四节气一直深受民间认可和喜爱。随着社会进步和科技发展，百姓的生产生活不再如以前一样依赖于二十四节气，但二十四节气仍是安排农事活动和民俗活动的重要参考。

1.5.3 气候谚语

在气候认知的发展历程中，气候谚语可以认为是对气候最早的"感知"。古代劳动人民在长期的农业生产实践活动中，积累和总结了大量有关气候和物候的谚语，主要描述的是气候规律或者气候特点，也大多与物候情况相关。这些谚语或告诉我们一些气候特点和一般情况下的气候规律，或反映物候情况并据此来指导人们适时安排农牧业生产活动，提醒人们的生活要"顺天应时"。气候谚语范围和内容比较广泛，有的谚语通俗地揭示了气候的基本规律；有的则形象地反映了天气和气候特点及变化；有的谚语将气候变化和物候情况联系起来，提醒人们应顺应气候的变化，合理安排生活；有的谚语则把气候与农业生产联系在一起，指导人们因时制宜、因地制宜地从事农业生产。

气候谚语常常用简练的语言把气候规律浓缩成一两句话，便于记忆，朗朗上口，在人民群众中广为传诵。也有相当一部分谚语反映了中国气候的多样性特点。

"爷爷往里要吃新米，爷爷往外要吃新麦。"这条谚语反映了太阳高度角变化与气候的关系。原则上适用于中国北回归线以北的广大地区。"爷爷"指太阳，这条谚语的含义是，人们在屋里看到太阳光由窗户照到室内的位置更靠里，说明太阳高度角低了，秋季就要到来，稻子快要熟，快要吃新米了；反之，太阳光由窗户照到室内的位置更靠外，说明太阳高度角高了，夏季就要到来，麦子快要熟，快要吃上新麦子了（朱振全，2013）。

"正月寒，二月温，正好时候三月春；暖四月，燥五月，热六月，湿七月，不冷不热是八月；九月凉，十月冷，冬腊两月冻冰雪。"这条谚语很形象地反映了中国阴历各月的气候特点。

"春天孩儿面，一日脸三变。"这条谚语反映了春季天气气候多变的特点，春季作为冬夏大气环流转变的调整期，天气往往复杂多变。

"二月二龙抬头，河冰塌消水长流。"春暖冰消是北方二月的气候情况，已是农忙时节，二月二的平均状况与"惊蛰"节气的气候、物候情况类似。"二月二龙抬头"理解为"蛰龙"（蛰虫）感受到暖意，抬头欲出。其时，天气渐暖，土壤解冻，小麦返青，野草破土。"龙抬头"也有降水增加的意思，反映了人们春季务农对雨水的渴求。

"立秋十八响，寸草结籽粒。"这是一条气候与物候的谚语。立秋十八天已进入处暑节气，暑气将尽，天气转凉，许多植物进入成熟期，也是各种草结籽的时期。

"春无三日晴，夏无三日雨"，说的是南方（长江流域）春天多阴雨、盛夏多伏旱的情况，反映了中国南方一些局地性气候。

"一场秋雨一场寒，十场秋雨穿上棉。"秋雨主要是由北方冷空气活动造成的，一场场秋雨意指一次次冷空气活动，几场秋雨过后就可能会冷到穿棉衣的程度。

气候谚语在认知气候的过程中起到了很重要的作用，很多气候谚语都蕴含着现代科学原理，对我们认知气候具有参考意义。

1.5.4 现代气候认知

随着科学技术的进步、气象观测技术和计算机水平的提高，人们开始采用气候综合分析、统计诊断、数值模拟等手段和方法来认知气候，尤其是数值模式的发展，使气候认知进入一个更加客观、准确的时期。

现代科学对气候的认知主要有三个阶段。20世纪以前是古典气候学阶段，气候学的研究以大气的平均状态为主，但由于忽视了大气运动的瞬时状态与极端情况，因此存在局限性。平均态是气候的一种基本属性，所以这一传统的气候定义仍被广泛采用。20世纪初到70年代以前是近代气候学阶段，是气候认知的大发展时期，提出了多种气候概念和定义，例如，着眼于大气运动的过程提出气候是天气的"总和"或"综合"，统计气候学认为气候不仅包含平均状态还包括气候的变化情况和极端情况，从成因角度提出大气环流是气候的一部分而不应该看成是气候的成因，等等。20世纪70年代以来进入全新的气候认知阶段，1974年世界气象组织和国际科学联盟理事会明确地提出了"气候系统"的概念，气候的定义拓展为：气候是天—地—生相互作用下的大气系统较长时间的状态特征。

1.5.5 技术和手段

电子仪器、人造卫星、通信网络和高性能计算机的发展，对观测、分析和认识气候及其对人类社会的影响具有划时代的意义。气候系统模式、大型数据库以及对未来气候的预测和预估正在造福于整个人类社会。

观测技术的发展进步是一个不断改进与完善的过程。与一开始相对简单的观测天气的仪器相比，目前对气候系统进行观测的设备已经有了很大的改进，许多仪器能够利用遥感技术探测大气、海洋和陆地的特征。在近 20 年里建立起来的全球气候观测网，能够全面观测大气、海洋、陆地生态系统、冰冻圈以及它们之间的相互作用，更深入地综合了解气候系统的基本特征及演变规律。

计算机和网络的发展给庞大的气候资料管理和使用带来了一次革命和飞跃。复杂的新型电子系统已经改变了常规资料的处理方式，现在利用卫星和高速的电缆设施，观测数据在极短时间内就可以传遍全球。计算机技术的发展使气候模式的建立成为可能，进入 21 世纪以后，已经发展出了包含大气圈、水圈、冰冻圈、岩石圈和生物圈五大圈层的地球系统模式。人类对气候系统及其规律的认识正通过气候模式得到了飞跃式的提升。

◇ 知识窗

气候系统

1974 年在斯德哥尔摩召开的世界气象组织和国际科学联盟理事会（WMO-ICSU）的联席会议上，明确地提出了"气候系统"的概念，标志着气候学研究进入了一个崭新的阶段。所谓"气候系统"是指包括大气圈、水圈（海洋、湖泊等）、冰冻圈（极地冰雪覆盖、大陆冰川、高山冰川等）、岩石圈（平原、高山、盆地、高原等地形）、生物圈（动、植物群落以及人类）中与气候有关的各自的相互影响的物理学、化学和生物学的运动变化过程。每种过程的空间尺度和时间尺度可能很大，也可能很小，从短时间发生的、决定微气候的小尺度过程直至持续几年以上的、决定全球气候的行星尺度过程。

第 2 章 中国气候特征

CHAPTER TWO

2.1 气候概况

中国地处欧亚大陆东部和太平洋西岸，西南地区又有被称为"世界屋脊"的青藏高原，独特的地理位置和地形特点使得中国的气候类型复杂多样，呈现季风气候和大陆性气候并存的特点，尤以季风气候最为显著。季风气候造成中国四季分明，降水集中，气候随区域、季节和年际差异大。冬季中国气温主要随纬度升高而逐渐降低，夏季气温主要随海拔高度升高而逐渐降低；气温日变化和年变化均比较大。在中国的大部分地区，雨热同季，气候资源丰富，但气候资源的时空分布不均匀。太阳能资源夏季比冬季丰富，西部多于东部，干燥地区多于湿润地区，高原地区多于平原地区；降水资源东南多、西北少，夏季多、冬季偏少。中国年平均降水量自东南沿海向西北内陆逐渐减少，降水量季节变化和年际变化大，旱涝灾害发生频繁。

中国气候类型复杂多样，多种多样的温度带和干湿地区是其重要的标志。中国南北跨约 50 个纬度，覆盖各种气候带，存在显著的区域气候差异。根据新的气候区划，中国气候可划分为 12 个温度带，分别是寒温带、中温带、暖温带、北亚热带、中亚热带、南亚热带、边缘热带、中热带、赤道热带、高原亚寒带、高原温带、高原亚热带山地（郑景云 等，2010，2013）；每个温度带又根据实际情况分为湿润区、半湿润区、半干旱区、干旱区；全国一共划分为 24 个干湿区、56 个气候区。中国具有完全不同的干燥大陆气候和湿润季风气候。从沿海向内陆有湿润地区、半湿润地区、半干旱地区和干旱地区。秦岭—淮河以南地区的年降水量普遍在 900 毫米以上，东南沿海超过 2500 毫米。大兴安岭—榆林—兰州—拉萨一线以西以干旱半干旱为主，柴达木盆地、塔里木盆地和吐鲁番盆地年降水量在 50 毫米以下。水热配合类型多也增加了气候的复杂多样性。加上中国地形复杂，山脉纵横，气候垂直变化显著，更增加了中国气候的复杂性。

中国是一个具有典型季风气候的国家，拥有冷干的冬季和暖湿的夏季。根据所处的不同纬度带和地理位置，中国季风气候可以划分为 3 种类型，即热带季风气候、亚热带季风气候、温带季风气候。中国大部分地区一年中风向出现规律性变化，冬季多偏北风，夏季盛行偏南风。冬季，黑龙江最北部的漠河平均气温在 -20 ℃以下，海南三亚的气温在 20 ℃以上，平均气温的 0 ℃等温线在秦岭—淮河一线。中国大部分地区降水季节分配极不均匀，主要集中在夏季，全国平均 4—9 月降水量约占全年的 80%。中国东部地区主要雨带随着季节进程南北移动，夏季风的进退决定着主要雨带的位置，平均而言，4—5月，主要雨带在华南地区；5月下旬，南海季风爆发，华南前汛期降水进入盛期；6月中旬，雨带北跳到长江中下游地区；7月中下旬再次北跳，华北和东北进入雨季；此后，随着北方冷空气势力逐步加强，夏季风南撤，中国开始受冬季风控制。

中国气候具有较强的大陆性特点，突出表现为气温年较差大、降水集中在夏季、降水的强度和变化幅度大。与世界上同纬度地区的平均气温相比，冬季气温偏低，夏季气温偏高，气温年较差大，而且由南向北，气温年较差越大。夏季，除青藏高原等地势高的地区外，全国普遍高温，南北气温差别不大；冬季，中国南方温暖、北方寒冷，南北气温差别大；因此，中国具有典型的大陆性季风气候。全国年平均降水量为630.0毫米，比全球平均少22%。夏季是主要雨季，降水量丰富且通常强度大。降水空间分布差异巨大，由东南沿海向西北内陆递减，距海越远，降水越少。全国年平均气温为9.6 ℃，比全球平均低4.4 ℃。即使在中国东部的季风区，大陆性气候特征也较突出。1月是中国最冷的月份，也是南北气温差异最大的时段，南北温差超过50.0 ℃。除沿海和岛屿外，7月是全国大部地区最热的月份，东部地区平均气温基本都在20.0 ℃以上，最南端的珊瑚岛7月平均气温为29.0 ℃，而最北端的漠河也达到18.0 ℃左右，南北温差小。西部地区气温空间差异大，新疆吐鲁番盆地平均气温超过25.0 ℃，而青藏高原的五道梁仅5.4 ℃。中国气温年较差北方大于南方，内陆大于沿海，平原大于山地、高原。在沿海地区及岛屿，因受海洋的调节，冬暖夏凉，则气温年较差比同纬度的内陆地区要小一些。西北内陆为极端干燥气候，青藏高原则为高寒气候。全国平均气温7月与1月的差值为26.9 ℃；全国平均降水量7月可达1月的11.4倍。

中国山脉按照走向可分成东—西、东北—西南和南—北三类，它们对气候起着不同作用。通常，东—西走向的山脉是主要气候区划的重要边界。例如，新疆中部的天山山脉构成中温带和暖温带的分界线；祁连山被看作中温带和副热带的分界线。大兴安岭山脉、太行山脉、长白山、辽东半岛和山东半岛的山丘，以及中国东南沿海地区的山地呈东北—西南走向，成为东南季风气流到内陆地区渗透的障碍，因此暴风雨容易发生在这些山脉的迎风坡。在中国西南，著名的横断山脉呈从北向南的方向排列，平均海拔为4000～5000米。在两个山脉之间则为激流峡谷，往往在不大的水平范围内由于高度不同，气候相差很大，是中国气候最复杂的地区之一（张家诚 等，1985）。青藏高原的面积占中国整个陆地面积的四分之一，它显著地影响中国气候，甚至世界气候。冬季，青藏高原的气温比周边地区低，空气从高原流到其周围地区，加强向下的气流，并且逐步建立冬季风环流；夏季，与周边较冷的自由大气相比，青藏高原是相对热源，高原上大气的上升运动变得比邻近地区强，因此它加强了夏季风环流。

2.2 主要气候要素特征

2.2.1 气温

中国大部处于季风气候区，冬、夏气温分布差异较大，冬季气温普遍偏低，南热北冷，南北温差大，超过 50.0 ℃；夏季大部分地区（除青藏高原外）都比较炎热，南北之间的温度差远较冬季小。气温的年变化幅度（年较差）随着纬度的增加由南往北逐渐增大，南端的三沙、台湾及云南南部年较差最小。

冬季寒冷，1 月平均最低气温 0.0 ℃线位于长江中下游及四川盆地北侧和西侧；淮河是最北的一条冬季不结冰的大河，秦岭—淮河一线以北会有季节性冻土，近 30 年因气候变暖略有北移；大兴安岭北部是中国最冷的地方，三沙市是最暖的地方；西部地区的温度随着地势和纬度的降低，气温由藏北高原往东南逐渐升高。中国冬季是世界上同纬度地区最冷的地方，与同纬度地区的平均气温相比，东北偏低 14.0～18.0 ℃；黄河中下游偏低 10.0～14.0 ℃；长江以南偏低 8.0～10.0 ℃；华南沿海偏低 3.0～5.0 ℃。

夏季炎热，7 月平均最高气温除青藏高原外，其余地区均在 20.0 ℃以上，南北之间的温度差远较冬季小；夏季江南地区和塔里木盆地经常出现大面积高温区，吐鲁番因地形特殊成为全国炎热日数最多的地方，高温日数（最高气温 ≥35.0 ℃）全年有 100 多天；华北平原、江南地区以及甘新戈壁沙漠地带，极端最高气温都超过 40.0 ℃；夏季中国是世界同纬度上除了沙漠干旱地区以外温度最高的国家，与纬圈平均气温相比较，华南沿海和同纬圈的平均值相近，其他地区会相对高一些，差值在 2.0 ℃左右，较之冬季与同纬度地方的差值要小得多。

春、秋季升降温特别迅速，在春季升温过程中，中国东半壁都是以 3—4 月变化最快，西半壁除高原腹地和北疆地区仍以 3—4 月变化最快外，其他都是 2—3 月变化最快；秋季全国大多数地区都是 10—11 月降温最快，长江流域是 9—10 月降温最快，长江下游地区、东南沿海、台湾及广东大部，降温最快的月份则推迟到 11—12 月。气温月际变化的另一个特点是，南方月际变化小于北方，而且越往北，春、秋季升降温的幅度越大。

2.2.1.1 年和季平均气温

中国常年（1981—2010 年 30 年平均）气候平均气温为 9.6 ℃，自南向北逐渐降低（图 2.1）。东部地区年平均气温主要受纬度影响。海南、广西、广东和福建南部等沿海地区年平均气温为 20～25 ℃，西沙群岛及其以南海面年平均气温超过 26 ℃，是中国年平均气温最高的地区；江南、江淮、江汉和西南大部等地年平均气温为 15～20 ℃；而华北平原至秦岭一带年平均气温为 10～15 ℃；东北大部和华北北部等地年平均气温为 0～10 ℃；内蒙古和黑龙江的北部年平均气温最低，在 0 ℃ 以下。西部地区年平均气温分布受地形影响更为显著。塔里木盆地和吐鲁番盆地年平均气温为 10～15 ℃，青藏高原大部、天山山脉及其以北地区、祁连山等地区年平均气温为 0～10 ℃，青藏高原唐古拉山脉和巴颜喀拉山脉的年平均气温最低在 0 ℃ 以下。

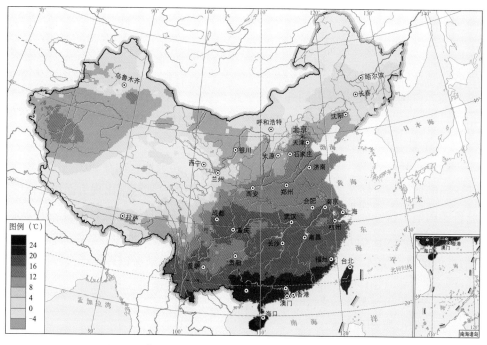

图 2.1　中国年平均气温分布（1981—2010 年平均）

冬季，全国常年平均气温为 -3.4 ℃，其中 1 月平均气温最低（-5.0 ℃，图 2.2）。东部地区南北温差很大，最北的黑龙江漠河冬季平均气温为 -26.7 ℃，而南端的三沙市珊瑚站为 24.1 ℃，相差达 50.8 ℃。受大陆性季风气候影响，中国是世界同纬度上除沙漠地区以外最冷的地方。东部地区等温度线与纬度线基本平行，0 ℃线沿秦岭和淮河将东部地区分为"冷、暖"两级，秦岭和淮河以北气温在 0 ℃以下，其中华北和东北南部气温为 -10～0 ℃，内蒙古中东部和东北大部气温为 -20～-10 ℃，东北北部气温低于 -20 ℃。秦岭和淮河以南气温在 0 ℃以上，其中江淮、江汉、江南大部和西南地区大部气温为 0～10 ℃，华南大部和云南中南部气温为 10～15 ℃，华南南部和海南大部气温为 15～20 ℃，海南三亚和三沙市达 20 ℃以上。西部地区受地形影响，西北地区大部和青藏高原大部冬季平均气温为 -10～0 ℃，其中新疆北部、青藏高原中部和东北局部地区气温为 -15～-10 ℃，新疆北部局部地区在 -15 ℃以下。1 月是中国最冷的月份，也是南北温度梯度最大的时段，漠河 1 月平均气温为 -28.7 ℃，1 月平均气温 0 ℃等温线在 34°N 附近，较 1961—1990 年平均 1 月 0 ℃等温线偏北 0.5 个纬度。10 ℃等温线绵延于闽南和南岭地区，即 25°N 左右，该线以南几乎没有霜冻和雪。海南岛南部达 20 ℃以上，三沙市珊瑚站 23.6 ℃。

春季，全国常年平均气温是 10.4 ℃，中国大部地区气温在 0 ℃以上，仅东北北部部分地区、青藏高原唐古拉山脉和巴颜喀拉山脉春季平均气温在 0 ℃以下。东北大部和华北北部的平均气温为 0～10 ℃，华北平原、秦岭和淮河一线及其以南地区平均气温在 10 ℃以上；四川盆地、长江中下游及其以南地区平均气温为 15～20 ℃，华南大部和云南南部平均气温超过 20 ℃。西部的塔里木盆地和吐鲁番盆地春季平均气温为 10～15 ℃，部分地区超过 15 ℃；青藏高原大部、新疆北部和内蒙古大部平均气温为 0～10 ℃。

夏季，全国常年平均气温为 20.9 ℃，其中 7 月平均气温最高（21.9 ℃，图 2.2）。东部地区南北温差远小于冬季，受东南夏季风影响，中国大部分地区是世界同纬度上除了沙漠地区以外最热的地方。东北大部、华北北部和西南大部地区夏季平均气温为 20～25 ℃，华北平原及其以南大部地区气温为 25～30 ℃；西部地区受地形影响，各地夏季温度差异较大，塔里木盆地和吐鲁番盆地夏季气温在 25 ℃以上，而青藏高原大部分地区平均气温为 10～15 ℃，青藏高原唐古拉山脉和巴颜喀拉山脉夏季平均气温低于 10 ℃，其他地区平均气温为 15～25 ℃。7 月是中国除沿海和岛屿外各地最热月份，东部地区南北温度差最小，南端的永兴岛 7 月平均气温为 29 ℃，而最北端的漠河也达 18.5 ℃。西部地区 7 月平均气温空间差异大，准噶尔盆地、塔里木盆地和吐鲁番盆地超过 25 ℃，吐鲁番达 32.3 ℃；青藏高原大部分地区为 8～16 ℃，五道梁仅有 5.4 ℃。

秋季，全国常年平均气温为 9.9 ℃，东北和华北北部气温为 0～10 ℃，东北北部局部地区气温降至 0 ℃以下；华北平原至秦岭地区气温为 10～15 ℃；江淮、江汉、江南和西南地区东部和南部等地气温为 15～20 ℃；华南地区气温为

20～25 ℃。西部的塔里木盆地和吐鲁番盆地秋季平均气温为 10～15 ℃；青藏高原大部分地区平均气温为 0～10 ℃，其中青藏高原唐古拉山脉和巴颜喀拉山脉秋季平均气温低于 0 ℃，其他地区平均气温为 5～10 ℃。

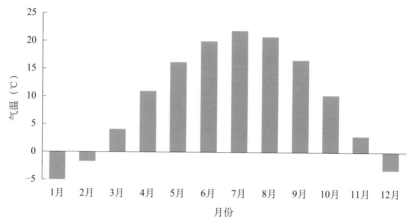

图 2.2　中国月平均气温变化（1981—2010 年平均）

⟡ 知识窗

气候季节划分

气候季节是指以气候要素的分布状况为依据划分的季节。气象行业标准《气候季节划分》（QX/T 152—2012）规定：

中国常年入和出冬季的时间为：当常年滑动平均气温序列连续 5 天小于 10 ℃，则以其所对应的常年气温序列中第一个小于 10 ℃的日期作为冬季起始日；结束日则为下一个春季常年起始日的前一日，作为上一个冬季的常年终止日。

中国常年入和出春季的时间为：当常年滑动平均气温序列连续 5 天大于等于 10 ℃，则以其所对应的常年气温序列中第一个大于等于 10 ℃的日期作为春季起始日；结束日则为下一个夏季常年起始日的前一日，作为上一个春季的常年终止日。

中国常年入和出夏季的时间为：当常年滑动平均气温序列连续 5 天大于等于 22 ℃，则以其所对应的常年气温序列中第一个大于等于 22 ℃的日期作为夏季起始日；结束日则为下一个秋季常年起始日的前一日，作为上一个夏季的常年终止日。

中国常年入和出秋季的时间为：当常年滑动平均气温序列连续 5 天小于 22 ℃，则以其所对应的常年气温序列中第一个小于 22 ℃的日期作为秋季起始日；结束日则为下一个冬季常年起始日的前一日，作为上一个秋季的常年终止日。

2.2.1.2 气候季节

中国幅员辽阔，南北、东西跨度大，受地理位置和地形影响，各地区气候季节特征不尽相同，季节开始或结束时间也有较大差异，但总体上以四季分明区为主。四季分明区主要在中国的中东部地区，包括东北中部和南部、华北、西北东部、黄淮、江淮、江汉、江南、西南东部以及新疆大部、内蒙古西部；四季不分明区主要在高原或高山、较高或较低纬度地区，例如，常冬区主要在青藏高原中部，常夏区仅在中国南海，华南中部和南部、云南南部都属于无冬区，黑龙江北部、吉林东部、内蒙古东北部、甘肃南部、青海、西藏、四川西部、云南西北部和东北部属于无夏区。下面依据气象行业标准《气候季节划分》（QX/T 152—2012）给出中国各地气候季节的出现时间。

气候冬季：中国东北、华北大部、西北大部及四川西部、西藏东部常年入冬时间主要在 9—10 月，黄淮至长江以北大部地区以及四川盆地西部、贵州大部等地常年入冬时间主要在 11 月，江南大部、四川盆地东部、重庆和云南中部等地常年入冬时间主要在 12 月。福建南部、云南南部、两广南部，以及海南和台湾是中国无冬区。

气候春季：中国秦岭以北大部地区常年入春时间主要在 4—5 月，黄河下游至江南地区、西南东部及新疆南部常年入春时间主要在 3 月，华南及云南、重庆西部等地常年入春时间主要在 1—2 月，青藏高原入春时间为 5—6 月。华南长夏无冬，秋、春相连，最冷月 1 月中旬作为秋尽始春的分界。

气候夏季：中国东北、华北北部和西部、西北大部以及内蒙古大部、山东半岛、贵州等地常年入夏时间主要在 6—7 月，华北南部至江南大部、四川东部、重庆和南疆部分地区常年入夏时间主要在 5 月，华南和云南南部等地常年入夏时间主要在 3—4 月。无夏区有东北北部大、小兴安岭，青藏高原 1500～3500 米地带，北方高山地区等。

气候秋季：中国东北、华北北部和西部、西北大部、青藏高原及内蒙古、新疆北部、四川西部、云南北部、贵州西部常年入秋时间主要在 7—8 月，华北南部至长江中下游以北地区及四川东部、重庆、贵州东部、新疆南部等地常年入秋时间主要在 9 月，江南中东部、华南和云南南部常年入秋时间主要在 10—11 月。东北北部及青藏高原无夏区以最热月 7 月的中旬作为春去秋来的分界。

2.2.1.3 极端气温

中国最高气温极值均出现在夏季，东部除部分山区和沿海岛屿地区外，最高气温极值普遍在 35 ℃以上，超过 40 ℃的区域主要位于内陆平原和丘陵地区，其中重庆綦江、万盛、北碚、江津、彭水、铜梁，江西修水，河南汝州、伊川、原阳、新安，河北沙河，内蒙古新巴尔虎右旗等最高气温曾达 44 ℃以上。西部地区地势地貌差异很大，最高气温极值的差异也很显著。北部的沙漠、盆地和戈壁滩最高温度极值一般在 40 ℃以上，腹地在 45 ℃以上，吐鲁番东坎在 2001 年 6 月 21 日曾经观测到 48.3 ℃高温，是中国 1961—2015 年出现过的最高气温极值；青藏高原最高气温极值在 35 ℃以下，部分地区低于 20 ℃（图 2.3）。

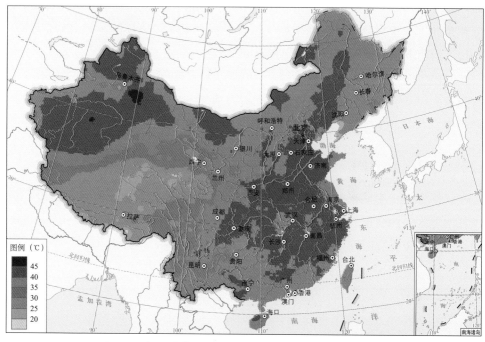

图 2.3　中国最高气温极值分布（1961—2015 年平均）

中国各地最低气温极值均出现在冬季，东部各地最低气温极值差异巨大，最北端的漠河在 1969 年 2 月 13 日曾观测到 -52.3 ℃低温，是中国 1961—2015 年出现过的最低气温极值，而南端的珊瑚岛 1986 年 3 月 3 日最低气温极值为 16.4 ℃，相差 68.7 ℃；西沙永兴岛最低气温极值为 15.3 ℃。东部地区的最低气温极值自北向南逐渐升高，东北部山脉地区最低气温极值低于 -40 ℃，东北平原最低气温极值为 -40～-30 ℃；秦岭和淮河以北的华北平原最低气温极值为 -30～-20 ℃，秦岭和淮河以南至长江中下游平原最低气温极值为 -20～-10 ℃，江南南部至华南以及西南大部地区最低气温极值为 -10～0 ℃，广西、广东南部、福建南部沿海，以及海南地区最低气温极值在 0 ℃以上。西部地区塔里木盆地和吐鲁番盆地最低气温极值为 -30～-20 ℃，天山山脉及其以北地区以及内蒙古高原最低气温极值为 -40～-30 ℃，其中新疆最北端最低气温极值低于 -40 ℃，新疆富蕴 1960 年 1 月 21 日最低气温达 -51.5 ℃；青藏高原大部最低气温极值低于 -30 ℃，局部地区低于 -40 ℃，而藏东南最低气温极值普遍在 -15 ℃以上（图 2.4）。

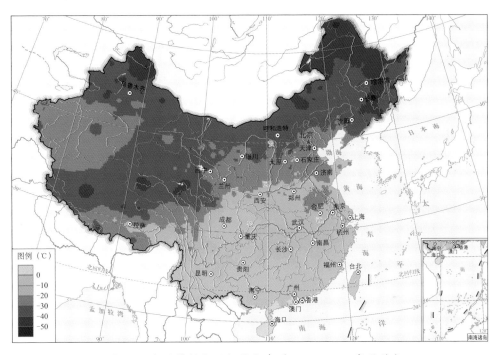

图 2.4　中国最低气温极值分布（1961—2015 年平均）

2.2.1.4　气温的年较差和日较差

气温年较差是最热月平均气温与最冷月平均气温之差，表示一个地方一年中冬冷夏热差异的程度。中国气温年较差分布呈北方大、南方小的特点，等年较差线大体与纬圈平行（图 2.5）。除黑龙江东南部外，黑龙江、内蒙古地区 45°N 以北，以及新疆局地气温年较差在 40 ℃以上，最北部地区可达 48 ℃左右。37.5°N 以北，大约石家庄、太原、榆林、银川、张掖一线，以及新疆大部气温年较差在 30 ℃以上。华南、贵州、四川西南部、西藏南部、台湾等地年较差低于 20 ℃，其中云南、海南、广东雷州半岛只有 10～15 ℃，海南岛最南部和三沙市不到 5 ℃。中国 1981—2010 年平均年较差最大的气象站是黑龙江漠河，为 47.7 ℃，其中漠河 1 月平均气温为 -28.4 ℃，7 月平均气温为 20.8 ℃；次大的气象站是内蒙古额尔古纳市，为 47.4 ℃，其 1 月平均气温为 -27.8 ℃，7 月平均气温为 19.6 ℃。中国年较差最小的气象站是海南西沙，为 6.0 ℃，其最冷 1 月为 23.5 ℃，最热 6 月为 30.8 ℃；年较差次小的气象站是海南珊瑚站，为 6.1 ℃，其最冷 1 月为 23.6 ℃，最热 6 月为 30.8 ℃。中国南沙群岛最南部已近赤道，年较差还要小得多，例如，与曾母暗沙相距很近的马来西亚沙捞越沿岸，年较差只有 2.0 ℃左右，稍远的新加坡，为 1.9 ℃。

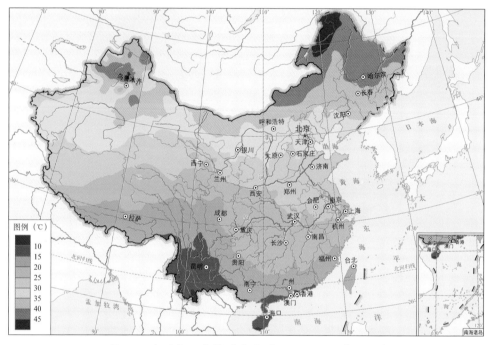

图 2.5　中国气温年较差分布（1981—2010 年平均）

平均气温日较差是指日最高气温的平均和日最低气温的平均之差，是区分大陆性气候和海洋性气候的指标之一。中国海洋性气候区，如东南沿海地区日较差较小，另外中国受青藏高原影响，其东部的大部地区日较差也相对较小；而西北内陆盆地日较差极大，为典型的大陆性气候区。中国年平均日较差最小的地区是西南地区东部、湖南、台湾、华南沿海和岛屿，以及长江中、下游沿江地区，在 8 ℃以下；中国西南地区四川盆地、重庆、贵州的部分地区多年平均日较差与南海岛礁相近，在 4 ℃左右；重庆渝北、涪陵日较差最小，为 3.8 ℃，比海南西沙（4.2 ℃）还小 0.4 ℃。秦岭—淮河以北，西南地区西部日较差增大到 10 ℃以上，东北大部、华北北部、新疆北部等地为 12～14 ℃。西部地区多高原、山地和沙漠，气候干燥，气温日变化较大。除新疆大部和云南东部等地外，年平均气温日较差普遍在 12 ℃以上，其中塔里木盆地、吐鲁番盆地和柴达木盆地以及青藏高原部分地区超过 16 ℃。青海的河南县是中国年平均日较差最大的地方，为 21.4 ℃，四川的红原、色达、新龙，青海的玛沁、同德，西藏的隆子、定日，云南的宁蒗等地年平均日较差超过 18 ℃（图 2.6）。

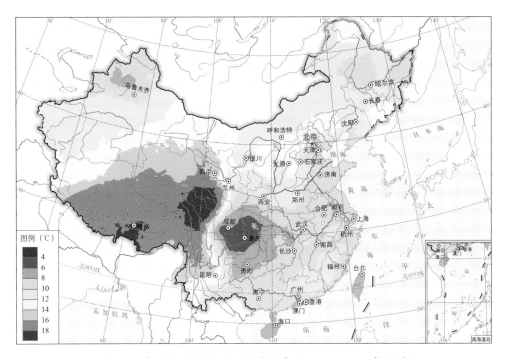

图 2.6　中国年平均气温日较差分布（1981—2010 年平均）

2.2.1.5　气温的气候变化

在全球变暖背景下，1951—2016 年中国年平均气温呈显著上升趋势，增暖幅度为 0.32 ℃ /10 年。中国年平均气温经历了冷、暖、上升三个时期：1985 年以前以偏冷为主；1997 年以后以偏暖为主；1985—1997 年，气温呈明显的上升趋势。从增温趋势来看，近 50 多年来中国年平均气温的增温主要发生在 20 世纪 90 年代至 21 世纪初，1990—2010 年增温幅度为 0.5 ℃ /10 年，是 66 年（1951—2016 年）平均增温幅度的 1.6 倍，但近 15 年中国年平均气温上升速率明显下降，出现变暖滞缓现象（图 2.7）。对于中国四季平均气温的变化，增温趋势最大的是冬季，平均增温率为 0.39 ℃ /10 年，其次是春季和秋季，增温率分别为 0.29 ℃ /10 年和 0.31 ℃ /10 年，夏季增温率最小，为 0.22 ℃ /10 年。

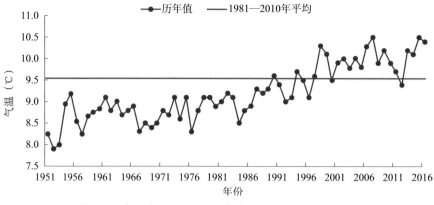

图 2.7 中国年平均气温历年变化（1951—2016 年）

2.2.2 降水

中国常年降水量总体分布是东多、西少，夏多、冬少。年降水量空间分布由沿海至内陆逐步递减，等雨量线大体呈东北—西南走向；400 毫米降雨量线从大兴安岭一直走向西南，终止于雅鲁藏布江河谷；此线东南，雨量逐渐增大，气候湿润或比较湿润，森林繁茂；此线西北的内蒙古境内及西北广大地区是广阔的草原和荒漠，新疆柴达木盆地西北部和塔里木盆地成为中国降水最少的地区。各地降水量的年际变化大，季节分配极不均匀，季节变化非常明显；一般说来，冬季干旱少雨，夏季雨量充沛；淮河以南的广大南方地区及新疆等地，春雨多于秋雨，其他地区则是秋雨多于春雨。

将中国降水量与同纬度地带进行比较，在副热带纬度范围内即南方，中国与美国东部、印度降水量的季节分配比较相似，都是夏半年多雨，反映了季风气候的特征。但是与北非极端干燥的沙漠气候相比，华南年降水量在 1500 毫米以上，而北非沙漠地带仅在 110 毫米左右；长江流域年降水量可达 1200 毫米，而撒哈拉沙漠北部地区年降水量只有 200 多毫米；黄河流域年降水量为 600 多毫米，降水量仍较地中海多 1/3 左右，但中国降水主要集中在夏季，而地中海地区降水却主要集中在秋、冬。华北、东北地区的降水量一般为 500~600 毫米，远不如西欧多，而且两者雨季分布相反。

2.2.2.1 年和季降水量

中国常年（1981—2010 年气候平均）降水量为 629.9 毫米，各地降水量分布不均，空间差异性较大，总体呈现从东南沿海向西北内陆逐渐减少的特点

（图 2.8）。秦岭及淮河至青藏高原东南边缘，平均年降水量普遍在 900 毫米以上，长江中下游在 1200 毫米左右，东南和华南沿海及丘陵地区为 1500～2000 毫米，广东、广西、台湾和海南的部分地区超过 2000 毫米，广东阳江、海丰、恩平，广西东兴、防城港，云南西盟超过 2400 毫米；其中广西东兴平均年降水量达 2657.9 毫米，为 1981—2010 年大陆 30 年平均记录最大值，该站 1972 年降水量为 3827.7 毫米；大陆测得最大年降水量出现在广西防城港（2001 年，达 4147.7 毫米）。秦岭至淮河以北的西北东南部、华北中南部、四川东南部、西藏东部及东北大部等地的年降水量在 400～900 毫米，其中四川雅安可达 1663.8 毫米，最多年份是 1966 年，为 2367.2 毫米，是中国内陆降水量最大的地区之一。400 毫米降水量等值线位于大兴安岭—张家口—兰州—拉萨至喜马拉雅山脉东缘，为划分中国干湿地区的分界线，此等值线西北部为中国西北干旱及半干旱地区，除祁连山区外，该区域的大部分地区年降水量在 400 毫米以下，新疆天山以北地区在 100～300 毫米，以南多不足 100 毫米，柴达木盆地、塔里木盆地和吐鲁番盆地年降水量不足 50 毫米，是中国最干燥的地区。例如，塔里木盆地南缘的且末常年降水量为 27.5 毫米，其中 1980 年仅有 1.9 毫米，吐鲁番常年降水量为 15.3 毫米，其中 1968 年仅有 2.9 毫米；柴达木盆地北缘的冷湖常年降水量为 15.4 毫米，其中 1961 年仅有 3.2 毫米；新疆天山东缘淖毛湖常年降水量为 23.2 毫米，其中 1997 年仅有 1.6 毫米；中国常年降水量最少的气象站是吐鲁番盆地西缘的托克逊，只有 8.1 毫米，其中 1968 年仅有 0.6 毫米降水。

青藏高原的降水量分布形势也是从东南向西北减少，雅鲁藏布江大峡谷附近年降水量超过 600 毫米，而高原上西北部地区不足 100 毫米，降水量最少的地区是噶尔附近，例如，噶尔平均年降水量为 66.3 毫米，1982 年最少，为 21.2 毫米。青藏高原东南部，由于面迎印度洋来的西南季风，海拔又低，雅鲁藏布江下游河谷的巴昔卡 1931—1960 年平均年降水量高达 4095.0 毫米。中国年降水量最多的地方不在大陆而在台湾。例如，海拔 2406 米的阿里山，1981—2010 年平均年降水量多达 3932.3 毫米，宜兰县的苏澳为 4439.8 毫米。此外，台湾北部阳明山国家公园鞍部气象站为 4863.1 毫米，是台湾 1981—2010 年平均年降水量最大的测值。

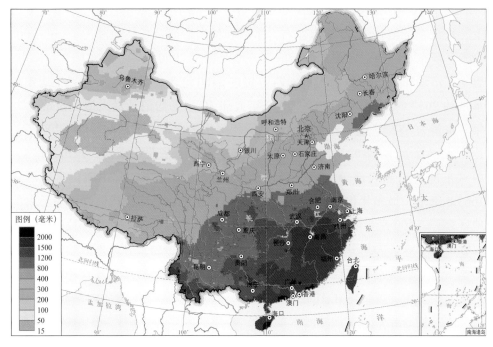

图 2.8　中国年降水量分布（1981—2010 年平均）

中国雨热同季，各季节降水量差异较大。夏季（6—8 月）为中国大部分地区降水集中期，其中 7 月降水量达到全年最高值；冬季是中国大部分地区降水量最少的季节，其中 12 月降水量为全年最低值，不足 7 月的 1/10（图 2.9）。

冬季，全国大部分地区平均降水量为 40.8 毫米，新疆北部、西北地区中北部、西藏中北部、内蒙古大部、华北北部及东北西部部分地区降水量不足 10 毫米，其中西藏日喀则、内蒙古阿拉善盟、库姆塔格沙漠、新疆哈密等的部分地区降水量不足 1.0 毫米，西藏拉孜是全国冬季降水量最小的地方，降水量为 0.3 毫米。新疆北部、西藏南部边缘地区及东南部、西南地区中部、西北地区东南部、黄淮北部、华北中部及南部、内蒙古东部以及东北大部降水量为 10～50 毫米；西南地区东部、华南地区西部、江汉地区及江淮地区降水量为 50～100 毫米；长江中下游、江南及华南大部、贵州东南部降水量在 100 毫米以上，其中湖南东南部、江西大部、福建西北部、浙江西部，以及台湾北部和中部山区降水量达 200～300 毫米，台湾苏澳（1125.6 毫米）、基隆（1040.4 毫米）冬季降水量达 1000 毫米以上，是中国平均冬季降水量最多的地区；大陆最多的是江西德兴（288.5 毫米）。冬季是全国大部分地区降水最少的季节，除东南部地区、新疆大部和青藏高原西部外，各地冬季降水量所占年降水量的比例均在 5% 以下。

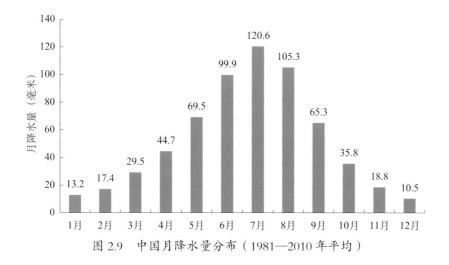

图 2.9　中国月降水量分布（1981—2010 年平均）

　　春季，全国平均降水量为 143.7 毫米，淮河、秦岭以南，台湾，西南地区东部，云南南部及西藏东南部降水量在 200 毫米以上，其中广东北部、江西东部、福建西部和台湾北部为 600～800 毫米；大陆降水最多的站是广东佛冈（789.0 毫米），台湾最多是阿里山（914.3 毫米）。东北、华北中南部、黄淮、西北地区东部、西南地区西部等地降水量为 50～200 毫米；西北西部、西藏西部及内蒙古中西部降水量在 50 毫米以下，其中新疆塔里木盆地及青藏高原西部局地降水量不足 10 毫米，为全国降水量最少的地区；柴达木盆地、塔里木盆地和吐鲁番盆地年降水量不足 5 毫米，平均春季降水最少的气象站是托克逊，只有 1 毫米，约有一半年份无降水。

　　夏季，全国平均降水量为 325.2 毫米，是大部分地区降水最多的季节，占全年总降水量的 50% 左右。新疆大部、西藏西北部、青海北部、甘肃北部至内蒙古西北部，夏季降水量小于 200 毫米，其中柴达木盆地、塔里木盆地和吐鲁番盆地夏季降水量不足 50 毫米，新疆托克逊为 5.3 毫米，是夏季降水量最小的站；西藏中东部、青海南部、西南地区北部、西北地区东部、华北地区、黄淮北部、内蒙古中东部及东北中北部降水量为 200～400 毫米；云南中北部、西南地区东部、江南中西部、江汉地区、黄淮南部及江淮地区等地降水量为 400～600 毫米；云南南部、华南、武夷山和雁荡山等地降水量在 600 毫米以上，其中云南东南小部、华南南部、海南北部，以及台湾部分地区降水量大于 800 毫米，台湾阿里山达 2127.2 毫米，是全国夏季降水最多的站，广西防城港是大陆观测到降水最多的站，为 1587.0 毫米。

　　秋季，全国平均降水量为 119.8 毫米，新疆大部、西藏西北部、青海北部、甘肃北部、内蒙古中西部及宁夏西北局部降水量在 50 毫米以下,其中柴达木盆地、塔里木盆地和吐鲁番盆地秋季降水量不足 10 毫米,新疆托克逊为 1.1 毫米,是秋季降水最少的站;东北、内蒙古东部、华北、黄淮、西北东部、西南西部等地降水量为 50~200 毫米;淮河、秦岭以南,西南南部地区降水量普遍在 200 毫米以上,其中雷州半岛、海南、台湾降水量为 500~1000 毫米,台湾北部阳明山国家公园鞍部气象站降水量为 1996.7 毫米,为秋季全国最大降水量,海南琼中为 1048.5 毫米,为大陆最大降水量。受台风降雨影响,海南秋季降水量与夏季降水量相当,占全年降水量的 40% 左右。

2.2.2.2 降水日数与降水变率

中国 1981—2010 年平均年降水日数(日降水量≥0.1 毫米)为 103 天,空间分布与降水量分布总体一致,按大兴安岭—阴山—贺兰山—巴颜喀拉山—冈底斯山界限划分的季风区与非季风区分布,由东南沿海向西北内陆地区递减(图 2.10)。淮河、秦岭以南及西南地区东部大部分地区年降水日数在 100 天以上,其中长江中下游地区、四川中部、西藏南部、云南西南部等地降水日数超过 150 天,部分高山站的年降水日数甚至超过 200 天,四川峨眉山达 246.5 天,云南威信为 221.8 天,台湾鞍部为 211 天。中国北方以东北地区降水日数最多,大、小兴安岭和长白山为 100~150 天;新疆伊犁河谷、哈巴河等局地也达 100~150 天。东北地区西南部和河北大部为 50~75 天;而西北大部地区年降水日数普遍不足 75 天,特别是柴达木盆地、塔里木盆地和吐鲁番盆地等,年降水日数不足 25 天,新疆托克逊仅有 8.7 天。

年降水量变率(即各年降水量距平绝对值的平均与平均年降水量之比值)反映一地降水量的年际变化幅度。中国除西北干旱区外,大部分地区年降水量变率为 10%~30%。长江以南、四川和西藏东部是中国年降水量变率最小的地区,大部分地区为 10%~20%;东南沿海、台湾、海南及南海等地的年降水量受台风影响较大,由于台风的数量和路径年际变化较大,这些地区年降水量变率升高到 20%~30%;北方地区年降水变率一般为 20%~30%;河北省中南部年降水量变率达到 30%~40%,是中国东部降水变率最大的地区;西北干旱区年降水量变率一般是 30%~70%,塔里木盆地降水稀少,部分地区年降水量变率超过 70%,是中国年降水量变率最大的地区;青藏高原的年降水量变率多在 20% 左右。

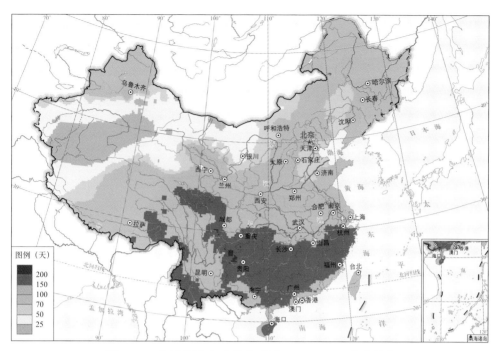

图 2.10　中国年降水日数分布（1981—2010 年平均）

2.2.2.3　极端日最大降水量

极端日最大降水量是历史上日降水量的最大值，可以从一个方面反映当地的日降水强度及极端程度。中国西北地区中部及西部、西藏大部、西南地区北部等地日最大降水量不超过 50 毫米，青海小灶火日最大降水量只有 12.8 毫米。而中东部地区日最大降水量普遍超过 50 毫米（图 2.11）。东北大部、华北大部、河套地区以南，以及四川盆地东部到云南丽江以东地区日最大降水量超过 100 毫米。黄淮东部及西南部、江汉东部、江淮西部、江南中部及西北部、四川盆地东南部部分地区及东南沿海地区日最大降水量超过 250 毫米，广西东南部、广东南部及海南等地日最大降水量超过 300 毫米，其中河南、山东、江苏、广东、海南等地均出现过日最大降水量超过 600 毫米的气象观测值。中国大陆地区最大日降水量发生在 1975 年 8 月 7 日的河南省上蔡气象站，为 755.1 毫米，最大 24 小时降水量同日发生在河南方城市郭林水文站，为 1054.7 毫米；台湾地区最大日降水量发生在 2009 年 8 月 8 日的台湾尾寮山，为 1402.0 毫米，最大 24 小时降水量发生在 1996 年 7 月 31 日的阿里山，为 1748.5 毫米。

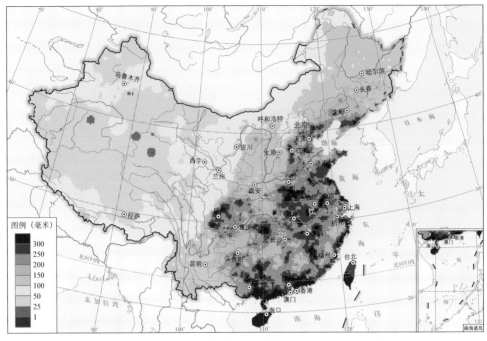

图 2.11　中国极端日最大降水量分布（1951—2016 年）

2.2.2.4　最长连续降水日数和最长连续无降水日数

中国青海南部、西藏东南部、四川大部、贵州及长江中下游以南大部地区最长连续降水日数在 20 天以上，其中云南西南部、四川西部和西藏东南部，以及贵州、广东、福建等局部地区最长连续降水日数多在 30～50 天（图 2.12）；云南西南部以及四川、江西、福建等个别高山站达 50 天以上，如江西永丰（73天）、四川稻城（69 天）、福建九仙山（67 天），全国最长连续降水日数发生在云南西盟（109 天），云南沧源、金平次之，达 96 天。北方只有大兴安岭、小兴安岭、长白山、祁连山等山区有 20 天以上连续降水出现，其中黑龙江漠河达 53 天；长江以北其余地区最长连续降水日数基本都在 20 天以下，其中内蒙古中西部，以及除新疆西北部的伊利河、博尔塔拉流域外的西北大部在 10 天以下；最长连续降水日数最短的地方是吐鲁番、塔里木、柴达木盆地及其附近的干旱地区，这些地方最长连续降水日数只有 5 天左右，例如，新疆铁干里克（4 天），托克逊（5 天），内蒙古额济纳旗、雅布赖等（5 天）。

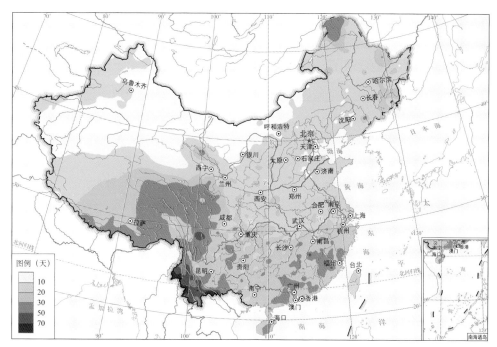

图 2.12　中国最长连续降水日数分布（1951—2016 年）

中国最长连续无降水日数当然以西北干旱地区为最长，而且还是以连晴日数为主。中国塔里木、柴达木、吐鲁番盆地，以及内蒙古阿拉善高原等干旱沙漠地区最长连续无降水日数都在 200 天以上，新疆吐鲁番盆地托克逊从 1979 年 9 月 28 日起至 1980 年 9 月 11 日连续 350 天无降水；柴达木盆地的冷湖，从 1979 年 8 月 12 日起至 1980 年 7 月 7 日连续 331 天无降水（图 2.13）；除川西高原外，中国黄河下游至三门峡、西安、兰州、西宁一线以南，大部最长连续无降水日数都在 100 天以下；另外，北方的东北北部和东部、内蒙古东部，以及新疆北部也在 100 天以下；其中西南地区东部、江汉平原、江南、华南北部，以及东北大兴安岭、长白山和新疆部分地区在 30～50 天；而四川盆地西坡和川南、贵州即所谓"天无三日晴"的地区只有 15～30 天；例如，紧靠川黔的云南镇雄，最长连续无降水日数为 18 天，即 1999 年 12 月 23 日至 2000 年 1 月 9 日；此外，云南威信、贵州大方均为 19 天，贵州习水、纳雍均为 20 天，都是中国最长连续无降水日数最短的地方。

云南北部、川西和西藏地区由于干季很长，最长连续无降水日数多数地区也可超过 100 天，西藏拉孜、日喀则甚至分别高达 232 天、228 天。所以连夏秋雨季很盛的云南的元谋、永仁、华坪最长连续无降水日数也分别长达 179 天、167

天、161 天。有趣的是，全国连续降水日数最长的云南西盟，其最长连续无降水日数也多达 82 天；连续降水日数特别长的四川稻城，其最长连续无降水日数则多达 133 天，生动地反映了当地干湿分明的气候特点。

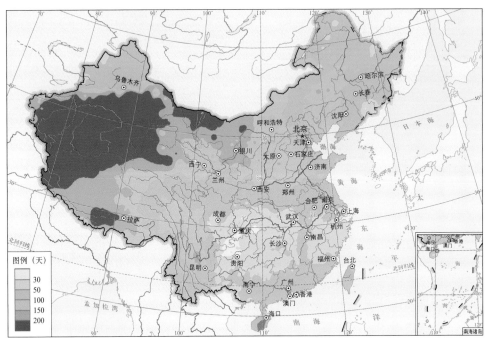

图 2.13　中国最长连续无降水日数分布（1951—2016 年）

2.2.2.5　降水的变化

中国平均年降水量存在明显的年代际变化（图 2.14）：20 世纪 50—70 年代降水量呈减少趋势，20 世纪 80—90 年代降水量逐步增加，21 世纪初，降水量再次出现减少趋势，而 2010 年以来降水量再次增加。从中国四季平均降水量的变化来看，春、夏、秋三季的降水量变化趋势并不明显，冬季降水量有增长趋势；降水日数在四季均呈现减少趋势，特别在秋、冬季更为显著。1951—2016 年中国年降水日数的变化显示：全国平均年降水日数为 114 天，降水日数最多的年份是 1964 年，为 145.16 天；降水日数最少的年份是 2013 年，为 104.7 天。从年代际变化看，19 世纪 70 年代中期全国降水日数呈持续的减少趋势。

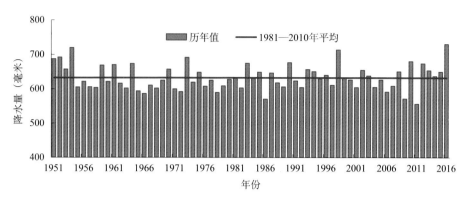

图 2.14　中国年降水量变化（1951—2016 年）

✦✦✦ 知识窗

中国气候之最

气候要素特征	极值	出现地点	统计时段	备注
年平均气温最高	27.0 ℃	海南西沙，珊瑚	1981—2010 年	气象站
年平均气温最低	-5.0 ℃	青藏高原的五道梁	1981—2010 年	气象站
1 月平均气温最高	23.6 ℃	海南珊瑚	1981—2010 年	气象站
1 月平均气温最低	-28.7 ℃	黑龙江漠河	1981—2010 年	气象站
7 月平均气温最低	5.3 ℃	新疆天山大西沟	1981—2010 年	气象站
7 月平均气温最高	33.1 ℃	新疆吐鲁番东坎	1981—2010 年	气象站
极端日最高气温	49.6 ℃	吐鲁番民航机场	1975-07-13	民航站
极端日最高气温	48.3 ℃	新疆吐鲁番东坎	2001-06-21	气象站
极端日最低气温	-52.3 ℃	黑龙江漠河	1969-02-13	气象站
年高温日数最多	109.9 天	新疆吐鲁番东坎	1981—2010 年	气象站
气温年较差最大	47.7 ℃	黑龙江省漠河	1981—2010 年	气象站
气温年较差最小	6.0 ℃	南海西沙	1981—2010 年	气象站
年平均气温日较差最大	17.2 ℃	青海小灶火	1981—2010 年	气象站
年平均气温日较差最小	4.0 ℃	浙江大陈	1981—2010 年	气象站
平均年降水量最多	2657.9 毫米	广西东兴	1981—2010 年	气象站
平均年降水量最多	4863.1 毫米	台湾台北市鞍部	1981—2010 年	台湾网站

知识窗

续表

气候要素特征	极值	出现地点	统计时段	备注
平均年降水量最多	4095.0 毫米	西藏巴昔卡	1931—1960 年	中国气候（张家诚等，1985）
平均年降水量最多	6557.8 毫米	台湾火烧寮	1906—1944 年	
年降水量最多	8409.0 毫米	台湾火烧寮	1912 年	
年降水量最多	4147.7 毫米	广西防城港	2001 年	气象站
平均年降水量最少	8.1 毫米	新疆吐鲁番托克逊	1981—2010 年	气象站
年降水量最少	0.6 毫米	新疆吐鲁番托克逊	1968 年	气象站
平均年降水日数最多	246.5 天	四川峨眉山	1981—2010 年	气象站
年降水日数最多	329.0 天	云南沧源	1959 年	气象站
年平均降水日天数最少	8.7 天	新疆吐鲁番托克逊	1981—2010 年	气象站
年降水日数最少	1.0 天	新疆吐鲁番托克逊	1980 年	气象站
一日降水量最大	755.1 毫米	河南上蔡	1975-08-07	气象站
一日降水量最大	1402.0 毫米	台湾尾寮山	2009-08-08	台湾网站
24 小时降水量最大	1054.7 毫米	河南方城市郭林	1975-08-07	水文站
24 小时降水量最大	1748.5 毫米	台湾阿里山	1996-07-31	台湾网站
平均年日照时数最多	3573.5 小时	西藏狮泉河	1981—2010 年	气象站
平均年日照时数最少	749.3 小时	四川宝兴	1981—2010 年	气象站
年日照时数最多	3789.0 小时	甘肃金塔	2012 年	气象站
年日照时数最少	460.6 小时	四川峨眉山	1989 年	气象站
年平均风速最大	7.3米/秒	山西五台山	1981—2010 年	气象站
年平均风速最小	0.4米/秒	重庆城口	1981—2010 年	气象站
年大风日数最多	161.8 天	青海沱沱河	1981—2010 年	气象站
年平均相对湿度最大	87.6%	福建九仙山	1981—2010 年	气象站
年平均相对湿度最小	29.7%	青海冷湖	1981—2010 年	气象站

2.2.3 风

风可以输送不同气团，使空气中的热量和水分交换，而形成不同天气气候特征，俗称"北风变寒，南风转暖，东风主雨，西风主晴"的谚语。中国冬季大部分地区盛行偏北风，夏季以南至东南风为主；春、秋为转换季节，但总的还是以北风为主。中国除台风外风速总的分布特点是北方风大，南方风小；沿海风大，内陆风小；平原风大，山地风小；高原风大，盆地风小。中国大风天气分布广，北方地区冬半年，尤其春季，经常出现寒潮大风，南方夏半年多台风和雷雨大风。西北、华北北部、东北中南部是中国风速较大的地区，四川盆地、鄂西、贵北等地是中国小风气候区。

2.2.3.1　季节性盛行风向

受东亚季风影响，中国冬季盛行从陆地吹向海洋的偏北风，夏季盛行从海洋吹向陆地的偏南风。冬季，黄河下游以南地区主要为偏北和东北风。从辽东半岛至台湾海峡的沿海地区主要为偏北和西北风。东北和内蒙古以偏西风为主。而在受地形的影响下，华北平原北部以西南风为主。云南东部和贵州西部维持东南风而云南西部维持西南风。新疆西部以西北风为主而其东部以偏东风为主。春季，中国大部仍主要为偏北风控制，但山东半岛以南的偏南和东南风已开始加强。夏季，受东亚夏季风的影响，中国盛行偏南和东南风。从东北、华北平原、华南至云贵高原的大范围区域都为偏南和东南风控制。四川盆地上空的高层为西南风而低层为偏北风。西藏南部以东南风为主而青藏高原北部以偏东和东北风为主。新疆大部主要为西北和偏西风，而新疆东部为东北风。秋季，伴随东亚夏季风的迅速南撤和东亚冬季风的建立，稳定的偏北风控制中国大部地区，风向特征与冬季相似。

2.2.3.2　年和季平均风速

中国常年（1981—2010 年气候平均）年平均风速为 2.3 米/秒，重庆东部和湖北西南部局部年平均风速最小，不到 1.0 米/秒；华北西南部、西北东南部、江汉西部、西南大部、江南、华南大部及新疆西南部等地一般为 1.0～2.0 米/秒；西北大部、东北大部、华北东部、黄淮大部、江汉东部、江淮及内蒙古、西藏大部、云南东部等地普遍为 2.0～3.0 米/秒，其中新疆东部和北部局部、青海西部、内蒙古西部和中部部分地区、黑龙江中部、吉林西部、辽宁中部、西藏中部等地风速最大，超过 3.0 米/秒（图 2.15）。

中国四季平均风速的分布特点与年平均风速基本一致，主要为东南部和中部地区及新疆西部风速小，而北方大部及西藏、云南等地风速大，其中东北地区中部、新疆东部、内蒙古西部和中部、西藏中部等地风速最大。在四个季节中，春季平均风速最大，可达 4.0 米/秒以上；夏季和冬季风速次之，大风速区域的平均风速一般可达 3.5～4.0 米/秒，仅有局部区域在 4.0 米/秒以上；秋季平均风速最小，最大风速一般为 3.0～3.5 米/秒，局部区域在 3.5 米/秒以上。

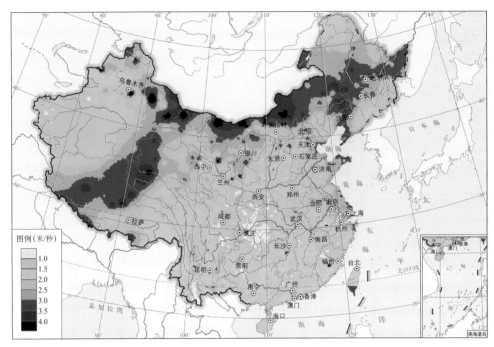

图 2.15　中国年平均风速分布（1981—2010 年平均）

2.2.3.3　大风日数

在一天内出现过最大风速达到或超过 17.2 米/秒，即 8 级风速，则在气象上将这天定义为一个大风日。中国年大风日数与年平均风速的分布形势相似（图 2.16），风速较大的地区大风日数较多。大风主要出现在西部和北部地区，年大风日数一般在 10 天以上。中国有三个主要的大风多发区：一是青藏高原大部，地形较平坦，冬半年受高空西风急流影响，年大风日数可达 75 天以上，部分地区达 100 天以上，是中国范围最大的大风日数高值区；二是内蒙古中北部地区和新疆西北部地区，地形也较平坦，受寒潮大风和气旋大风影响，年大风日数在 50 天以上，内蒙古乌兰察布、包头等地达 75 天以上；三是东南沿海及其岛屿，年大风日数在 50 天以上，山东烟台、威海，浙江舟山等沿海岛屿可达 75 天左右。此外，山地隘口及孤立山峰处也是大风多发区。

冬季，青藏高原大部及内蒙古、甘肃、新疆、黑龙江等省（自治区）的部分地区大风日数一般有 5～10 天，西藏中西部、青海南部等地超过 20 天；中国其余大部地区在 3 天以下。春季是中国大风出现最频繁、范围最广的季节。青藏高原和东北两地的大部及内蒙古、新疆两区的部分地区春季大风日数在 10 天以上，局部地区超过 30 天；淮河流域至关中及其以南大部和塔里木盆地、准噶尔盆地年大风日数在 5 天以下。夏季，青藏高原大部、西北大部、华北中北部、东北西部及东南沿海一带大风日数为 3～10 天，部分地区超过 15 天；中国其余大部地区一般为 1～3 天。秋季是中国大风出现日数最少、范围最小的季节，青藏高原、华北、东北、西北大部和东南沿海地区大风日数一般有 1～7 天，西藏西北部和内蒙古、青海、四川、新疆等省（自治区）的部分地区超过 10 天，全国其余地区不足 1 天。冷空气尤其是寒潮的爆发南下会带来大风，沙尘暴也伴随着强烈的大风，而地面最强的风是由龙卷和台风造成的。在龙卷中，常常有 100 米/秒以上的大风，但其影响区域小。台风内大风影响范围广，尤其是一些强台风，风速多为 60～70 米/秒，甚至达 100 米/秒以上。其次是雷暴大风，风速可达 40 米/秒以上。

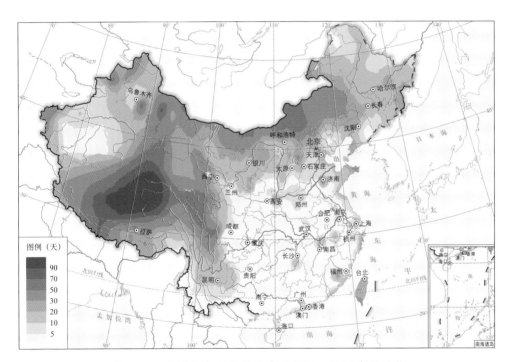

图 2.16　中国年大风日数分布（1981—2010 年平均）

2.2.3.4　风的变化

1961—2015 年，全国年平均风速有显著的减小趋势，平均每十年减小 0.13 米/秒。20 世纪 60 年代至 80 年代中期，全国年平均风速较常年值偏大；而 80 年代中期以后均较常年值偏小；90 年代中期之后，平均风速减小的趋势有所变缓。中国各季节的平均风速表现出了与年平均风速相似的变化趋势特征，在1961—2015年也出现了显著的减小趋势，以春季平均风速的减小最为明显，平均每十年减小0.19米/秒；其次为冬季，平均每十年减小0.17米/秒；秋季和夏季的减小趋势分别为平均每十年减小0.14米/秒和0.13米/秒。

1961—2015年，全国平均年小风日数（日平均风速≤1.5米/秒）呈显著增加趋势，平均每十年增加10.6天（图2.17）。20世纪60至80年代中期，年小风日数值明显偏小，只有120天左右；而80年代中期以后受气候变暖的影响小风日数增加明显，达165天左右；21世纪初以后，小风日数的增加趋势有所变缓。中国各季节小风日数的变化特征与年小风日数相一致，在1961—2015年也出现了显著的增加趋势，其中秋季增幅最大，平均每十年增加3.0天；其次为冬季，平均每十年增加2.9天；春、夏季的增加趋势相近，分别为平均每十年增加2.2天和2.5天。

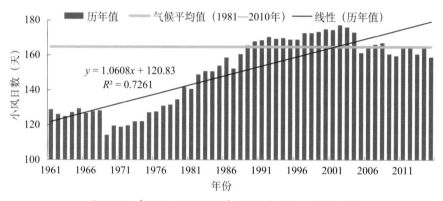

图2.17　中国小风日数历年变化（1961—2015年）

2.2.4 日照时数

日照时数指太阳在一地实际照射的时间长短量值。日照时数的分布与云量及大气透明度有关，中国四川、贵州地区，为全国云量最多、日照时数最少的中心。西北地区及青藏高原西北部日照非常丰富，是中国日照时数最多的地区。

2.2.4.1 年和季日照时数

中国年日照时数差异大，在1200～3400小时之间变化，基本呈北多南少、西多东少的特征（图2.18）。大致从哈尔滨、长春、沈阳以东，到天津、石家庄、太原、延安、庆阳、定西、青海甘得、四川石渠、西藏洛隆一线的东南部年日照时数在 2500 小时以下，西北部在 2500 小时以上。华北南部、黄淮、江淮、四川西部和云南大部，以及海南西部在 2000～2500 小时，秦岭、淮河以南，四川盆地以西，江南、华南和台湾等地一般有 1500～2000 小时；其中四川东部、重庆、湖南西部、贵州、广西北部是中国少日照中心，年日照时数最短，都不到 1500 小时；四川名山、北川分别为 859.0 小时和 867.7 小时，是全国最少、次少的地区。西北大部、东北西部、华北北部及内蒙古、西藏大部的年日照时数一般有 2500 小时以上，其中新疆东部、青海西北部、甘肃西北部、内蒙古西部和中北部、西藏西南部年日照时数最长，达 3000～3500 小时，西藏狮泉河和新疆红柳河分别为 3573.5 小时和 3456.5 小时，是全国最多、次多的气象站。

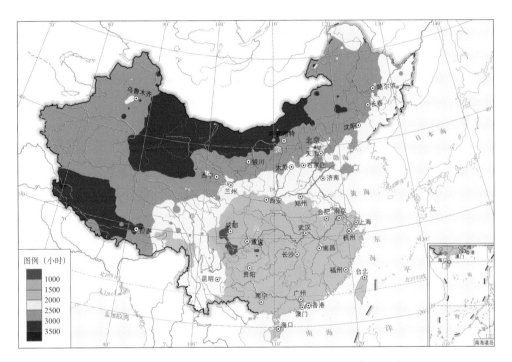

图 2.18　中国年日照时数分布（1981—2010 年平均）

中国四季日照时数的分布特点与年均日照时数基本一致，西南东部至江南西部和华南西北部日照最少，而新疆东部、青海北部、甘肃西北部、内蒙古西部和中北部、西藏西南部日照最为充沛。在四个季节中，一般夏季日照多，冬季少，只有昆明一带例外，春季最多。夏季日照时数全国大部在 400 小时以上，西北大部、东北西部及内蒙古、西藏西部可达 700～800 小时，新疆、甘肃西北部和内蒙古的部分地区超过 900 小时。春季和秋季，相比较而言，南方地区春季的日照时数较秋季短，而北方地区的春季日照时数较秋季长。冬季的日照时数最短，西南地区东部的日照时数不足 200 小时，北方大部的日照时数普遍有 400～600 小时，其中，甘肃西北部、青海北部、内蒙古西部、西藏大部、云南西北部等地有600～700 小时，部分地区达 700 小时以上。

2.2.4.2 日照时数的变化

1961—2015 年，中国平均年日照时数表现出显著的减少趋势，平均每十年减少约 33.8 小时。20 世纪 60 年代至 80 年代中后期，中国平均年日照时数较常年值偏多，但这段时期内日照时数迅速减少；而在 20 世纪 90 年代以后，中国平均年日照时数较常年值偏少，其减少趋势有所放缓。中国平均的四季日照时数也呈现出不同程度的减少。其中，春季日照时数在 1961—2015 年仅表现出弱的减少趋势，平均每十年仅减少 2.2 小时；而夏季日照时数在近几十年的减少趋势最为明显，平均每十年减少 20.4 小时；秋季和冬季日照时数也表现出了显著的减少趋势，减少速度分别为平均每十年减少 9.1 小时和 11.1 小时。

2.2.5 相对湿度

相对湿度为空气中的实际水汽压与同温度下的饱和水汽压的百分比，相对湿度的数值能够直接反映空气的湿润程度。相对湿度分布受空气中含水量、温度、海拔、坡向等因素影响。中国相对湿度空间分布特征表现为：东南沿海高，西北内陆低，夏季高于其他季节；冬季新疆北部、东北地区高于春、秋季，春季华南、江南高于其他地区，秋、冬季则西南东部高于其他地区。一般来讲，海拔高的地方气温低，云雾多，相对湿度山顶较山麓湿。但不同季节也有差异，春夏季山顶比山麓湿，秋冬季则相反（丁一汇，2013）。

2.2.5.1 年和季平均相对湿度

中国年平均相对湿度由东南向西北逐渐减小（图 2.19）。相对湿度小于 50%的地区大致分布在新疆南部、内蒙古中西部、甘肃西部、青海西北部、西藏中西部，其中塔里木和准噶尔盆地的沙漠、戈壁地区及西藏西部地区气候干燥，相对湿度低于 40%，青海冷湖、茫崖分别为 29.7%、30.3%，是全国最低和次低。东北、华北、黄淮大部、西北东南部及青海南部、四川西部和南部、云南西北部、西藏东南部、新疆西北部等地在 50%～70%；江淮流域及其以南大部地区的相对

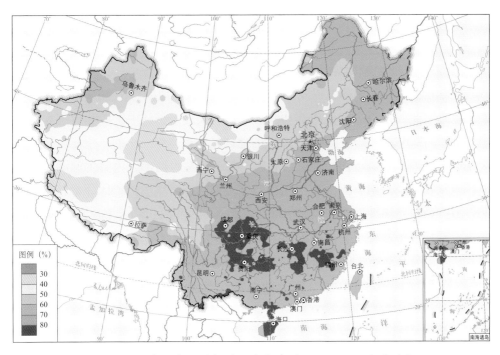

图 2.19　中国年平均相对湿度分布（1981—2010 年平均）

湿度最大，普遍达 70%～80%，其中四川中东部、重庆、贵州中部、湖南中东部、江西中东部、海南及台湾部分地区的年平均相对湿度达 80% 以上；台湾鞍部的年平均相对湿度为 89.7%，是全国最高，福建九仙山次高，为 87.6%。

中国四季平均相对湿度的分布特点与年分布特征基本一致，江南、华南及高山地区相对湿度相对高湿，而西北的沙漠、戈壁地区是相对湿度相对低干。四个季节的平均相对湿度分布差异不大。冬季，淮河以南大部地区相对湿度为 70%～80%，四川盆地及重庆、贵州西部、海南岛超过 80%，另外，新疆北部、内蒙古东北部和黑龙江中部相对湿度也为 70%～80%；新疆南部、青藏高原大部、四川西部、甘肃中西部、内蒙古西部和东南部、河北东北部、辽宁西部小于 50%，西藏西部不足 30%。春季，与冬季类似淮河流域及秦岭以南大部地区相对湿度超过 70%，但新疆北部、内蒙古东部、黑龙江均在 60% 以下，相对湿度大于 80% 的区域主要集中在江南大部、华南中东部，以及台湾北部和山区等地；相对湿度小于 50% 的地区较冬季范围大，包括新疆南部、西藏的中西部、青海大部、甘肃中西部、内蒙古大部、宁夏大部、陕西北部、山西和河北的北部、吉林和辽宁的西部、黑龙江的西南部，其中内蒙古、新疆和青海的沙漠、戈壁地区相对湿度非常低，不足 30%。夏季，中国东部和西南季风区，降水量明显增加，相对湿度也有明显的增加，普遍为 60%～80%；相对湿度超过 70% 的区域明显比冬、春季大，除新疆北部外，东北大部、华北南部、西北东部、西南东部，以及华中、华东、华南等地区均在 70% 以上，其中四川盆地、贵州南部、云南南部和西部、华南大部、长江中下游和台湾大部等地为 80%～90%；相对湿度小于 50% 的地区是四季范围最小的，主要包括新疆大部、西藏西北部、青海西北部、甘肃西部、内蒙古西部，内蒙古额济纳旗最低，不足 30%。秋季，大部地区相对湿度较夏季有所减小，整体分布与春季大体一致，黄河以南大部地区相对湿度普遍为 70%～80%，相对湿度超过 80% 的区域主要在西南东部、云南南部和海南东部；另外，东北大小兴安岭和长白山为 70%～80%；新疆南部、西藏西部、青海西北部、甘肃西部、内蒙古西部小于 50%，青海冷湖不足 30%。但总的来看，夏季最湿，相对湿度在 70% 以上的范围最广；而西北地区在春季相对湿度最小，秋季次小；新疆北部和内蒙古东北部的相对湿度则是在冬季最大。

2.2.5.2 相对湿度的变化

1961—2015 年，中国年平均相对湿度在 2003 年以前没有明显的变化趋势，2004—2009 年出现明显下降趋势，以偏低为主；2010 年之后又开始有上升趋势，但还是以偏低为主。中国春季平均相对湿度有显著的下降趋势，平均每十年下降 0.8%；夏季平均相对湿度的下降趋势并不显著，但表现出明显的波动特征，20 世纪 60 年代至 80 年代末相对湿度有所增加，而在 90 年代以后大幅下降；秋季和冬季的平均相对湿度均表现出显著的下降趋势，平均每十年下降 0.5%。

2.3 季风气候

2.3.1 季风气候区

季风（monsoon）指盛行风向有明显的季节性变化，而且随着风向的季节变化，天气气候也发生明显变化的气候现象。中国地处亚洲东部，大部地区受亚洲季风影响，季风气候特征明显。其中东部地区以秦岭—淮河为界，以北属于温带季风气候，以南属于亚热带季风气候，华南的部分地区属于热带季风气候。

中国热带季风气候分布在广东雷州半岛、海南、台湾南部、南海等地，气候特点表现为终年高温，干湿季分明。夏半年，因夏季风系统的向北移动，受到东南信风越过赤道偏转而来的西南季风和由海陆热力性质差异引起的由海洋吹向陆地的季风共同作用，带来充沛暖湿气流，加之热带气旋过境带来大量水汽，雨量充沛，为湿季。冬半年，气压带和风带的位置向南移动，受东北信风和由亚洲内陆地区吹向海洋并在低纬度地区偏转而形成的东北季风的影响，降水稀少，且由于纬度较低，北部有地形阻挡冷空气南侵，气候温暖干燥（海南北部因东北季风到达前经过海面吸收水汽，冬半年表现为温暖湿润气候）。

中国亚热带区域位于 25°～35°N 大陆东部，是热带海洋气团和极地大陆气团交替控制和互相角逐交绥的地带。夏季，伴随副热带夏季风北推，西北太平洋副热带高压西伸北抬，副热带高压西侧外围气流引导来自南海和西太平洋地区的暖湿气流向这一区域输送，与北方的冷气团交汇形成锋面降水。冬季，受来自西伯利亚、蒙古的大陆冷高压影响，盛行偏北风，低温少雨。但由于纬度相对较低，且空气含水量高于温带季风气候区域，冬季气温及降水也均较温带季风气候区高。

中国温带季风气候特点为夏季暖热多雨、冬季寒冷干燥。温带季风气候区的影响系统与亚热带季风气候区相似，夏季受温带海洋气团或变性热带海洋气团影响，暖热多雨，且南北气温差别小；冬季受温带大陆气团控制，盛行偏北或西北风，寒冷干燥，且南北气温差别大。

2.3.2　夏季风特征

东亚夏季风的建立以南海夏季风的爆发为标志。南海夏季风是东亚季风系统的重要组成部分，属于热带性质的季风。由于南海特殊的地理位置，它不仅联系南半球季风和东亚副热带季风、中高纬天气，而且联系西太平洋和印度的季风，因而其发生、发展及演变对东南亚与东亚，尤其对中国的天气气候会产生很大影响。南海夏季风爆发一般预示着东亚地区气候季节突变的开始和雨季来临，南海夏季风建立后，东亚地区大尺度环流随之调整，副热带高压带断裂，西太平洋副热带高压主体东撤出南海地区，西南风从东印度洋越过中南半岛，并与来自澳大利亚北侧的越赤道气流和副热带高压南侧的转向气流汇合；水汽输送也有明显改变，来自南印度洋的水汽开始向中国华南等地输送，中国东部降水增多。通常南海夏季风的平均爆发时间为 5 月第 5 候。随着季节的转换，9 月底或 10 月初，南海夏季风逐渐撤出南海，季节进程开始逐渐向冬季过渡。

东亚夏季风建立之后，以阶段性方式向北推进，期间经历 2 次北跳和 3 个相对静止的维持期。南海夏季风爆发之后至 6 月上旬，西北太平洋副热带高压脊线维持在 20°N 以南，东亚夏季风前沿停留在华南地区，与之相对应，华南前汛期降水也一直持续。在此之后，副热带高压北跳至 20°N 以北至 25°N，其西侧的西南气流与来自阿拉伯海的季风气流汇合，影响长江流域。此时季风前沿抵达长江流域，并进入第二个准静止阶段，维持大约一个月时间，江淮流域梅雨开始。7 月中旬，副热带高压第二次北跳越过 25°N，副热带高压主体控制长江中下游地区，梅雨结束，长江中下游开始高温伏旱天气。季风前沿抵达华北、东北地区，这是夏季风系统所能达到的最北端。此后，夏季风在上述地区维持大约一个月时间，为第三个准静止阶段，华北地区进入雨季（图 2.20）。

图 2.20　夏季中国东部雨带推进示意图

⟡|知识窗|──────────────────

季风

　　季风是一个古老而又有新意的气候学概念，阿拉伯人很早就发现了季风，并称之为"Mausam"，意思为季节，现在英语的"Monsoon"一词也是源自于此。在中国古代，季风有各种不同的名称，如信风、黄雀风、落梅风、舶风，所谓舶风即夏季从东南洋面吹至中国的东南季风。现代气象学意义上季风的概念是 17 世纪后期，由英国科学家哈莱（E. Halley）首先提出的，他指出季风是由于海陆热力性质的不同和太阳辐射的季节变化而产生的、以一年为周期的大型海陆直接环流。季风本质上是因海陆热力差异而导致在大陆和海洋之间大范围的、风向随季节有规律改变的现象：冬季由大陆地区吹向海洋，而夏季由海洋吹向大陆地区；且冬季风干燥，夏季风潮湿。除了海陆热力差异外，通常认为形成季风的另外三个主要原因是：行星风带的季节变化、大地形的作用和南北半球气流的相互作用。

　　季风气候随着纬度的差异可以划分为三种类型：温寒带季风气候、副热带季风气候和热带季风气候。从垂直层次上可表征为：对流层中低层季风、对流层上层季风和平流层季风。通常季风与降水密切相联，季风气候可出现雨季和旱季，与农业生产密切相关，从而引起广泛关切，且较多地关注对流层中低层的热带和副热带季风。

────────────────────────

　　与东亚夏季风历时三个多月从南海推进到其最北端不同，而夏季风的撤退过程相对迅速，8 月上旬开始，从华北撤退到华南只用一个月甚至更短时间。实际上，东亚夏季风在 8 月初到达东北亚地区后的维持期也是东亚夏季风撤退的准备期，8 月中旬之后，夏季风快速且持续南撤，期间并没有推进过程中相对静止的维持期。至 9 月上旬，西北太平洋副热带高压脊分裂，高压主体撤回海上，偏北气流从长江北岸扩展到江南地区，夏季风前沿撤退至南海北部地区。与南海夏季风建立的爆发性不同，其撤退维持大约一个月时间，在此期间，大陆地面冷高压逐步建立和发展，副热带高压南侧的东风带也不断发展，最终导致南海夏季风消失。

2.3.2.1 夏季降水季节进程

　　受东亚夏季风影响，中国东部地区雨季起讫规律性明显，雨季一般随着夏季风的爆发而到来，并逐渐达到盛期。通常在 5 月中下旬前后亚洲热带季风（南海季风）爆发以后，中国华南地区季风降水会出现显著增强；此后，夏季风开始进入全盛时期，季风雨带加强并向北移动；6—7月，季风雨带主要维持在中国长江流域，造成当地高温高湿的梅雨季；7—8月，季风雨带向北推进到中国华北地区；8月中下旬至9月中旬前后，随着中国大陆冷空气南下，夏季风开始减弱并一路南撤，此时冷暖气流通常会在中国华西地区交汇，形成绵绵不断的华西秋雨现象；9月末或10月初，夏季风完全撤出中国东部地区。

2.3.2.2 华南汛期

华南汛期通常指每年4—10月在中国华南地区降水相对集中的时期，分为华南前汛期和华南后汛期。4—6月一般为华南前汛期，以西风槽、锋面和锋前暖区强降水为主要特征。事实上，华南前汛期包含降水性质不同的两个阶段。4月上旬至南海夏季风爆发之前，雨带位于南岭以南地区，降水以冷空气和南支槽扰动共同作用下的持续性降水天气为主，属于锋面降水。这一时段降水较为稳定，雨量不大，且具备明显的由北向南移动的特征。5月下旬左右南海夏季风爆发之后，华南地区降水性质转变为季风性降水，降水陡增，对流活动加强，暴雨频发。至6月上旬后，东亚夏季风（副热带高压）经历第一次北跳，中国东部主雨带随之北移，华南前汛期逐渐结束，江淮流域梅雨开始。

7—10月一般为华南后汛期，以西太平洋副热带高压北跳后热带气旋（台风）、热带辐合带等热带天气系统引起的强降水为主要特征。东亚夏季风北跳之后，华南位于副热带高压的南侧，在菲律宾以东洋面上生成的热带气旋常常会沿着副热带高压的边缘西行或西北行袭击华南，在南海生成的热带气旋或热带低压也北上来到这里或者在沿海地区迂回，常常给沿海地区带来强降雨。此外，原来在热带洋面上的热带辐合带会向北抬升到达华南，它由很多发展旺盛的对流云团组成，也会给局部地区带来较大的降雨。华南后汛期降雨的特点是：降雨强度大、范围相对小、持续时间不长（一般只有几天）。

2.3.2.3 江淮梅雨

广义的梅雨指初夏时节从中国江淮流域到韩国、日本一带雨期较长的连阴雨天气，期间暴雨、大暴雨天气过程频繁出现，降水连绵不断，多雨闷热易生霉，谓之"霉雨"；因此时正值江南梅子成熟季节，故又称为"梅雨"。中国梅雨主要分布在江淮流域，即西自湖北宜昌，东至华东沿海，南端以南岭以北的28°N为界，北抵淮河沿线34°N一带，涉及上海、江苏、安徽、浙江、江西、湖北、湖南等多省（直辖市）。

6月上中旬，伴随东亚夏季风推进，西太平洋副热带高压有一次明显西伸北跳过程，此后至 7 月上中旬，500 百帕副热带高压脊线稳定在 20°～25°N，暖湿气流从副热带高压边缘输送到江淮流域，与来自北方的冷空气交汇，交界处形成锋面，锋面附近产生降水，梅雨开始。所以说，梅雨属于锋面降水的性质。与一般快速移动的冷锋或暖锋不同，在这段时期内，冷暖空气长时间相遇在长江中下游，并且双方势均力敌，各不相让，处于拉锯状态，致使这条锋面及其降雨带在相当长的时期内相对稳定，从而给长江中下游至淮河带来持续的阴雨天气。在这种环流条件下，梅雨锋徘徊于江淮流域，并常常伴有西南涡和切变线，在梅雨锋上中尺度系统活跃，不仅维持了梅雨期连续性降水，而且为暴雨提供了充沛的水汽。7 月中旬后，伴随东亚夏季风推进，副热带高压再次北跳至 25°N 以北。长江中下游地区被副热带高压控制，形成反气旋天气，以下沉气流为主，高温少雨，梅雨结束。

2.3.2.4 华北雨季

主要集中在 7—8 月，其中，又以 7 月下旬和 8 月上旬最为集中，俗称"七下八上"，这个时期是华北地区一年当中雨水最活跃的时期，平均降雨量占年平均降雨量的 50% 左右。华北雨季降水以对流性短时强降水为主，降雨时间短，但强度极大，分布不均，往往伴随山洪、泥石流、城市内涝等次生灾害，给人们的生活带来颇大的影响，甚至造成房屋倒塌、公路桥梁损毁等重大的经济损失。

2.3.2.5 华西秋雨

华西秋雨是中国西部地区秋季多雨的特殊天气现象，在某些地区又称之为秋绵雨或秋淋。它主要出现在四川、重庆、贵州、甘肃东部和南部、陕西关中和陕南、湖南西部、湖北西部一带，秋季频繁南下的冷空气与停滞在该地区的暖湿空气相遇，使锋面活动加剧而产生较长时间的阴雨。华西秋雨一般出现在 9—11 月，最早出现日期有时可从 8 月下旬开始，最晚在 11 月下旬结束。华西秋雨的主要特点是雨日多，以绵绵细雨为主。华西秋雨的降雨量一般多于春季，仅次于夏季，表现为显著的秋汛。秋雨的年际变化较大，有的年份不明显，有的年份则阴雨连绵，持续时间长达数月之久。

东亚夏季风在为中国降水提供水汽来源方面起着关键作用，季风爆发使向中国输送的水汽发生根本变化。在季风爆发前，水汽输送一般较弱，主要来自副热带高压西侧和北侧的西风气流输送，而来自南印度洋的水汽不能向中国输送；在季风爆发后，来自南半球的水汽迅速流入东亚季风区，形成一条连续的从南半球经印度洋到南海、东亚地区和西北太平洋的水汽通道，中国东部地区的降水较季风爆发前明显放大。

总体而言，夏季风对中国的影响利弊共存。一方面，夏季雨热同期，有利于农作物的生长，也利于缓解旱情。另一方面，夏季风带来大量的局部强降水可造成洪涝灾害发生。由于季风的年际变率和季节内变率很大，经常带来干旱洪涝、严寒酷暑等各种灾害性气候，特别是夏季风来临的早晚、向北推进的快慢及其强度，都直接影响到中国汛期旱涝和主要季风雨带的时空分布。

2.3.3 冬季风特征

东亚冬季风对中国的天气和气候有重要的影响，冬季风盛行时，气候特征为低温、干燥和少雨。一般在 9 月初，大陆冷高压在蒙古附近形成，冷空气势力加强，开始影响中国北方地区；10 月中旬，冬季风系统在东亚地区完全建立，这时北半球的大气环流也突然从夏季型转为冬季型，夏季风完全撤出，冬季开始；冬季风随季节变化而逐月加强，盛行于 11 月到次年 3 月，1 月最强盛。当冬季风从亚欧大陆纬度较高的西伯利亚地区和蒙古高原一带吹向低纬的太平洋、印度洋热带洋面时，寒冷干燥的气流使沿途所经地区普遍降温，进一步加大了中国冬季南北气温的差异。中国不同纬度地区受冬季风影响程度大小不同是中国冬季南北温差很大的主要原因之一。

冬季风的形成是西伯利亚地区深厚的冷高压（西伯利亚高压）和北太平洋阿留申低压相互作用的结果。西伯利亚高压的强度决定了冬季风的强度。通常可以用大陆和海洋上空气压的差异，或直接用西伯利亚高压的强度表征冬季风的强度。冬季风的活动主要包括三个阶段：冬季风爆发；冷空气在西伯利亚堆积，来自高纬的冷空气经由西北（55%）、北（25%）和西（15%）三个方向到达中西伯利亚；冷空气向东南方向侵袭，主要由西北及西方袭击中国。三个阶段中第二阶段是形成寒潮的关键，也是强冬季风形成的重要条件。

东亚冬季风的强弱与中国冬季气温有密切联系，当东亚冬季风强度偏强时，有利于来自欧亚大陆中高纬的冷空气南下影响中国，造成中国大部，尤其是北方地区冬季气温偏低，而当东亚冬季风强度偏弱时，有利于中国冬季出现"暖冬"。强冷空气（过程累积降温达 10 ℃）和寒潮（过程累积降温达 10～15 ℃）是东亚冬季风的盛行天气过程和影响中国冬季气候的重要表现形式。寒潮爆发时，极度干冷空气由高纬地区向低纬地区侵袭，伴有极强的风速、突然的降温、严重的冰冻雨雪灾害。当寒潮到达较低纬度时，转变为冷涌，并进一步在海洋性大陆（新加坡至印度尼西亚地区）激发强烈的对流活动和降水，影响当地天气气候。寒潮爆发的强烈程度则取决于由西伯利亚等地南侵冷空气团的性质、天气系统和环流分布。

受强东亚冬季风影响，2008 年 1 月中旬至 2 月初，中国南方地区发生了大范围持续性低温雨雪冰冻灾害，灾害影响范围广、持续时间长、损失重。2016年 1 月下旬，极地冷空气南侵，东亚冬季风阶段性增强导致中国发生了一次全国性的强寒潮天气过程，其降温幅度和影响范围令人咋舌，媒体纷纷冠名为"霸王级"或"BOSS 级"等以彰显其势之盛，而此次强寒潮天气过程南下影响岭南地区时，广州、东莞等地雪花纷飞，为半个多世纪以来所罕见，当地民众欢呼雀跃，其影响可见一斑。

2.3.4　季风的变化

受海表温度、陆面过程和大尺度大气振荡的影响，东亚季风有显著的季节内、年际和年代际变化。

副热带地区大气存在周期为 30～60 天的振荡现象，表现为大尺度大气环流和对流活动相耦合的纬向（东西向）和经向（南北向）传播，称为季节内振荡（ISO）。季节内振荡在东亚季风区同样存在，且季节内振荡的位相与东亚夏季风南北进退的变化趋势相叠加，影响着东亚夏季风移动或停滞，进而形成了中国东部华南前汛期、梅雨、华北雨季等的季节内变化（朱乾根 等，1989）。

东亚季风的强弱存在明显的年与年之间的差异，被称为东亚季风的年际变化。一般而言，当东亚夏季风偏强时，华北夏季降水偏多，而长江中下游降水偏少；弱夏季风时期的降水分布则相反。当冬季风偏强时，中国北方甚至全国大部冬季偏冷，而冬季风偏弱则有利于暖冬出现。东亚季风的年际变化主要有准两年振荡和 4～7 年周期的变化。热带太平洋 4～7 年周期的 ENSO 循环，是导致东亚季风年际变化的重要因子，它通过影响热带地区沃克环流来影响东亚季风系统；同时它也通过邻近东亚地区海表温度的变化进而导致海陆热力差异的变化，以及局地海气相互作用影响东亚季风。此外，欧亚积雪通过改变地表反照率及调节土壤湿度，对东亚季风的年际变化同样有重要影响。季风准两年振荡对中国夏季降水有重要作用，在淮河流域、长江中下游、内蒙古中部等地，热带准两年振荡的方差贡献接近夏季降水年际变化方差的一半；而珠江流域、黄河流域和东北等地，夏季降水则表现为 4～7 年周期振荡。

东亚季风具有复杂的年代际变化（施能 等，1996）。20 世纪 50—60 年代，东亚夏季风偏强，随后开始逐渐减弱，到 20 世纪 70 年代末转为异常偏弱。伴随着东亚夏季风的年代际减弱，中国东部地区的夏季降水也经历了明显的年代际变化，开始了长达 20 年的"南涝北旱"的降水格局，主要表现为北方降水异常偏少，南方降水异常偏多。20 世纪 90 年代初期以来，东亚夏季风表现出恢复增强的特征，尽管其增强的幅度仍未达到 20 世纪 70 年代末以前的水平，但伴随着东亚夏季风的增强，中国东部夏季雨带出现年代际北移的特征，长江流域梅雨雨带明显北移，表现为淮河流域夏季降水的增加。东亚季风年代际强弱的变化与太平洋、北大西洋和印度洋海温的年代际变化均有密切的关系。

2.4 干旱气候

2.4.1 干旱气候的分布类型

在自然界，气象干旱一般有两种类型：一类是各种气象因子（如降水、气温等）的年际或季节变化形成的阶段性异常水分短缺现象，称为大气干旱，在多数情况下所说的干旱通常指这类干旱，也称气象干旱；另一类是由气候、海陆分布、地形等相对稳定的因素在某个相对固定的地区常年形成的水分短缺现象，这类气象干旱也可称之为干燥或气候干旱（张强 等，2009）。根据国家标准《干湿气候等级》，干湿气候指数为气候平均年降水量与气候平均年蒸发量之比。中国干湿气候依据干湿气候指数进行划分：干湿气候指数为 0.5 是划分湿润与干旱的阈值；干湿气候指数为 0.2～0.5，则为半干旱区（或亚干旱区），0.05～0.2 则为干旱区，小于 0.05 为极干旱区；0.5～1.0 为半湿润区（或亚湿润区），1.0～1.65 为湿润区，大于等于 1.65 为极湿润区。也可以根据年降水量来界定干旱半干旱区，一般 200～450 毫米为半干旱区，35～200 毫米为干旱区，小于 35 毫米为极干旱区，两种判断方法所得的结果大体一致。根据 1981—2010 年 30 年平均干湿气候等级分布（图 2.21）可见，中国北部和西部大部分地区为干旱区（包括半干旱区、干旱区和极干旱区），东部和南部大部分地区为湿润区（包括亚湿润区、湿润区和极湿润区）。气候干湿分界线从东北向西南贯穿齐齐哈尔—大庆—双辽—阜新—朝阳—赤峰—张北—北京西部—大同—吕梁—榆林—固原—定西—青海尖扎县—都兰县—格尔木市—那曲班戈县—拉萨市，沿线以北地区为气候干旱区，总体面积为 453.2 万平方千米，占中国国土面积的 47.2%。该区域降水量少，降水变率大且年内季节分配不均，空气干燥，地表蒸发量大。极干旱区主要分布于新疆东部和南部、内蒙古西北部、甘肃河西走廊西部和青海柴达木盆地西部，多为沙漠戈壁地貌，面积约为 87.8 万平方千米（占 9.1%）；干旱区主要分布于新疆准格尔盆地以及南疆西部和北部、西藏西北部、青海西部、甘肃西部、内蒙古中西部、宁夏北部，面积约为 193.2 万平方千米（占 20.1%）；半干旱区则主要分布于内蒙古中东部、黑龙江西部、吉林西部、辽宁西北部、河北北部和东南部、山东西北部、山西西部和北部、陕西北部、宁夏中部、甘肃中部、青海中部、西藏中部及新疆的天山山脉和阿尔泰山脉一带，面积约为 172.2 万平方千米（占 17.9%）。因气候干旱的中心区在西北，故习惯称西北干旱区。年降水量大于 450 毫米的地区主要在中国东部地区，称为东部湿润区。由于中国东部属于大陆性季风气候区，冬、夏干湿季节转换明显，虽然属于湿润区，但存在着明显的季节性干旱。

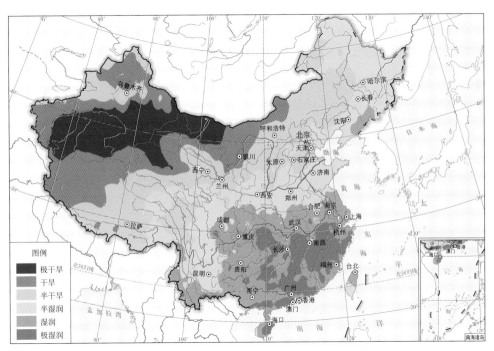

图 2.21　全国干湿气候分区图（1981—2010 年）

2.4.2　干旱区气温特点

中国干旱区地域广阔，地形复杂，高山与平原、盆地相间，沙漠与绿洲共存，所以气温的空间分布差异较大。年平均气温为 0～16 ℃，陕西、甘肃两省秦岭以南气候温暖，年平均气温在 12 ℃以上，最高气温在 16 ℃以上。陕西、甘肃两省的其他地区及宁夏年平均气温在 8 ℃左右。青海东南部，山地起伏，气候严寒，年平均气温为 -4～0 ℃。自此向西，塔里木盆地、吐鲁番盆地年平均气温较高，为 8～12 ℃，最高在 14 ℃以上。新疆天山一带地势高、气温低，与青海东南部同为西北地区气温最低的地区。季节变化明显，1 月，全区气温为 -27~4 ℃，秦岭以南的陕甘地区 1 月平均气温在 0 ℃以上；陕西北部、宁夏、甘肃大部，由东南向西北气温逐步降低，从 0 ℃降至 -11 ℃左右。青海东南部高原海拔高、气温低，玛多 1 月平均气温为 -16.8 ℃，青海其余地区 1 月平均气温为 -12~-7 ℃；南疆由于天山的屏障，气温为 -9~-4 ℃。北疆阿勒泰地区东部气温达 -20 ℃以下，最低 -28 ℃。干旱区的三大盆地，即柴达木盆地、塔里木盆地和准噶尔盆地，当冷空气注入盆地后，受周围山脉的阻挡堆积在盆地中，形成冷空气湖。最冷的空气因密度大沉积在底层，因此会出现气温随海拔上升而升高的现象，即冷湖逆温，那里是牲畜过冬和果树安全越冬的有利场所。4 月，干旱区除一些高山站之外，月平均气温都在 0 ℃之上。陕西中部、甘肃东南部达 12~16 ℃；陕西北部、宁夏大部、甘肃大部为 8~12 ℃。青海东南部仍是全区气温最低的地区之一，与天山东段同在 0 ℃左右。青海其余地区为 4~8 ℃。新疆由于下垫面以戈壁、沙漠为主，春季升温快；南疆为 14~16 ℃，以炎热著称的吐鲁番达到 19 ℃。夏季是最热的季节，7 月，吐鲁番的平均气温达 32.4 ℃，最低值在青海东南部，玛多只有 7.5 ℃；其他地区除青海外，大部气温在 20 ℃以上。秋季，降温较快，陕西中南部、甘肃南部和南疆，10 月平均气温为 10~16 ℃，其他地区大多为 0~10 ℃。青海东南部与新疆天山中部最冷，已降至 0 ℃以下，最低 -3 ℃。

2.4.3 干旱区降水特点

中国干旱区是降水量最少的一个大区。年降水量分布大体上自东南向西北减少，在塔里木盆地达到最少，向北到北疆又有所增加，天山东段增加尤为明显。陕西中北部、宁夏大部、甘肃中部、青海中东部年降水量为 100~450 毫米，以半干旱气候为主，部分为干旱气候。甘肃西北部、青海西北部、新疆中南部年降水量不足 100 毫米。青海西北部的柴达木盆地和新疆的塔克拉玛干沙漠、吐鲁番盆地等在 20 毫米以下，还不及中国东部地区一次中雨的日雨量，也少于中亚干旱区卡拉库姆沙漠 30 毫米的最低年雨量。北疆年降水量稍有增加，也仅为 100~250 毫米。干旱区降水量少，季节上又集中夏季，大部分地区夏季（6—8 月）降水量占全年降水量的 60%~70%，所以常以夏季雨量的变化代表年雨量的变化。只有陕西中部、甘肃南部及新疆北部在 50% 以下，但夏季降水量仍远高于其他三个季节。冬季降水量最少，1 月降水量普遍在 10 毫米以下，4 月与 10 月亦在 10 毫米以下，只有天山东段月降水量在 20 毫米以上。7 月降水量在 10 毫米以下的区域大为缩小，天山东段及西北区的东南部可达 50 毫米或 100 毫米以上。西北干旱区东部半干旱区秋雨多于春雨，西部则反之。夏季时有强降水过程出现，西北各省（自治区）每年 7 月平均有 3～8 次大于 25 毫米以上的大到暴雨过程。西北干旱区西部的降水集中在一两场雨上，有"湿年一场雨"之说。如南疆若羌站 1981 年 7 月 5 日 14 小时内竟破纪录地降了 73.5 毫米的当地"特大暴雨"，占该年雨量的 68%。甘肃金昌市 1987 年 6 月 10 日也出现了 159.4 毫米的暴雨过程。因当地建筑设施防雨能力低，遇此强降水，会造成山洪暴发、房屋倒塌及交通中断等灾害。

2.4.4　沙漠气候特点

沙漠气候也就是极端干旱气候，其跨越纬度大，不同区域气温差别很大。根据所处纬度的不同，可分为低纬度沙漠和中纬度沙漠。低纬度沙漠也称热沙漠，分布在南北回归线附近的副热带高压区内，如非洲北部的撒哈拉沙漠、亚洲西南部的阿拉伯沙漠、澳大利亚中部的大沙漠等。中纬度沙漠也叫冷沙漠，分布在温带大陆内部，如中国的新疆和内蒙古一带及北美大陆西南部的沙漠等。沙漠气候是大陆性气候的极端情况。夜间地面冷却极强，甚至可以降到 0 ℃ 以下。由此，气温日变化非常大，可以高达 50 ℃ 以上。新疆塔克拉玛干沙漠虽属温带沙漠，"但早穿棉午穿纱，抱着火炉吃西瓜"并不是耸人听闻的传说，而是现实的生活画面。沙漠气候降水量奇缺，一般不到 35 毫米。若羌虽在沙漠边缘，年降水量也只有 17.4 毫米，1957 年最少，只降了 3.9 毫米。吐鲁番常年降水量也只有 15.3 毫米，1968 年全年只有 2.9 毫米；吐鲁番西部的托克逊站常年降水量才 8.1 毫米，1968 年出现了 0.6 毫米的全国最低年降水极值，比南疆沙漠腹地都干，可以说是中国的"旱极"。因吐鲁番盆地位于天山背风侧漫坡风下沉区，又有达坂城峡谷，那里风大、气温高、蒸发快。在这样少雨的情况下，塔克拉玛干沙漠的边缘仍能发展农业。种植水稻、小麦、玉米、棉花、葡萄、西瓜等，主要利用天山和昆仑山融化的雪水进行灌溉。因为夏季气温高，日较差大，日照丰富，收成并不低，而且质量都很好。

2.4.5　干旱气候的变化

1961 年以来，中国干旱区面积总体变化不大，但区域变化和年代际变化特征明显。极干旱区面积总体呈减少趋势：20 世纪 60、70、80 年代极干旱面积分别占国土面积的 13.1%、12.4% 和 10%，90 年代和 21 世纪初极干旱面积占国土面积的比例下降，都为 8.7%（图 2.22）。新疆、甘肃和青海极干旱面积都呈缩小趋势。极干旱区主要分布在西北地区，其面积减少与该地区降水明显增加有关。

干旱区面积呈明显扩大趋势：20 世纪 60 年代、70 年代中国干旱区面积占国土面积的比例分别为 19.7% 和 20%。80 年代以后，干旱区面积增加，80 年代为 21.4%，90 年代和 21 世纪初都为 22%（图 2.22）。干旱区面积扩大一方面由于新疆、青海西北部等地降水增多，使得极干旱区转变为干旱区，另一方面由于内蒙古中部、宁夏等地降水减少，干旱区有扩大的趋势。

亚干旱区面积总体变化不大，但内蒙古东部和东北地区西部干旱化趋势明显：20 世纪 70 年代，亚干旱区面积最大，占国土面积的 18.1%；80 年代亚干旱区面积减小，比例为 17.7%；90 年代和 21 世纪初亚干旱区面积逐步扩大，比例分别为 17.9% 和 18%（图 2.22）。亚干旱区面积变化最大的区域位于内蒙古东部和东北地区西部，由亚湿润区向亚干旱区演变，相对于 20 世纪 80 年代，21 世纪初内蒙古东部亚干旱区增加了 7 万平方千米，东北西部地区增加了 6 万平方千米。主要原因是上述大部地区 90 年代和 21 世纪初降水减少、气温升高、蒸发增加。

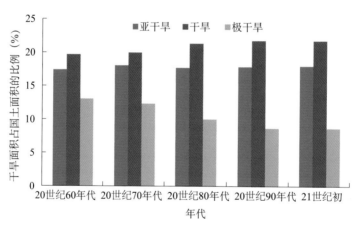

图 2.22　1961—2010 年各年代中国气候干旱面积占国土面积比例变化

干旱区气温变化：西北干旱区的气候平均气温为 3.2 ℃，1961—2015 年，西北地区平均气温上升 0.88 ℃，其中 2015 年最暖，为 3.6 ℃，1967 年最冷，为 2.4 ℃。1967—1998 年，气温上升最快，每十年上升 0.36 ℃，1998—2015 年，变化比较平稳，18 年仅上升 0.11 ℃；这段时期西北地区最暖的 5 年是 2015 年、2013 年、2007 年、2006 年和 1998 年。分区来看，变暖最强的是新疆，年平均气温增暖高达 1.56 ℃。变暖主要发生在冬季，西北全区平均气温上升 2.24 ℃，新疆和内蒙古西部分别达 3.20 ℃ 和 3.15 ℃。西北大部分地区夏季气温无上升，或有下降趋势。

干旱区降水量变化：西北干旱区的气候平均降水量为 98.3 毫米，1961—2015 年，西北地区年降水量变化波动明显，上升 7 毫米。但是，青海与新疆分别上升 21 毫米和 13 毫米。陕西、甘肃、宁夏及内蒙古西部降水量减少。陕西减少最多，达到 91 毫米。降水量增加的区域主要集中在春、夏两季的降水增加。

2.5 高原气候

青藏高原地势高耸，东西长 2000 多千米，南北宽 1000 多千米，平均海拔超过 4000 米，约占对流层大气厚度的 1/3，是世界上最高的高原，素有"世界屋脊"之称，也被誉为地球的"第三极"，是地球上独特的高寒气候区。

2.5.1 气候分布特征

依据中国气候区划方案和高原地区自然地理环境综合特征，高原气候区包括青海、西藏、云南西北部迪庆藏族自治州、四川西部、甘肃西南部部分地区以及新疆南缘，总面积达 257.24 万平方千米。

高原亚寒带位于高原中部，海拔高、气候寒冷，日平均气温稳定≥10 ℃的日数少于 50 天，东起若尔盖湿地，西至喀喇昆仑山西段，北以昆仑山脉北缘——阿尼玛卿山为界，南到冈底斯山南缘——念青唐古拉山；且高原亚寒带内水分条件由东向西递减，可进一步划分为高原亚寒带湿润区、半湿润区、半干旱区和干旱区。高原温带位于高原亚寒带周围地区，呈环带状分布，日平均气温稳定≥10 ℃的日数为 50～180 天，其中横断山脉东部和南部为湿润区，横断山脉中北部为半湿润区，祁连青东高山盆地和藏南高山谷地为半干旱地区，柴达木盆地和阿里地区为干旱区。而东喜马拉雅山南翼至横断山西南缘山地为亚热带湿润气候区，日平均气温稳定≥10 ℃的日数高于 180 天，处于南亚季风的迎风坡，年降水量可达800 毫米。近 50 年，青藏高原地区气候变化以变暖、变湿为主要特征。1961—2015 年，青藏高原地区整体升温率为平均每十年 0.35 ℃，远超过同期全球平均水平；高原地区整体降水呈现增加趋势，但存在明显的南北差异。

2.5.2 日照辐射特征

高原地区光照丰富，高原主体年日照时数为 2500～3600 小时，是中国日照时数最多的地区之一。年日照时数的空间分布特征表现为：高原西部、北部日照时数多，东南部少，总体呈西北—东南向递减趋势，分布有两个高值区（柴达木盆地，年日照时数为 3200～3600 小时；阿里地区和雅鲁藏布江河谷中上段，年日照时数为 3200～3400 小时）和一个低值区（藏东南的波密、察隅地区，年日照时数不足 1500 小时）。

高原地区太阳辐射强。高原地区独特的辐射状况是其天气气候形成和变化的基础（丁一汇，2013）。青藏高原地区总辐射强度大，常有超太阳常数（1368 瓦/米^2）的现象，其为高原辐射气候的一大特征。高原地表接收到的太阳总辐射量居全国之首，年总辐射量为 5000～8000 兆焦耳/米^2，较同纬度的中国东部地区大 2000～3000 兆焦耳/米^2。年总辐射量的空间分布同为高原东部小、西部大，藏东南地区小于 5000 兆焦耳/米^2，羌塘高原和阿里地区、柴达木盆地可高达 7000～8000 兆焦耳/米^2。由于高原主体海拔高、空气稀薄干洁、大气透明度高，地表接收到的直接辐射量大于散射辐射量，太阳年总辐射量中直接辐射所占比例为 55%～78%。高原地表太阳辐射的前述特征，利于太阳能开发利用，高原大部地区为中国的太阳能资源最丰富区。

2.5.3 气温特征

高原地区海拔高、气温低，气温年较差相对较小。受高海拔影响，高原地区年平均气温比同纬度的中国东部地区明显偏低，为全国的低温中心之一。高原一半以上的面积年平均气温低于 0 ℃，部分地区年平均气温低于 -4 ℃，其中青海五道梁年平均气温仅为 -5.1 ℃（表 2.1）；高原地区中北部日最低气温极值普遍低于 -30 ℃，青海祁连山区的托勒、江河源区的玛多和沱沱河、西藏中部的改则—班戈—那曲等地低温极值会低于 -40 ℃，其中玛多曾出现 -48.1 ℃（1978 年 1 月 2 日）的极寒天气。同时高原内部存在三个相对暖的地区：柴达木盆地，年平均气温为 2～5 ℃；青海东部的黄河、湟水谷地，年平均气温为 4～8 ℃；藏东南的三江谷地和雅鲁藏布江中下游地区，年平均气温为 5～15 ℃，其中四川得荣年平均气温可达 14.8 ℃。高原地区日最高温极值出现于青海尖扎县（40.3 ℃，2000 年 7 月 24 日）。对气温的季节变化分析表明，高原地区 1 月最冷，除藏东南局部地区外，高原大部 1 月平均气温低于 -10 ℃，西藏西部和北部、青海南部及祁连山西部低于 -15 ℃。7 月平均气温最高，青海南部、西藏西部和北部、祁连山西部地区月平均气温仍会低于 10 ℃，而前述柴达木盆地等三个相对暖中心月平均气温均高于 15 ℃；仅少数地区因 7 月云雨集中，最热月份出现于 6 月或 8 月；由于高原地区海拔高，夏季平均气温比同纬度的东部地区相对偏低，冬季北部受山脉阻挡、冷空气不易入侵，高原地区总体气温年较差比同纬度的东部平原地区偏小。

在全球气候变化背景下，青藏高原地区地表气温总体呈快速升高趋势。1961—2015 年，青藏高原地区整体地表年平均气温的升温率为平均每十年 0.35 ℃，是全球同期升温率的 2 倍多。高原地区的升温趋势尤以冬季最为显著；且青藏高原升温率的空间变化较大，其中北部升温明显大于南部。

1961—2015 年，青藏高原地表气温变化具有明显的不对称性，即日最低气温变化率（每十年 0.45 ℃）远大于日最高气温变化率（每十年 0.31 ℃）；极端冷天气数减少，同时极端热天气数增加。

表 2.1　高原气候代表站点常年气候特征及其与东部站点比较

站点	代表气候区	海拔（米）	日平均气温 ≥10 ℃ 日数（天）	年平均气温（℃）	1 月平均气温（℃）	7 月平均气温（℃）	年降水量（毫米）	年干燥度
五道梁	高原亚寒带半干旱区	4612.2	1	−5.1	−16.2	5.4	301.4	2.0
狮泉河	高原温带干旱区	4278.6	85	1.0	−12.0	14.4	66.4	13.4
昌都	高原温带半湿润区	3315.0	135	7.8	−1.6	16.3	489.3	1.4
察隅	高原亚热带湿润区	2327.6	193	12.1	4.7	19.0	792.3	0.9
济南	暖温带半湿润区	170.3	222	14.9	−0.3	27.5	693.4	1.5
芜湖	北亚热带湿润区	9.5	238	16.7	3.4	28.7	1211.2	0.7

2.5.4　降水特征

高原年降水量分布区域差异较大，总体自雅鲁藏布江河谷的亚热带湿润区向高原西北部高寒干旱区递减。西藏西部和新疆交界处、柴达木盆地，年降水量不足 50 毫米；雅鲁藏布江下游至怒江下游以西，是高原年降水量最多的地区，一般为 600~900 毫米；黄河流域的松潘地区，年降水量约为 700 毫米；祁连山脉的东南部年降水量在 500 毫米左右；高原其余大部分地区年降水量为 200~500 毫米。

高原大部地区的降水集中于夏半年，降水量自东南向西北逐渐减少。从降水的季节分配来看，高原降水存在单峰型和双峰型两种模式。喜马拉雅山脉南麓和雅鲁藏布江下游河谷地区年降水变化呈双峰型，具有冬、春季和夏季两个峰值时段，其中喜马拉雅山脉南麓的聂拉木曾出现 24 小时降雪量达 195.5 毫米（1989年 1 月 8 日）的极端罕见强暴雪天气；高原其余地区多为单峰型，降水集中分布于 5—9 月，雨季和干季界限分明，80% 以上的降水都出现于夏半年。高原中部地区的降水峰值多出现于 7 月，而高原边缘地区降水峰值出现在 8 月。对于降水极少的藏西北地区和柴达木盆地西部，雨季和干季差异相对较小。

高原地区降水日变化特征明显，夜雨频繁。高原地区夜雨率（取北京时20 时至次日 08 时的降水量为夜雨，其占日总降水量的百分比）的平均值为55%～60%，其中全年四季夜雨率均大于 70% 的区域主要分布在雅鲁藏布江中上游、川西高原及南疆盆地西部，其最大中心值均超过 80%（叶笃正 等，1979）。一般高原地区降水多集中于夏季，光、热、水配置关系较好，对农作物生长发育有利，是高原地区农业生产高产、稳产的重要气候资源。

1961—2015 年，青藏高原地区整体降水呈增加的趋势，平均每十年增加1.6%，但南北差异显著：北部降水量增加，南部同期降水量减少。20 世纪 80 年代以来，喜马拉雅地区降水有减少的趋势，西昆仑—喀喇昆仑地区降水呈增加趋势。

2.6 近海气候

2.6.1 近海气温特征

中国近海气温的分布受太阳辐射随纬度的变化以及海陆分布特征影响较大。从年平均情况来看，一方面，中国近海气温随着纬度的增加而降低，呈现出南高北低的分布特征。另一方面，受海陆分布的影响，同一纬度近海海洋的气温一般要高于近海陆地的气温。此外，在越靠近陆地的区域，气温的水平梯度越大，等温线总体呈西南—东北走向。中国东海地区气温水平梯度最大，其次是黄海和渤海，而南海由于大部分地区处于热带，温度梯度相对较小。具体来看，渤海和黄海地区的年平均气温为 12～15 ℃，东海地区的年平均气温为 15～21 ℃，南海北部地区年平均气温为 24～27 ℃，南海南部地区年平均气温为 27 ℃（图 2.33）。

春季，中国近海气温的分布与年平均气温的分布比较一致，尤其是南海地区，北部气温为 24～27 ℃，而南部在 27 ℃以上。渤海、黄海以及东海北部气温要比年平均气温偏低，其中，渤海气温为 6～12 ℃，黄海气温为 9～12 ℃，东海北部气温为 12～15 ℃。此外值得注意的是，由于春季是升温季节，近海陆地升温快、气温高，而近海上空升温慢、气温低，因此渤海、黄海以及东海地区的气温要低于同纬度沿岸陆地上空的气温。

　　夏季，是中国近海气温最高的季节。渤海和黄海的气温为 22～24 ℃，东海的气温为 24～28 ℃，而南海气温普遍达到 27 ℃以上。此外，与春季一样，夏季渤海、黄海以及东海地区的气温要低于同纬度沿岸陆地上空的气温。

　　秋季，中国近海气温分布与年平均气温分布非常相似，尤其是渤海、黄海以及东海地区的气温要高于同纬度沿岸陆地上空的气温。渤海和黄海的气温为 12～18 ℃，东海的气温为 18～24 ℃，而南海气温普遍达到 24 ℃以上。

　　冬季，是中国近海气温最低的季节，相比秋季，气温梯度在各海区明显加大。渤海、黄海以及东海地区的气温要高于同纬度沿岸陆地上空的气温。渤海和黄海的气温为 -5～5 ℃，东海的气温为 0～15 ℃，南海北部气温为 20～25 ℃，南海南部气温在 25 ℃以上。

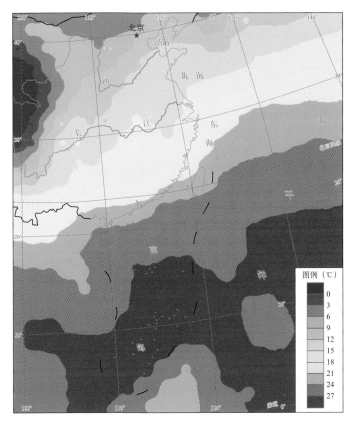

图 2.23　中国近海 1981—2010 年平均气温分布

2.6.2 近海降水特征

海洋向大气以感热和潜热形式输送热量，它既是大气的热源，又是水汽源。尤其当海气温差很大的时候，这种热输送更加显著。海气温差在冬季最大，海洋在冬季失热最多。海表热平衡中潜热输送量级很高，因此海洋通过输送热量及水汽影响上层大气温度和水汽含量，使气团变性，给沿岸带来异常天气。"海（湖）效降水"是指冷空气经过暖的海面（湖面）后在迎风岸产生的局地性降水，多发生在中高纬度秋、冬季，具有云层发展浅薄、分布范围小、出现时间较短、以固态降水为主等特点。海（湖）气温差引起的水热交换及其低层不稳定层结是降水产生的重要机制。海（湖）气温差较大时，"海（湖）效降水"过程可以独立发展起来，也可以对天气尺度降水起加强作用。

每年秋、冬季发生在中国山东省东北海岸的"海效降水"正是这种使经过海面的冷气团变性而产生的特殊降水过程。山东半岛海效降水的分布和低山丘陵地形有很大关系。地形的抬升造成近地面层丘陵以北地区产生辐合上升运动，而丘陵以南地区则辐散下沉。当渤海海面的暖湿空气由西北气流输送到山东半岛北部沿海时，由于受到东西向丘陵的阻挡而抬升，从而使上升水汽达到凝结高度产生降雪。这就造成了较大降雪量位于低山丘陵的北部地区，而丘陵以南地区降雪量较少。

2.6.3 近海海陆风特征

中国近海气候不仅受外海的影响，也受陆地气候的影响，这是近海气候所特有的现象。

> **知识窗**
>
> **海陆风**
>
> 海陆风是一种发生在海陆边界的特殊的中尺度天气系统。海陆风环流是近海地区由于陆地和海洋热容不同导致的海陆热力差异，造成的风向出现显著昼夜转换的中小尺度浅薄环流，白天吹海风，夜间吹陆风。其强度由海陆温差、太阳辐射强度等热力因素和地形摩擦等因素决定。

海陆风一方面受海陆温差影响，另一方面也与天气尺度背景环流场有关，当背景环流场较弱时，较小的海陆温差也可以产生海陆风；而当背景环流场较强时，再大的海陆风也有可能被天气尺度环流场所掩盖。因此，大尺度天气系统气压场较均匀，梯度风小，天气晴朗少云是海陆风发生、发展的最有利条件。海陆风影响沿海地区的温度、降水、湿度和风场，从而影响到污染物的排放乃至工农业生产布局，因而在沿海气候研究中占有重要地位。中国具有漫长的海岸线，几乎各地都有海陆风现象。由于海岸地形、地貌、走向以及盛行的天气系统各不相同，海陆风的强度、持续时间、延伸范围差别较大，在沿岸气候中发挥的作用也不尽相同（闫俊岳 等，1993）。

海陆风的强度、持续时间、影响范围在很大程度上取决于陆面和海面对大气供应的热量，也取决于海岸地形和当时盛行的大尺度天气条件。强海风的发生，需要强海陆温差，白天太阳辐射强，陆面增热快，海陆温差大，所以海风一般强于陆风。在一年之中，冬季海陆风较弱，春末夏初海陆风最强，北方一些海区，冬季甚至显示不出海陆风。原因之一是冬季冷空气活动强，海陆风经常被掩盖；更重要的是冬季太阳辐射弱，海洋和大陆温差小。春末夏初，白天陆面温度大大高于海面温度，海风显得十分强盛；夜间陆上降温显著，又造成陆风加强（闫俊岳 等，1993）。

2.6.4　近海海冰特征

在中国渤海和黄海北部的近海海区，冬季由于强烈冷空气的入侵，每年都有不同程度的结冰现象。此外，黄海中部胶州湾以北的山东半岛沿岸及海岸内部或河口浅滩附近，冬季也会出现结冰现象。在极少数异常寒冷的冬季，江苏北部沿岸附近也有少量海冰生成。这种结冰与极地海冰相比有明显的区别，在时间上，它属于冬结春消的一年冰；在成因上，它主要是由温度降低造成的，无外洋的流冰和冰山。

渤海和北黄海的海冰以辽东湾最重，鸭绿江口次之，渤海南部较轻。辽东湾大致于 11 月中旬结冰，次年 3 月下旬冰情结束，冰期持续 3—4 月。海冰覆盖区从湾顶向南延伸 80～140 千米，冰厚通常达 25～40 厘米，严重时海冰覆盖整个辽东湾，冰厚可达 100 厘米，堆积冰高可达 6～10 米。渤海湾冰期从 12 月下旬开始至次年 2 月下旬结束，结冰期为 2 个月左右，流冰外缘一般距湾顶 30～70 千米，冰厚 15～30 厘米，堆积冰一般在 1 米以下，最高 2～4 米。莱州湾冰期为 12 月下旬至 3 月初，持续 2 个多月，冰厚通常达 15～30 厘米。黄海北部从西向东结冰持续时间不同，西部较短，12 月底至次年 3 月初，约 3 个月时间；东部 11 月下旬至次年 3 月中旬，持续近 4 个月，冰界距离海岸 30～50 千米，冰厚 20～30 厘米。鸭绿江口冰情较重，堆积冰可达 2 米。

渤海是全球纬度最低的结冰海域，海冰冰情演变一般分为初冰期、发展期（严重冰期）和融退期（终冰期）三个阶段。由 2001—2014 年逐月渤海最大海冰面积变化（图 2.24）可以发现，2001 年以来，渤海的海冰面积总体呈现出先增大后减小的趋势，海冰面积在 2009 年和 2010 年达到最大，之后开始减弱。与2001—2013 年同期平均值相比，2014 年 1 月上旬至 2 月下旬，渤海海冰面积持续偏小。其中 1 月上旬、中旬和下旬海冰最大覆盖面积比 2001—2013 年同期平均值偏小 40% 以上，2 月偏小 70%（中国气象局气候变化中心，2015）。

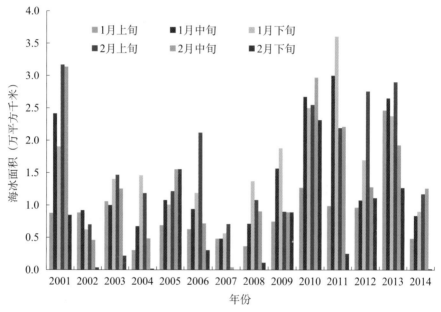

图 2.24　2001—2014 年逐月（12 月下旬—次年 2 月下旬）渤海最大海冰面积变化
（引自中国气象局《2014 年中国气候变化监测公报》）

2.6.5 南海气候特征

三沙永兴岛地处南海中西部，属热带季风气候，四季不分明，长暖无冬，干湿季分明，年雨量充沛。从 10 月至次年 2 月受冬季风影响，盛行偏北气流，大风天气频繁；5—9 月受夏季风影响，盛行偏南气流，高温高湿，对流旺盛，雷暴和降水频繁，热带气旋活跃。

三沙永兴岛年平均气温为 27.0 ℃，其中 3—5 月、6—8 月、9—11 月、12月—次年 2 月平均气温分别为 27.6 ℃、29.0 ℃、27.3 ℃和 24.0 ℃；年极端最高气温为 34.9 ℃（1969 年 5 月 25 日）。年平均降水量为 1473.5 毫米，其中 5—10

月降水量 1185.9 毫米，占全年的 80.5%。日最大降水量为 633.8 毫米（1995 年 9 月 6 日）。年平均相对湿度为 81%，其中 3—5 月、6—8 月、9—11 月、12 月—次年 2 月平均相对湿度分别为 80%、83%、82% 和 79%。全年日照时数为 2739.7 小时。年最多风向为东北风。年雷暴日数为 32.3 天，年大风日数为 10.8 天。年平均热带气旋影响个数为 10.4 个。主要气象灾害有热带气旋、雷暴、暴雨、大风和干旱。

2.7　城市气候

2011 年，中国内地城市化率首次突破 50%，达到 51.3%，2015 年达到 54.7%（牛文元，2012）。城市化进程不仅改变了原有的下垫面特征，而且由于城市消耗的大量能源使大气增加了数量可观的人为热和污染物，改变了近地层大气结构，形成了以城市效应为主的局地气候。城市气候既受所属区域大气候背景的影响，又反映了城市化后人类活动所产生的作用。城市的生产活动和特殊下垫面结构使大气边界层的特性发生了变化，从而对降水、气温、辐射等气候要素产生影响，形成一些城市共有的并相对于郊县或乡村独有的城市气候效应，包括城市热岛效应、干岛效应、湿岛效应、雨岛效应和混浊岛效应等，其中城市热岛效应最为突出。随着城市的快速扩展和城市人口的日益增多，城区及其周边地区的天气和气候条件发生了显著改变，并对全球气候变化与大气环流、区域大气污染物的增长、输送、扩散及沉降以及人体健康、能源耗散等产生深远的影响。

2.7.1　城市热岛效应

城市热岛效应，是指城市中心地区的近地面温度明显高于外围郊区及周边乡村的现象。城市热岛效应是在城市化的人为因素和局地天气气候条件的共同作用下形成的，人为因素包括城市下垫面性质的改变、人为热源、过量温室气体排放及大气污染等多方面的因素，局地天气气候条件包括天气形势、风、云量等。据测定，城市冬季人为热释放量很大，甚至比太阳净辐射还大，如美国冬季旧金山的人为热释放量最高达到 75 瓦/米^2（Fan et al.，2005；Sailor et al.，2004）。

城市的规模及其扩展与城市热岛效应密切相关。研究显示，城市人口越多，热岛效应越明显。1 万人口的城市，其热岛强度可达 0.11 ℃；10 万人口的城市，热岛效应可达 0.32 ℃；100 万人口的城市，热岛效应可达 0.91 ℃。即使是只有

1000 人口的小城镇也能在长时间温度记录中观测到热岛效应的存在。伴随着城市化进程的继续，城市热岛强度及其规模会日益加剧。由于中国城市的人口密度大、绿化少，因而中国的城市热岛尤为显著（Zhou et al.，2004）。在中国大陆地区，国家级气象台站年平均地面气温呈上升趋势，至少有27.3%可归因于城市化影响（任玉玉 等，2010）。

城市化会造成城市气温升高，气温的日较差减小。城市化升温也存在着区域性差异，长江流域、华南、华北等东部地区城市化升温明显，中国东部地区城市化引起的增暖为每十年 0.66～0.11 ℃，占全部增暖的 40%（Jones et al.，2008；戴一枫 等，2011），华南由于城市化导致的增暖为每十年 0.05 ℃，华北城市化带来的增暖为每十年 0.11 ℃（Ren et al.，2008）。与周边地区相比，北京城区城市热岛强度普遍达到 1 ℃以上，中心城区甚至超过 2 ℃。城市热岛效应在最低气温上的表现更为突出。

风速是影响城市热岛的主要因素之一，城市热岛随风速增大和云量增加而减弱（Magee et al.，1999；Morris et al.，2001；Kim et al.，2005）。城市风速较小或为静风时，大气层结稳定，不利于热量的散发，有利于热岛效应的形成和加强。在天气晴朗、无风或微风的情况下，城市热岛的形成、发展及空间分布主要取决于下垫面介质和城市格局的变化，城市人口数量与城市热岛强度和范围呈正相关，城市热源也会对区域热岛强度有一定的影响（夏季除外）；如果出现大风的天气，热岛中心的变化则与风速、风向密切相关。

城市的规划布局和地理位置与城市热岛强度存在明显的相关关系。不利于通风的城市地貌、不合理的城市布局、高密度和高负荷的建筑会导致城市通风不良，热量难以扩散，有利于热岛效应的形成。城市街谷的结构对热岛也有重要的影响，城市不合理的道路设置和粗糙的下垫面会导致湍流加剧，废热迂回环流，城市热岛加强。

城市热岛对城市的影响弊多于利。热岛效应在高纬度城市的冬季可以减少建筑物内的热量要求，由于城市热，积雪少，减少了清除积雪的费用。但城市热岛效应使夏季酷热加剧，对人体健康带来很大的不利影响，也增加了为降温而消耗的电力等能源的使用。另外，城市热岛的垂直分布，使得空气污染物在一定高度不易扩散，加重了大气污染，危害人们的身体健康。

城市绿化覆盖率与热岛强度成反比，绿化覆盖率越高，则热岛强度越低。以北京为例，当绿化覆盖率大于 30% 时，绿地对热岛效应具有明显的削弱作用；绿化覆盖率超过 50% 时，热岛现象得到明显的缓解；规模大于 3 公顷且绿化覆盖率达到 60% 以上的集中绿地能够形成凉岛效应。另外，减少排放以及合理的城市规划设计对减轻城市热岛效应有重要作用。

2.7.2 城市干岛效应和湿岛效应

随着城市化进程的加快，城市下垫面发生了很大变化，城市人口密集，能源燃料倍增，对城市的湿度也产生了显著的影响。城市的绝对湿度和相对湿度有明显的日变化，白天比郊区低，有明显的干岛效应；而夜间湿度比郊区高，形成湿岛。通过对北京、上海、南京、西安、厦门等多个大中城市的干岛和湿岛的出现频率、强度变化、时空分布规律和形成原因进行分析表明，城市干岛和湿岛与城市热岛之间存在着正相关关系。城区由于下垫面粗糙度大（建筑群密集、高低不齐），又有热岛效应，湍流比郊区强，通过湍流的垂直交换，城区低层水汽向上层空气的输送量比郊区多，导致城区近地面的水汽压小于郊区，形成"城市干岛"。到了夜晚，风速减小，空气层结稳定，郊区气温下降快，饱和水汽压减低，有大量水汽在地表凝结成露水，存留于低层空气中的水汽量少，水汽压迅速降低，而城区因有热岛效应，其凝露量远比郊区少，加之夜晚湍流弱，与上层空气间的水汽交换量小，导致城区近地面的水汽压高于郊区，出现"城市湿岛"。城市干岛效应使得城区夏季的相对湿度减小，对缓解城市高温闷热天气有一定的作用（Wang et al., 2010）。

2.7.3 城市雨岛效应和城市内涝

在城市市区及其下风向有促使降水增多的"雨岛"效应。其形成原因包括三个方面：大气环流较弱时，在城区产生降水的大尺度天气形势下，城市热岛环流所产生的局地气流的辐合上升，有利于对流的发展；城市下垫面粗糙度大，对移动滞缓的降雨系统有阻障效应，使其移速更为缓慢，延长城区降雨时间；城市空气中凝结核多，其化学组分不同，粒径大小不一，当有较多核（如硝酸盐类）存在时，有促进暖云降水作用。

最近几十年，随着社会经济和城市建设的快速发展，中国城市人口不断增加，城市的用水量和排水量不断增加，市区房屋建筑密集，不透水面积大增，雨水渗透能力降低，使城市已有的排涝标准呈必然下降趋势，加之城市基础设施规划和建设滞后，调蓄雨洪和应急管理能力不足，造成城市内涝风险加剧。近年来，城市内涝灾害日益频繁，2008—2010 年的 3 年间，中国有 62% 的城市都曾发生过内涝事件。2000 年以来，广州平均每年发生内涝 8.2 次（2012 年达 19 次）、北京 5.9 次（2014 年多达 15 次），且以每年约 1 次的速率增加；南京、武汉、深圳等城市也频频"看海"。2011 年 5—10 月，中国部分大中城市遭受强降水袭击，深圳、杭州、武汉、北京、长沙、成都、南京、上海、广州、海口等大城市出现严重内涝，城市运行受到极大影响。城市内涝已成为影响城市健康发展、威胁城市安全的突出问题。

2.7.4 城市混浊岛和霾

影响大气能见度使空气变得混浊的因素包括自然和人为两种：自然因素是指影响大气能见度的天气现象，如降水、雾、大风、沙尘暴、扬沙以及部分霾等，人为因素是指污染物排放所造成的空气污染、气溶胶浓度增加形成的混浊现象；大气气溶胶是指悬浮在大气中的固态和液态颗粒物的总称，主要包括沙尘、碳（有机碳和黑碳）、硫酸盐、硝酸盐、铵盐和海盐等六大类（张小曳 等，2013）。随着城市工业的发展和城市规模的扩大，人类活动排放的各种大气污染物悬浮在空中，对太阳辐射产生吸收和散射作用，降低了大气透射率，并削弱了到达地面的太阳直接辐射，使大气能见度减少，这就是城市混浊岛效应，也就是城市霾。城市大气能见度与大气气溶胶中 PM_{10} 和 $PM_{2.5}$ 的浓度，以及湿度、风速、风向、雾、降水、浮尘等气象条件密切相关（Tang et al.，1981；Appel，1985；周学华 等，2008）。城市混浊岛的强度随风速增大而减小，且混浊岛随下风向移动。在市区的下风向，城市混浊岛的影响范围可延伸至距市区 7~10 千米的地方（李爱贞 等，1994）。近 50 年来，珠江三角洲城市群、长江三角洲城市群、京津冀城市群等大气能见度呈显著下降趋势（黄健 等，2008）。

由于城市热岛的存在，当环流风微弱时，引起空气在市区上升，在郊区下沉，而四周较冷的空气又流向市区，在市区与郊区之间形成小型的热力环流，由此形成的风称为城市风。由于城市风的出现，城区空气中的污染物随上升气流上升，笼罩在市区上空，并由高空流向郊区，到郊区后下沉，下沉气流又从近地面流向城市中心，将郊区的大气污染物汇集到城区，使得市区的空气污染更加严重。

2.7.5 中国三大城市群城市化气候效应

京津冀城市群、长江三角洲城市群和珠江三角洲城市群是中国东部三个最大的城市群，也是中国人口最为密集、城市化水平最高、城市发展速度最快的地区，是中国城市化影响最显著的地区。城市化的气候效应很复杂，城市下垫面扩展使得扩展区及其周边地区的降水减少、气温升高，总体上呈现出干、暖化的趋势（郑益群 等，2013）。长三角地区与京津冀地区城市化气候效应的共同点为平均气温和夜间气温显著升高，春、秋两季增温更为显著；不同点是长三角的城市化效应夏季强于冬季，最高气温明显升高，京津冀则是冬季强于夏季，最高气温无明显变化（聂安祺 等，2011）。长三角城市群下垫面变化可导致夏季长三角地区接收的净辐射明显增加，感热通量上升，潜热通量下降，引起局地地表温度显著上升（花振飞 等，2013）。

　　城市化造成京津冀降水减少、减弱，长三角和珠三角降水增加、增强（邵海燕 等，2013）。随着城市的发展，京津冀地区极端强降水的频率和强度降低，造成夏季和年总降水量减少；长三角地区极端强降水有所增强，小量级降水有所减弱，两者的综合效应使夏季与年总降水量增加；珠三角地区中雨、大雨量级降水明显增强，春季降水有所增加；城市化效应使京津冀更加干旱，长三角和珠三角更加湿润（李天杰，1995；张立杰 等，2009；Guo et al.，2006；聂安祺 等，2011）。以广州为例，城市化造成了广州大雨、暴雨和大暴雨等年强降水日数增加，相对于城市化之前，从1991年开始，城市化过程使得广州降水量增加的趋势更加明显，城市化对广州城市降水增加的贡献率为44.7%（廖镜彪 等，2011）。通过对小时降水资料的分析发现，近50多年，北京最大小时降水量有所减少；广州则呈明显的增加趋势（图2.25）。大规模城市化的气候效应可以通过大气环流的调整和传输传播到更广阔的范围，中国东部大规模城市化可能使东亚夏季风显著减弱，并对中国近几十年来"南涝北旱"降水格局的形成有一定贡献（Ma et al.，2015）。

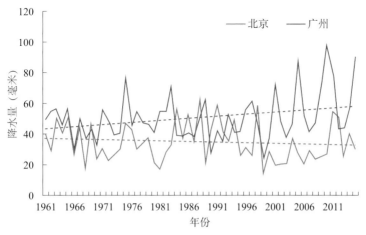

图 2.25　1961—2015 年北京和广州 5—9 月最大小时降水量历年变化

第3章 区域气候

CHAPTER THREE

3.1　华北气候

华北地区包括北京、天津、河北、山西、内蒙古，面积为 155.7 万平方千米，人口约 1.72 亿。地形地貌极其复杂，有高原、山地、平原等地貌类型，主要包括华北平原、太行山脉、内蒙古高原、大兴安岭等，草原面积居全国首位，是欧亚草原的重要组成部分。

3.1.1　基本气候特征

3.1.1.1　冬冷夏热，季节变化明显

华北地区由北向南跨越了寒温带、中温带、暖温带三个温度带，由东向西跨越了湿润区、半湿润区、半干旱区和干旱区，共包括 6 个气候大区。华北地区温度变化大，是全国气温年较差与日较差最大的地区之一。北京、天津和河北南部年平均日较差一般为 10.0～12.0 ℃，内蒙古、山西和河北北部在 12.0 ℃以上，内蒙古东北部和西部超过 14.0 ℃。区域内大部地区气温年较差超过 30.0 ℃，内蒙古东北部更是在 45.0 ℃以上，是全国气温年较差最大的地区之一。冬季，大部地区平均气温低于 0.0 ℃，内蒙古东北部在 -20.0 ℃以下，是全国冬季平均气温最低的地区之一；北京、天津、河北、山西等地极端最低气温为 -30.0～-20.0 ℃，内蒙古大部低于 -30.0 ℃，气候意义上的冬季超过 150 天，1966 年 2 月 22 日，内蒙古图里河最低气温达 -50.0 ℃，是华北地区极端最低气温，接近我国极端最低气温。夏季，大部地区平均气温一般为 16.0～24.0 ℃，北京、天津和河北南部等地超过 24.0 ℃；一半以上区域极端最高气温超过 40.0 ℃，主要有三个高温中心，分别在河北南部、内蒙古东部和西部，内蒙古拐子湖年高温日数（日最高气温≥35.0 ℃）最多达 58 天（2002 年），极端最高气温为 44.8 ℃（1988 年 7 月 24 日），是全区温度最高的地方。

3.1.1.2　降水集中，冬春干旱少雨

由于山脉对水汽的阻挡作用，区域内降水差异大，东部地区年降水量在 500 毫米以上，河北邯郸 1963 年降水量接近 1600 毫米；内蒙古西部不足 50 毫米，额济纳旗 1983 年降水量仅为 7 毫米。降水量年际变率大，最多年与最少年比值大于 2。降水主要集中在夏季，降水量占全年的 66% 以上，其中京津冀大部地区超过 70%，特别是 7 月下旬至 8 月中旬是降水集中期，平均雨季期为 30 天，

暴雨、特大暴雨经常出现。区域内大部地区降水日数少于 75 天，内蒙古西部更是少于 50 天，拐子湖仅 18 天，是全区降水日数最少的地区。春季少雨现象突出，降水只占年降水量的 10%～15%，经常连续 1～2 个月无降水，最长 3～4 个月无有效降水，旱灾频发，20 世纪 80 年代和 90 年代干旱年份多，以 1972 年、1999 年的干旱程度最为严重，其中 1999 年山西省连续 100 多天无降水，冬、春季重旱等级以上天数达到 78 天；北京连续无降水日数长达 90 多天，密云、官厅两大水库来水量明显偏少。大兴安岭以西和阴山山脉以北地区雪灾较为频繁，基本上每 2 年出现一次雪灾，重灾 5 年一次，其中 11 月是雪灾出现最多的月份，占全年一半左右。

3.1.1.3 春季风大，沙尘天气多发

华北大部地区春季平均风速基本在 3 米/秒以上，较年平均风速偏大 25% 左右，春季各月平均风速较其他月份平均偏大 30%～45%。区域内分布着巴丹吉林沙漠、腾格里沙漠、毛乌素沙地、浑善达克沙地等中国主要沙源地，加上地形平坦、土壤疏松，本地沙源和外来输送沙源结合，导致春季沙尘天气多发，是我国沙尘天气高发区之一。华北大部地区春季沙尘日数在 3 天以上，内蒙古大部、河北北部、山西北部超过 10 天，其中内蒙古中北部地区更是在 20 天以上。1983 年 4 月 27—28 日，内蒙古中西部出现一次大风天气，最大风力达 10～11 级，乌拉特前旗公庙子瞬间风速达 36 米/秒，土左旗察素齐的风速达 38 米/秒，出现了强沙尘暴天气，部分地区农田被沙埋深达 30 厘米。

3.1.1.4 城市集中，热岛效应明显

以北京、天津、石家庄为中心的京津冀城市群发展速度快，热岛效应呈上升趋势，其中北京热岛效应最强，其次为天津，石家庄相对较弱。热岛效应季节变化上通常表现为夏季较弱，冬季最强，北京 10 月最弱，其他月份变化不大；天津 6 月最弱，1 月或 12 月最强；石家庄 4 月和 5 月最强，10 月最弱。与城市的扩展一致，北京城市热岛范围在逐年扩大，并在通州、平谷、顺义和密云等区出现了分散的热岛中心，从 1984 年至今，热岛范围扩张了约 4.7 倍。天津城市热岛主要分布在天津城区、滨海新区、武清南部、静海北部、宝坻南部以及蓟县城区，近年来天津市热岛扩张非常明显，1987 年和 1993 年主要位于中心城区和滨海新区，2001 年、2006 年和 2013 年中心城区热岛外向型扩张明显，海河沿线、环城四区及武清、宝坻等区域的高温面积明显增加。

3.1.2 分省（自治区、直辖市）气候特征

3.1.2.1 北京

北京属温带半干旱半湿润气候，四季分明，冬季寒冷干燥，春季冷暖多变，夏季炎热多雨，秋季晴朗少雨。年平均气温为 11.5 ℃，气温分布由西北向东南递增，东南平原地区的年平均气温为 11.0～12.0 ℃，海拔 600 米以上山区在 7.0 ℃以下。1 月平均气温为全年最低，平原地区为 -5.0 ℃左右，海拔 600 米以上山区在 -10.0 ℃以下。极端最低气温平原地区为 -20.0～-14.0 ℃，西部和北部山区低于 -22.0 ℃，1980 年 1 月 30 日，佛爷顶最低气温为 -33.2 ℃，是北京最低气温极值。7 月平均气温最高，平原地区为 25.0～26.0 ℃，海拔 600 米以上山区为 22.0 ℃以下。平原地区年高温日数（日最高气温≥35.0 ℃）为 6～8 天，最早出现在 5 月上旬；年极端最高气温一般年份为 35.0～40.0 ℃，极端年份可超过 43.0 ℃，极端最高值为 43.5 ℃，于 1961 年 6 月 10 日出现在房山。

北京平均年降水量为 541 毫米，降水的空间分布与地形关系密切，大致自西南伸向东北呈带状分布。当夏季偏南风到来时，"北京湾"的开口正对盛行风的来向，多雨区分布在山前迎风坡地带，有两个多雨中心分别在西南部的房山和东北部的怀柔，年降水量超过 600 毫米；山后背风区则为少雨区，西北部山后的延庆县降水量最少，不足 450 毫米。降水季节分配极不均匀，年降水量的 70% 左右集中在夏季（6—8 月），尤其是 7—8 月的降水量占年降水量的 60% 左右。最大值 849 毫米，出现在 1969 年；最小值 350 毫米，出现在 1965 年；全市平均年降水日数为 72 天，最多年份可达 80～100 天，西南部、东北部以及西北部超过 100 天；最少年降水日数为 40～60 天。

3.1.2.2 天津

天津属温带半湿润气候，四季分明，冬季寒冷干燥，春季多风少雨，夏季炎热多雨，秋季冷暖适中。年平均气温为 12.6 ℃，呈南高北低的分布规律，市区温度最高，达 13.5 ℃，宝坻最低，为 11.8 ℃。1 月平均气温最低，全市平均为 -3.8 ℃，北部气温整体偏低，为 -5.0～-4.0 ℃，其中宝坻最低，为 -5.0 ℃。极端最低气温中南部地区为 -20.0～-17.0 ℃，北部和东部沿海地区大多低于 -20.0 ℃，1966 年 2 月 22 日宝坻最低气温出现过 -27.4 ℃。7 月平均气温最高，全市平均为 26.6 ℃，一般为 26.0～27.0 ℃，但市区气温达 27.2 ℃。全市年高温日数平均为 6 天，一般出现在 6 月中旬至 7 月中旬，最早出现在 5 月上旬，最晚出现在 9 月中旬。极端最高气温一般为 35.0～40.0 ℃，偶尔会出现超过 40.0 ℃

的高温，其中 1999 年 7 月 24 日蓟州区最高气温曾达到 41.7 ℃。

天津平均年降水量为 539 毫米，空间分布呈东北—西南走向，北部多，西南少；北部蓟州区年降水量最多，为 615 毫米，北辰年降水量最少，仅为 498 毫米。受季风影响，降水季节分配极不均匀，年降水量的 70% 集中在夏季（6—8 月），其中"七下八上"是全年降水量最集中的时段。年降水量最大值出现在 1978 年，为 1213 毫米；最小值出现在 1968 年，为 197 毫米。全市平均年降水日数为 64 天，最多年达 140 天，最少年仅为 46 天。

3.1.2.3 河北

河北以温带半湿润气候为主，北部为温带半干旱气候，四季分明，冬季寒冷干燥，春季冷暖多变，夏季炎热潮湿，秋季凉爽少雨。年平均气温为 11.8 ℃，由西北向东南气温递增，南部平原地区年平均气温为 13.0～15.0 ℃，中部山前平原及东部沿海地区年平均气温为 9.0～13.0 ℃，海拔 600 米以上的张家口、承德地区年平均气温在 9.0 ℃以下，北部坝上地区年平均气温为 1.0～5.0 ℃。1 月平均气温最低，全省平均为 -4.9 ℃，其中南部平原地区高于 -3.0 ℃，中部山前平原及东部沿海地区为 -7.0～-3.0 ℃，海拔 600 米以上的张家口、承德地区低于 -7.0 ℃，北部坝上地区在 -12.0 ℃以下。海拔 500 米以上的北部地区和廊坊中北部地区年极端最低气温低于 -27.0 ℃，2000 年 2 月 1 日张家口沽源县最低气温达 -39.9 ℃，是河北极端最低气温。7 月平均气温最高，全省平均为 25.7 ℃，其中海拔 400 米以下的中南部地区为 25.0～28.0 ℃，张家口、承德及秦皇岛北部地区为 18.0～25.0 ℃，坝上部分地区在 18.0 ℃以下。全省年高温日数平均为 9 天，最早出现在 4 月上旬（邯郸市武安）。年极端最高气温一般为 40.0～42.0 ℃，极端年份高达 43.0～44.0 ℃，邢台沙河 2009 年 6 月 25 日最高气温曾达到 44.4 ℃。

河北平均年降水量为 504 毫米，多雨区分布在山前迎风坡及沿海地带，西北高原地区为少雨区。降水极大值中心位于唐山的迁西县，年降水量超过 715 毫米，坝上地区的张家口康保县降水量最少，只有 348 毫米。全省平均年降水量最大值出现在 1964 年，为 815 毫米，最小值出现在 1997 年，仅 340 毫米。降水季节分配极不均匀，年降水量的 70% 左右集中在夏季（6—8 月），尤其是 7—8 月降水量占全年的 55%。全省平均年降水日数为 66 天，最多年份可达 93 天（1990 年），最少的年份仅有 40 天（1962 年）。

3.1.2.4 山西

山西属温带半湿润半干旱气候，四季分明，雨热同期，光照充足，南北气候差异显著，冬、夏气温悬殊，昼夜温差大。年平均气温为 9.8 ℃，受纬度和地形影响，年平均气温由北向南递增，由盆地向山区递减，临汾、运城盆地及中条山以南的河谷地带是年平均气温最高的区域，在 12.0 ℃ 以上，其中运城市部分县市达 14.0 ℃ 以上；中部的东西山区和晋北地区年平均气温在 10.0 ℃ 以下；晋西北黄河沿岸、中部太原盆地和阳泉及晋城年平均气温为 10.0~12.0 ℃。1 月最冷，全省平均为 -5.9 ℃，极端最低气温多出现在 12 月到次年 2 月，1958 年 1 月 15 日五台山极端最低气温达 -44.8 ℃。7 月最热，全省平均为 23.6 ℃，极端最高气温多出现在 6 月，1966 年 6 月 21 日临猗县最高气温达 42.8 ℃，是山西的高温纪录。

山西年平均降水量为 468 毫米，呈南多于北、山地多于盆地、迎风坡多于背风坡的分布规律。北部大部及中部太原盆地年降水量在 450 毫米以下；晋东南大部、临汾东山区、晋中东山区及吕梁山部分山区、省中东部的阳泉等地和运城盆地东部，年降水量在 500 毫米以上，其中位于晋东南的垣曲年降水量为全省最多，达 621 毫米。降水季节分配不均、变率较大，雨季时间较短，大部分时间由干燥大陆性气团控制，雨雪稀少。夏季全省平均降水量为 268 毫米，占全年的 57%；秋雨多于春雨，冬季干旱少雨。

3.1.2.5 内蒙古

内蒙古以温带干旱半干旱气候为主，降水量少而不匀，寒暑变化剧烈，冬季漫长而寒冷，夏季温热而短暂。年平均气温为 5.1 ℃，呈自东北向东南、西南递增趋势，最低值出现在图里河，为 -3.9 ℃，最高值出现在乌海市，为 9.9 ℃。年极端最低气温大多出现在 12 月下旬至次年 1 月，西部地区阿拉善盟、巴彦淖尔和鄂尔多斯等地，为 -29.0 ℃ 左右，东北部呼伦贝尔为 -45.0 ℃ 左右，图里河极端最低气温达 -50.0 ℃，是全区极低值。全区平均年寒冷日数（日最低气温 ≤-20.0 ℃）为 40 天，呼伦贝尔北部最长，在 100 天以上，西部地区以及东南部的赤峰和通辽南部不足 25 天。年极端最高气温多出现 6 月下旬至 7 月，高值区出现在阿拉善盟，1988 年 7 月 24 日拐子湖出现 44.8 ℃ 的高温；低值区出现在大兴安岭林区，为 37.0 ℃ 左右。全区年高温日数平均为 3 天，拐子湖为高温中心，达 58 天，而在阴山山脉和大兴安岭等海拔较高的山区高温日数较少，不足 1 天。

内蒙古平均年降水量为 318 毫米，仅为全国年降水量的一半左右，呈东多西少、自东北向西南递减的分布规律。降水量年际波动较大，最少值出现在 2001

年，为 226 毫米；最多值出现在 1998 年，为 447 毫米，两者相差约 2 倍。降水季节分配极不均匀，冬季降水量最少，全区平均仅为 7 毫米；春季为 46 毫米，占年总降水量的 10%～12%；夏季降水量最多，为 213 毫米，占年总降水量的 60%～75%；秋季降水量较少，为 52 毫米。全区平均年降水日数为 69 天，兴安盟阿尔山市最多，为 154 天，阿拉善盟拐子湖最少，仅为 18 天。

内蒙古风能、太阳能资源极为丰富，具有较高的开发利用价值。全区 70 米高度 300 瓦/米^2 以上的风能资源技术开发量约为 14.6 亿千瓦，约占全国陆地相同高度风能资源技术开发量总量（25.7 亿千瓦）的 57%，居全国首位。年日照时数为 2465～3390 小时，太阳能资源总储量高达 18.8×10^6 亿千瓦时，居全国第二位。

3.2 东北气候

东北地区位于中国东北部，包括辽宁、吉林和黑龙江，总面积约 80 万平方千米，人口约为 1.09 亿。东北地区东、北、西三面为低山、中山环绕，东部为数列平行山岭组成的长白山地，北有小兴安岭，西有大兴安岭、辽西山地，中部为广阔的东北大平原，自北向南包括三江平原、松嫩平原和辽河平原，是中国最大的平原之一。

3.2.1 基本气候特征

3.2.1.1 气候严寒，冬季时间漫长

东北地区自南向北跨暖温带、中温带与寒温带，属温带大陆性季风气候，是中国气温最低的地区。年平均气温为 –3.9～11.3 ℃，气温随纬度的增加而降低，南端的辽东湾沿岸年平均气温在 9.0 ℃ 以上，大连高达 10.0 ℃ 以上，西北部的漠河则在 0.0 ℃ 以下，南北温差达 10.0 ℃ 左右。辽宁千山年平均气温一般为 8.0～9.0 ℃，长白山地多在 5.0 ℃ 以下，小兴安岭在 3.0 ℃ 以下，大兴安岭北麓在 0 ℃ 以下；辽河平原年平均气温为 8.0～10.0 ℃，松嫩平原为 4.0～6.0 ℃，三江平原为 3.0 ℃ 左右。气温年较差大，除辽宁南部外，其余地区年较差在 35.0 ℃ 以上，部分地区超过 45.0 ℃。冬季气候严寒，时间长，全区平均冬季长度为 198 天，自北向南逐渐变短，最北端黑龙江漠河冬季长达 250 天。1 月是全年最冷月，月平均气温均在 –3.0 ℃ 以下，漠河最低，为 –28.7 ℃。极端最低气温为 –52.3 ℃，出现在黑龙江最北部的漠河（1969 年 2 月 13 日），也为全国最低纪录。夏季是

全年气温最高的季节，时间短，基本在 90 天以下，小兴安岭和长白山吉林段无夏季。年极端最高气温为 43.3 ℃，出现在辽宁西部的朝阳（2000 年 7 月 14 日）。

3.2.1.2　降水不均，东西差异明显

东北地区年降水量为 371～1078 毫米，地域差别较大，由东南向西北逐渐减少。青冈—双城—农安—双辽一线为降水量 500 毫米等值线，年降水量 1000 毫米以上中心位于丹东宽甸（1078 毫米），最多的年份可达 1815 毫米（1985 年）；年降水量最少的区域位于吉林西部的泰来、白城、洮南和通榆一带，不足 400 毫米。降水季节分配不均匀，主要集中在夏季，占全年的 60% 以上，其中夏季降水主要集中在 7—8 月，暴雨、大暴雨也出现在该时段。年降水量最多值与最少值一般相差 2～3 倍，吉林白城最大，达 6.5 倍。区域平均年降水日数为 103 天，北部多于南部，东部多于西部。辽东半岛、辽宁西部和吉林西部降水日数少于 75 天，其中辽宁羊山 57 天，是全区降水日数最少的地区；吉林长白山附近地区降水日数最多，超过 150 天。全区最大日降水量为 414.4 毫米，于 1958 年 8 月 4 日出现在辽宁东部地区的丹东。

3.2.1.3　降雪频繁，积雪维持长久

东北地区由于气候严寒，冬半年降水主要以降雪为主，大兴安岭地区初雪日一般在 9 月下旬，而南部地区则到 11 月中旬。山地是主要的降雪地区，平原是降雪较少的区域，大兴安岭、小兴安岭和长白山地区是最主要的降雪地区，年平均降雪量均在 60 毫米以上；平原地区年平均降雪量较少，特别是平原南部，均在 30 毫米以下。降雪量多的地方，降雪日数一般也较多，大兴安岭年降雪日数为 40～60 天，长白山达 70 天以上，是东北地区降雪日数最多的地方；辽西和辽东半岛地区降雪日数较少，不足 20 天。平原和南部地区降雪日数一般在 1 月最多，山地在 12 月最多，降雪出现较平原地区早，最北部的漠河地处山区且纬度也高，最多降雪日数出现在 11 月，由于气温低，积雪能够长期维持，是中国积雪日数最多的地区之一。积雪日数最长出现在大、小兴安岭北部和长白山一带，在 140 天以上；辽西地区由于冬季相对温暖，积雪日数不足 20 天。

3.2.1.4　干旱频发，春夏季影响大

东北地区气象灾害种类繁多，主要气象灾害有干旱、暴雨洪涝、低温冷害、雪灾、大风、雷暴和冰雹等。干旱对东北地区影响较大，造成损失较为严重的气象灾害。2014 年 6 月下旬至 9 月上旬，辽宁平均降水量较常年同期偏少近 5 成，

为 1951 年有完整气象记录以来同期最少，出现了严重的夏、秋连旱。吉林几乎每年都会出现季节性干旱，春旱和伏旱发生频次最高，1990 年以来共出现春旱 147 次，伏旱 68 次。此外，雪灾也是对东北地区影响较大的灾害。2007 年 3 月 3—5 日，辽宁大部地区出现了自 1951 年有完整气象记录以来最严重的暴雪和特大暴雪天气过程，最大降雪量达 78 毫米，最大积雪深度达 44 厘米，机场和高速公路全线封闭，沿海所有客、货运输船舶全部停航，城市交通出现瘫痪。

3.2.2 分省气候特征

3.2.2.1 辽宁

辽宁南部属温带半湿润气候，北部为温带湿润气候，春、秋季短，寒冷期长，东湿西干。年平均气温为 8.6 ℃，由北向南递增，南部的环渤海地区年平均气温为 9.0~11.0 ℃，东部山区为 5.5~7.0 ℃。1 月平均气温最低，全省平均为 -9.7 ℃，其中环渤海地区高于 -10.0 ℃，其中大连最高，为 -3.6 ℃；东部山区在 -10.0 ℃以下，中部平原地区为 -12.0~-10.0 ℃；北部地区的西丰平均气温最低，为 -16.8 ℃。年极端最低气温大连南部沿海地区为 -25.0~-21.0 ℃，中部平原地区为 -35.0~-30.0 ℃，东部山区低于 -35.0 ℃，其中极端最低值是 -43.4 ℃，2001 年 1 月 13 日出现在西丰。7 月平均气温最高，全省平均达 24.0 ℃，东部山区和南部沿海地区为 22.0~24.0 ℃，中部平原地区为 24.0~25.0 ℃。年高温日数辽西最多，为 2~7 天，最早出现在 4 月下旬，最多出现在朝阳羊山（2000 年，29 天），其余地区均不足 2 天。年极端最高气温一般年份为 30.0~38.0 ℃，极端年份高达 42.0~43.0 ℃，其中朝阳在 2000 年 7 月 14 日曾出现 43.3 ℃的高温。各地的采暖期长度为 104~156 天，全省平均为 136 天。

辽宁平均年降水量为 648 毫米，呈沿海多于内陆的分布特征，东部山地丘陵区年降水量在 750 毫米以上，最多出现在丹东宽甸（1985 年，1815 毫米）；西部山地丘陵区年降水量在 550 毫米以下，最少出现在朝阳北票（1980 年，174 毫米），是全省降水量最少的地区；中部平原降水量比较适中，平均在 600 毫米左右。降水量年际波动大，全省平均降水量最多年（2010 年，977 毫米）是最少年（1999 年，486 毫米）的 2 倍左右。降水季节分配不均匀，主要集中在夏季，4—9 月降水量约占全年的 87%，降水最多月（7 月）是最少月（1 月）的 34 倍。全省平均年降水日数为 81 天，最多 168 天（抚顺新宾，1964 年），年暴雨日数最多为 11 天（丹东，1985 年），最大日降水量为 414.4 毫米，出现在丹东（1958

年 8 月 4 日）。年降水日数最多年（1964 年）可达 81～168 天，最少年（2014 年）
为 45～104 天。

3.2.2.2 吉林

吉林由东向西逐渐由温带湿润气候向温带半干旱气候过渡，春季干燥风大，
夏季高温多雨，秋季天高气爽，冬季寒冷漫长。年平均气温为 5.4 ℃，由东向
西、由北向南递增，南端的集安年平均气温为 7.6 ℃，为全省最温暖的地方；中
西部平原区和东部的延边盆地年平均气温为 4.5～7.0 ℃，东部山区气温在 4.0 ℃
以下，长白山高寒山区温度最低，年平均气温仅为 2.8 ℃。1 月平均气温最低，
全省平均为 -15.5 ℃，其中中西部平原区、东部丘陵、半山区和山区为 -18.0～
-16.0 ℃，南部和东部盆地为 -15.0～-12.0 ℃。东部盆地区年极端最低气温在
为 -33.0～-29.0 ℃，中西部平原区、东南部半山区为 -39.0～-35.0 ℃，中东部
半山区为 -40.0 ℃以下，其中极端最低值为 -45.0 ℃，1970 年 1 月 4 日出现在桦
甸。7 月平均气温最高，全省平均达 22.1 ℃，其中中西部平原地区平均气温为
23.0～24.0 ℃，东部丘陵、半山区和山区为 19.0～22.0 ℃。吉林省年极端最高气
温一般年份为 34.0～39.0 ℃，极端年份高达 40.0 ℃以上，其中通榆在 2007 年 6
月 10 日出现了 41.6 ℃的高温。全省平均年高温日数多数年份不足 1 天，仅 16%
的年份达 1 天以上，最多平均 4 天，其中白城 1955 年高温日数达 19 天。

吉林平均年降水量为 608 毫米，降水的空间分布与地形关系密切，西部平原
地区降水少，年降水量不足 400 毫米；而东部丘陵、半山区和山区，受地形抬升
影响，降水多，尤其是东南部地区，夏季受偏南风和地形双重影响，降水明显偏
多。降水季节分配不均匀，年降水量的 64% 集中在夏季（6—8 月），尤其是 7 月
和 8 月两个月的降水量占年降水量的 50% 左右。全省平均年降水量最多年（811
毫米，2010 年）约是最少年（484 毫米，2001 年）的 1.7 倍，最少出现在白城
（2001 年，123 毫米），最多出现在天池（1986 年，1895 毫米），最大日降水量为
257.5 毫米（吉林天池，2000 年 9 月 17 日）。全省平均年降水日数最多年份可达
120 天，中西部平原和东部盆地为 80～120 天，东部半山区、山区为 130～160
天。全省平均年降水日数最少年份为 90 天，中部平原区为 60～80 天，东部半山
区和山区为 90～120 天。

3.2.2.3 黑龙江

黑龙江中部为温带湿润气候，东部和西部为温带半湿润气候，冬季漫长而寒

冷，夏季短暂而炎热，而春、秋季气温升降变化快，属于过渡季节，时间较短。年平均气温仅 3.0 ℃，是全国气温最低的省份，气温从东南向西北逐渐递减，平原气温高于山地气温，呈纬向分布特征，东南部的东宁地区为 5.8 ℃，最北部漠河为 -4.2 ℃。1 月最冷，全省平均气温为 -19.6 ℃。极端最低气温为 -52.3～ -19.9 ℃，其中 1969 年 2 月 13 日漠河出现了 -52.3 ℃的极端低温，也是全国极端最低气温。7 月最热，全省平均气温为 21.8 ℃，气温年较差超过 40 ℃。年极端最高气温一般为 29.0～41.6 ℃，其中在 1968 年 7 月 22 日泰来出现了 41.6 ℃的极端高温。1982 年，绥滨高温日数达 14 天，是全省高温日数最多的地区。

黑龙江平均年降水量为 528 毫米，其中 2013 年降水量最多（688 毫米）。平均年降水量等值线大致与经圈平行，降水量东西差异明显，"西旱东涝"的降水量分布是黑龙江降水的显著特点。降水表现出明显的季节性特征，受东南季风的影响，夏季降水量占全年的 65% 左右；冬季在干冷西北风控制下，降水量最少，仅占全年降水量的 3%。年降水量最少出现在泰来（2001 年，189 毫米），最多出现在尚志（1960 年，1081 毫米），日最大降水量为 201.6 毫米（甘南，1998 年 8 月 10 日）。全省年平均降水日数为 148 天，其中 1984 年降水日数最多（170 天），2007 年最少（121 天）。年降水日数和年暴雨日数最多分别为 200 天和 7 天，分别出现在五营（1972 年）和甘南（1998 年）。

3.3 华东气候

华东地区包括山东、江苏、安徽、上海、浙江、江西、福建和台湾，面积约 83 万平方千米，人口约 4.24 亿。区域内地形地貌复杂，有平原、丘陵、山地、岛屿等各种类型，其中台湾岛是中国第一大岛，长三角城市群是中国面积最大的城市群。

3.3.1 基本气候特征

3.3.1.1 四季分明，南北差异明显

华东地区气候类型复杂多样，包含了暖温带、亚热带、边缘热带和湿润区、亚湿润区，并具有海洋性气候特点，年平均气温为 16.5 ℃，平均年降水量为 1268 毫米。华东地区气候南北差异大，淮河以北为暖温带亚湿润气候，冬、夏

季干湿差异较大，冬季寒冷干燥，强冷空气、低温、寒潮、大雪时有发生，冬季平均气温为 -2.0 ℃左右，大部分地区平均气温年较差为 15.0～30.0 ℃，日较差为 6.0～12.0 ℃，年极端最低气温出现在泰山，达 -27.5 ℃（1958 年 1 月 15 日），也是华东地区最低极值。年降水量为 500～1000 毫米，降水主要集中在夏季（380～550 毫米），最大日降水量出现在江苏响水（699.7 毫米，2000 年 8 月 30 日）。淮河以南为亚热带湿润季风气候，冬、夏干湿差别不大，夏季闷热，冬季湿冷。江西和浙江西南部为该区域的高温中心，年高温日数江西平均为 30 天，极端最高气温为 44.9 ℃（江西修水，1953 年 8 月 15 日）。年降水量多为 1000～1600 毫米，台湾中部和东部地区年降水量在 2000 毫米以上。最大日降水量出现在台湾阿里山（1166 毫米，2009 年 8 月 9 日）。

3.3.1.2 梅雨明显，洪涝灾害多发

华东为典型季风气候，冬季盛行偏北风，夏季盛行偏南风，雨带推移主要由夏季风的进退决定。每年 4—5 月，主要雨带位于华南和长江以南地区，长江以南地区降水量为 100～300 毫米，而长江以北地区降水量为 25～100 毫米，降水空间差异大。6 月中旬，随着夏季风的加强北抬，雨带北移至长江中下游地区和淮河流域，尤其是在长江中下游地区由于冷暖锋"势均力敌"，出现持续时间较长的梅雨。长江中下游地区一般在 6 月中旬进入梅雨期，7 月中旬出梅，梅雨期约 30 天，平均降水量为 281 毫米。梅雨期降水量变化较大，少的年份甚至会出现空梅，多的年份极易超过 500 毫米，容易引起暴雨洪涝灾害，1954 年、1991 年、1998 年和 2016 年均出现较为严重的洪涝灾害。

3.3.1.3 城市扎堆，"五岛"效应突出

华东地区是中国人口和城市最密集、经济集聚度最高的地区之一，城市化气候效应显著，特别是以上海、南京、杭州为核心的长三角城市群地区。1981—2007 年，城市化对华东地区增暖的贡献为 24.2%，而特大城市和大城市则分别为 44% 和 35%。城市热岛、雨岛、干岛、湿岛、浑浊岛等城市气候现象在长三角城市群尤为突出。2001—2008 年，长三角地区 16 个城市都是热中心点，并且以上海、杭州为转折点，贯穿其他城市呈现出"Z"字形的热岛分布格局，其中上海的强热岛面积在长三角城市群中最大。城市热岛效应在夏季最强，春季次之，秋、冬季大部分地区不明显。在沿海（湖）地区，易出现局地海陆风环流，白天低层风由海（湖）吹向陆地，午夜后或清晨低层风由陆地吹向海（湖），影响范围一般仅深入陆地 20～50 千米。

3.3.1.4 台风多发，高温热浪显著

台风是华东影响最大、造成损失最严重的气象灾害之一，平均每年受 9 个台风影响。1956 年 8 月 1 日，5612 号台风在浙江象山登陆，登陆时中心最大风速达 55 米/秒（16 级）。2006 年 8 月 10 日，超强台风"桑美"在浙江苍南沿海登陆，是 1951 年以来登陆华东最强的台风。7 月中旬到 8 月中旬，长江中下游地区处于副热带高压的控制下，炎暑骄阳，蒸发旺盛，中南部地区夏季高温热浪频发。区域内大部地区年高温日数在 10 天以上，其中浙江南部、江西南部和福建北部超过 30 天，是全国高温日数最多的地区之一。2013 年 7—8 月，华东中南部地区遭受 1951 年以来最强高温热浪袭击，其中杭州最高气温七次打破历史纪录，上海中心城区高温日数达 47 天，为自 1961 年以来同期最多。

3.3.2 分省（直辖市）气候特征

3.3.2.1 上海

上海属亚热带湿润气候，春天温暖，夏天炎热，秋天凉爽，冬天阴冷，全年雨量适中。年平均气温为 16.3 ℃，呈中心城区高、四周低的空间分布特征，但各区域差异不大，中心城区徐家汇为 16.9 ℃，郊区为 15.8～16.6 ℃。1 月气温最低，全市平均为 4.2 ℃，中心城区徐家汇最高为 4.8 ℃，崇明最低为 3.6 ℃，其余各站为 4.0～4.5 ℃。年最低气温一般为 -6.1～-4.7 ℃，极端最低气温为 -11.0 ℃，1977年 1 月 31 日出现在闵行。7 月平均气温最高，全市平均达 28.1 ℃，中心城区徐家汇为 28.3 ℃，崇明最低为 27.4 ℃。全市极端最高气温为 41.2 ℃，2013 年 8 月 9 日出现在松江；年高温日数平均为 9 天，最早出现在 5 月上旬。

上海平均年降水量为 1181 毫米，总体呈现中心城区多、郊区少和东南多、西北少的分布特征，雨岛效应较为明显，中心城区和浦东分别为 1260 毫米和1242 毫米；东南郊区奉贤、南汇等地为 1181～1209 毫米；西北郊区嘉定、青浦等地为 1129～1168 毫米。全市平均年降水量最大值出现在 1999 年（1699 毫米），最小值出现在 1978 年（705 毫米）。降水季节分配不均，全年降水量的 60% 左右集中在 5—9 月，最大日降水量为 394.5 毫米（宝山，1977 年 8 月 22 日）。全市平均年降水日数为 130 天，最多年（1977 年）可达 148～162 天，最少年（1971年）为 90～103 天。

3.3.2.2　江苏

江苏以亚热带湿润气候为主，四季分明，气候温和，冬冷夏热，春温多变，秋高气爽，降水集中，梅雨显著。年平均气温为 15.3 ℃，南高北低，最高值出现在东山和苏州（16.5 ℃），最低值出现在赣榆（13.9 ℃）。1 月平均气温最低，全省平均为 2.1 ℃，其中赣榆最低，为 0.0 ℃；东山、苏州最高，为 3.9 ℃；其余各站为 0.1～3.8 ℃。年最低气温为 -11.8～-4.6 ℃，极端最低气温为 -23.4 ℃，1969 年 2 月 5 日出现在宿迁。7 月平均气温最高，全省平均达 27.5 ℃，其中高淳最高，为 28.7 ℃；西连岛最低，为 26.4 ℃。全省极端最高气温为 41.6 ℃，2013 年 8 月 12 日出现在溧水，年高温日数平均为 8 天，最早出现在 4 月下旬。

江苏平均年降水量为 1024 毫米，总体呈现南部多于北部、沿海多于内陆的分布特征，苏南地区为 1053～1295 毫米，宜兴最多（1295 毫米）；江淮之间为 910～1140 毫米，苏北地区为 710～1037 毫米（其中丰县最少，为 710 毫米）。年降水量最大值出现在 1991 年，全省平均为 1450 毫米；最小值出现在 1978 年，仅 562 毫米。降水季节分配不均，全年降水量的 67% 左右集中在 5—9 月。最大日降水量为 699.7 毫米（响水，2000 年 8 月 30 日）。全省平均年降水日数为 109 天，最多年（1985 年）可达 90～153 天，最少年（1978 年）为 61～115 天。

3.3.2.3　浙江

浙江属亚热带湿润气候，四季分明，冬季晴冷干燥，春、秋冷暖变化大，夏季炎热多雨，梅雨特征显著。年平均气温为 17.2 ℃，呈南高北低分布，浙西南瓯江流域的河谷地区和浙东南沿海丘陵平原区为高值区，年平均气温在 18.0 ℃以上，其中温州最高，达 18.9 ℃；浙西北丘陵山区、浙北平原、浙东丘陵盆地和东部海洋岛屿为低值区，年平均气温为 16.1～17.0 ℃，其中安吉（16.1 ℃）为全省最低；其余地区年平均气温为 17.0～18.0 ℃。1 月平均气温最低，全省平均为 5.6 ℃，自北向南为 3.4～8.7 ℃，以长兴、安吉（3.4 ℃）为全省最低，温州（8.7 ℃）为全省最高。极端最低气温为 -17.4 ℃，1977 年 1 月 5 日出现在安吉。7 月平均气温最高，全省平均达 28.4 ℃，大部为 28.0～30.0 ℃，其中浙中内陆金衢盆地及周边丘陵河谷地区和丽水碧湖盆地达 29.0～30.0 ℃，为全省盛夏气温最高的地区，而嵊泗（26.1 ℃）为全省最低地区。年高温日数沿海、海岛在 10 天以下，金衢盆地、丽水市达 30～40 天，其他地区为 10～30 天，最早出现在 3 月中旬。全省大部地区均出现过 40.0 ℃以上的高温，其中新昌在 2013 年 8 月 11 日曾出现 44.1 ℃的极端高温。

浙江平均年降水量为1496毫米，降水的空间分布不均，总趋势自西南向东北减少，南部多、北部少，陆上多、海岛少，山区多、平原少，最多地区年降水量是最少地区的2倍。杭嘉湖平原与舟山北部地区年降水量为1100～1300毫米，为全省降水较少地区，嵊泗最少，仅1106毫米；南部和西部山区为全省降水最多的地区，在1800毫米以上，西南山区的泰顺最多，年降水量达2048毫米。年降水量最大值出现在2012年，全省平均为1940毫米，最小值出现在1967年，仅1047毫米。3—9月是浙江雨季，降水量占全年降水量的78%，其中5—6月是梅雨期，降水量占全年降水量的27%；7—9月是台汛期，降水量占全年降水量的31%。最大日降水量为446.7毫米，于1981年9月23日出现在乐清。年降水日数为131～201天，西部内陆丘陵盆地、浙东南沿海丘陵山区和浙西南中低山地区在160天以上，杭嘉湖平原、钱塘江沿岸平原、舟山海岛地区和中南部大陈、玉环、洞头等海岛在150天以下。

3.3.2.4 安徽

安徽属亚热带湿润气候，四季分明，冬、夏长，春、秋短，气候温和，春季气温多变，寒冷期和酷热期较短促，雨量适中，梅雨特征显著。年平均气温为15.9℃，呈南高北低、平原丘陵高山区低的空间分布特征，沿淮、淮北平原地区为14.5～15.8℃；江淮之间和沿江江南海拔低于400米的丘陵、缓坡、低山区为15.2～17.2℃，海拔400米以上山区大部低于14.5℃，全省海拔最高的黄山光明顶（海拔1840米）年平均气温只有8.3℃。1月平均气温最低，全省平均为2.7℃，其中平原地区平均气温为0.2～2.3℃，丘陵、缓坡、低山区为1.7～4.2℃，海拔400米以上山区在2.3℃以下，光明顶为-2.0℃；全省极端最低气温为-24.3℃，1969年2月6日出现在固镇。7月平均气温最高，全省平均达27.9℃，其中平原、丘陵、缓坡、低山区为27.0～29.2℃，海拔400米以上山区低于26.0℃，光明顶为18.0℃。安徽极端最高气温为43.3℃，1966年8月9日出现在霍山；平原、丘陵、缓坡、低山区年高温日数为7～33天，最早出现在5月上旬，而海拔400米以上山区不足5天，黄山光明顶从未出现过高温天气。

安徽平均年降水量为1202毫米，总体呈现南多北少、山区多平原丘陵少的分布特征。平均年降水量极大值中心位于光明顶，为2269毫米；极小值中心在砀山，只有747毫米。全省平均年降水量1991年最多，为1639毫米；1978年最少，仅为684毫米。降水季节分配不均，年降水量的55%～78%集中在5—9月，集中程度由南向北递增。最大日降水量为493.1毫米，2005年9月3日出现在岳西。全省平均年降水日数为 121 天，最多年（1975 年）为 95～187 天，最少年（2013 年）为 70～137 天。

3.3.2.5 福建

福建属亚热带湿润气候，四季常青，冬少严寒，夏少酷暑，气候暖热，雨量充沛。年平均气温为 19.5 ℃，总体呈现由西北部向东南部递增的空间分布特征。平均气温空间差异较大，闽南沿海在 21.0 ℃以上，鹫峰山区低于 16.0 ℃。1 月平均气温最低，全省平均为 10.3 ℃，其中云霄县最高为 14.1 ℃，寿宁最低为 5.4 ℃；年极端最低气温为 -13.6～3.8 ℃，以海岛最高，武夷山区最低；极端最低气温为 -13.6 ℃，1999 年 12 月 22 日出现在九仙山。7 月平均气温最高，全省平均达 28.0 ℃，其中福州、宁德市城区为 29.2 ℃，周宁最低为 24.2 ℃。福建极端最高气温为 43.2 ℃，1967 年 7 月 17 日出现在福安。全省年高温日数平均为 22 天，最早出现在尤溪县（2009 年 2 月 25 日）。

福建平均年降水量为 1654 毫米，总体呈现由西北部向东南部递减，武夷山、鹫峰山区多，沿海少的空间分布特征，武夷山、鹫峰山在 1900 毫米以上，其中柘荣和周宁分别为 2059 毫米和 2049 毫米，惠安崇武站最少为 1132 毫米；海岛东山、平潭、厦门也较少，分别为 1296 毫米、1300 毫米和 1333 毫米。年降水量最大值出现在 2006 年，全省平均为 2107 毫米，最小值出现在 2003 年，仅为 1128 毫米。降水季节分配不均，全年降水量的 82% 左右集中在 3—9 月。最大日降水量为 472.5 毫米（柘荣，2005 年 7 月 19 日）。全省平均年降水日数为 169 天，最多年（1970 年）达 189 天，最少年（2003 年）为 115 天。

3.3.2.6 江西

江西属亚热带湿润气候，四季分明，气候温暖，雨量充沛，春季多雨，夏季酷热，秋季干燥，冬季阴冷。年平均气温为 18.0 ℃，自北向南递增，平原高于山区，各地为 16.5～19.8 ℃，省会城市南昌为 18.0 ℃。1 月平均气温最低，全省平均为 6.1 ℃，各地为 4.2～9.3 ℃；年极端最低气温南部高、北部低，极端最低气温为 -18.9 ℃，1969 年 2 月 6 日出现在彭泽。7 月最热，全省平均气温为 28.8 ℃，各地为 27.2～30.1 ℃。极端最高气温为 44.9 ℃，1953 年 8 月 15 日出现在修水。全省年高温日数平均为 29 天，最早出现在 3 月下旬。

江西平均年降水量 1675 毫米，降水的分布呈马鞍形，九岭山、怀玉山和武夷山一带是多雨的地区，年降水量多达 1700～1900 毫米，局部山区为

1900～2000 毫米；长江南岸的九江附近、吉泰盆地的泰和附近和赣南盆地的赣州附近是少雨地区，但年降水量也有 1400～1500 毫米；其余大部分地区为 1500～1700 毫米。年降水量最大值出现在 2012 年，全省平均为 2176 毫米，最小值出现在 1963 年，仅为 1115 毫米。降水季节分配不均，全年有近四分之三的降水集中在春、夏季节，尤其在 4—6 月，降水量占全年降水量的 45%，有的年份达到 60%。暴雨过程多，雨量大，雨日多，湿度大，形成江西的雨季，也就是主汛期，这段时期易发生洪涝灾害。最大日降水量为 399.7 毫米，1977 年 6 月 15 日出现在靖安。全省平均年降水日数为 157 天，各地为 136～179 天，最多年（1970 年）可达 157～304 天，最少年（2003 年）为 109～158 天。

3.3.2.7 山东

山东属温带半湿润气候，四季分明，春、秋短暂，冬季寒冷干燥，春季干旱少雨，夏季炎热多雨，秋季冷暖适中。年平均气温为 13.4 ℃，呈西南高、东北低的空间分布特征。山东沿海与内陆地区气候差异明显，年平均气温地区差异东西大于南北，邹城最高，为 14.9 ℃；成山头最低，为 11.6 ℃。1 月平均气温最低，全省平均为 -1.6 ℃，其中薛城站最高，为 0.4 ℃，乐陵、庆云两站最低，为 -3.4 ℃；其余各站为 -3.2～0.2 ℃。极端最低气温为 -27.5 ℃，1958 年 1 月 15 日出现在泰山。7 月平均气温最高，全省平均达 26.4 ℃，其中济南、淄博最高，为 27.5 ℃；成山头最低，为 21.6 ℃。极端最高气温为 43.7 ℃，1966 年 7 月 19 日出现在曹县。全省年高温日数平均为 7 天，最早出现在 5 月中旬。

山东平均年降水量为 642 毫米，总体呈现东南多、西北少的分布特征。鲁东南及半岛东部地区在 700 毫米以上，郯城最多，为 868 毫米；鲁西北及鲁中北部地区少于 600 毫米，武城最少，为 487 毫米。年降水量最大值出现在 1964 年，全省平均为 1118 毫米；最小值出现在 2002 年，仅为 416 毫米。降水季节分配不均，年降水量的 62% 集中在 6—8 月。最大日降水量为 619.7 毫米，1999 年 8 月 12 日出现在诸城。全省平均年降水日数为 73 天，最多年（1964 年）可达 90～126 天，最少年（1999 年）为 43～76 天。

3.3.2.8 台湾

台湾北部属亚热带湿润气候，南部为热带湿润气候，同时兼具海洋性气候特点，总体呈现高温、多雨、多风的特点，冬季温暖，夏季炎热，雨量充沛，夏秋多台风暴雨。年平均气温为 23.0 ℃，呈现岛中心向四周递增的空间分布特征，空间差异较小，各地为 22.0～25.0 ℃，主要是海洋性季风气候效应所导致。中央山岳地区气温随海拔高度增加而递减，海拔 3850 米的玉山年平均气温仅为 4.2 ℃。1 月平均气温最低，全岛平均气温为 17.5 ℃，自北向南为 15.2～20.7 ℃；极端最低气温为 -18.4 ℃，1970 年 1 月 31 日出现在玉山。7 月平均气温最高，全岛平均气温为 28.7 ℃，主要为 28.1～29.6 ℃，空间差异不明显。极端最高气温为 40.2 ℃，2004 年 5 月 9 日出现在台东。

台湾平均年降水量为 2272 毫米，总体呈现东岸多于西岸、高山多于平地、东北部较多、西部沿海较少的空间分布特征。人称"雨港"的基隆，年降水量多达 3772 毫米；处于"雨影"地带的台中梧楼，年降水量仅 1348 毫米；台湾岛外的澎湖岛和东吉岛比本岛更少，分别为 1013 毫米和 1054 毫米。降水季节分配不均，干湿季分明，5—9 月降水量占全年总降水量的 80%～90%，为湿季，10 月至次年 4 月为干季。各月降水量 9 月最多，8 月次之，均在 300 毫米以上，主要来源于台风的侵袭携带大量降水，6 月位居第三，来源于西南季风影响下的梅雨降水。全岛年降水日数为 146 天，山地多于平地，东部多于西部，全岛自北向南递减，最大日降水量为 1165.5 毫米（阿里山，2009 年 8 月 9 日）。

3.4 华中气候

华中地区包括河南、湖北、湖南，面积约 56 万平方千米，人口约 2.26 亿，是全国东西、南北过渡的要冲，起着承东启西、沟通南北的重要作用。华中地区东部以平原、丘陵为主，西部多为山区。区域内水系纵横，长江、黄河、淮河等河流横穿境内，湖泊、水库众多，有全国乃至世界闻名的长江三峡、南水北调中线等大中型水利工程。

3.4.1 基本气候特征

3.4.1.1 四季分明，南北差异显著

华中地区处于南北气候过渡带，区域内四季分明，夏、冬季约 4 个月，春、秋季约 2 个月。以秦岭—淮河为分界线，区域内南北两侧气候迥然不同，淮河以北河南中北部为暖温带季风气候，年降水量为 500～800 毫米，降水日数少于 75 天；淮河以南包括湖北、湖南及河南南部在内的大部地区，为亚热带季风气候，部分地区降水量超过 1600 毫米，降水日数超过 150 天。气候总体温暖湿润，

高温期与多雨期同步出现，生长季长，对农业生产十分有利，特别适合喜温喜湿的水稻和棉花生长。全年日平均气温≥10.0 ℃的持续期达200～300天，活动积温为4500～6500 ℃·d，无霜期为210～320天，绝大部分地区年日照时数为1400～2200小时，年总辐射量为41.7×10⁴～54.4×10⁴焦耳。

3.4.1.2 夏季酷热，春秋气温多变

华中地区年平均气温为12.0～19.0 ℃，总体呈南部高、北部低的分布型，其中湖南大部、湖北三峡河谷一带和东南部超过17.0 ℃，鄂西、豫西高山地区低于14.0 ℃，其他大部地区为14.0～16.0 ℃。冬季气温河南大部和湖北北部为0.0～5.0 ℃，湖北其他大部地区为5.0～6.0 ℃，湖南大部和湖北三峡河谷一带为6.0～8.0 ℃。冬季日最低气温低于0 ℃的日数，河南大部地区为70～100天，湖北大部地区为30～60天，湖南及湖北三峡河谷较为温暖，低温日数多不足20天，河南林州1976年12月26日曾出现−23.6 ℃的极端低温。春、秋季过渡季节，冷空气活动频繁，温度起伏比较大，升温或降温较快，有时几天之内可以从夏季进入冬季，如武汉2016年3月7日气温高达25.0 ℃，3月9日降到2.8 ℃。夏季除高山地区外，大部地区平均气温为24.0～28.0 ℃；盛夏季节受西太平洋副热带高压控制，容易出现35.0 ℃以上的高温天气，区域平均年高温日数为18天，2013年多达39天，尤其是湖北三峡河谷、东南部及湖南东南部，平均年高温日数超过30天；极端最高气温达44.6 ℃，出现在河南汝州（1966年6月20日）。

3.4.1.3 冬干夏雨，季节变化明显

华中大部地区平均年降水量为800～1600毫米，纬向分布特征显著，由南向北逐渐递减，降水量大值中心主要位于湖南东部和南部、湖北东南部，年降水量超过1500毫米，而河南西北部不足700毫米。年降水量变率大部在15%～20%，区域平均最大年降水量出现在1954年（1332毫米），是最少年（1956年，664毫米）的2倍左右。降水季节差异大，雨量主要集中在夏季，占全年降水量的42%，湖北、湖南主要在6—7月，河南降水高峰集中在7—8月，冬季降水最少，仅占11%。华中地区汛期长，一般从4月持续到9月，期间暴雨频发，区域平均暴雨日数为3.2天，鄂西南、鄂东南、鄂东北及湘北地区年平均暴雨日多为4～6天。梅雨是本区域降水的重要组成部分，梅雨期长短、降水量的多少和区域旱涝的形成紧密相关。夏、秋季受台风倒槽影响易发生极端强降水，震惊中外的"75·8"河南特大暴雨就是由超强台风"莲娜"造成的，华中区域三省均受到影响，河南驻马店受灾最为严重，1975年8月7日河南上蔡日降水量达755.1毫米，

是华中地区日降水量极大值。

3.4.1.4 灾害频发，暴雨洪涝显著

华中区域受东亚季风气候影响显著，季风活动年际变异大，气象灾害较多。冬季风活动异常会造成冬季大雪严寒，夏季风活动异常往往导致大范围旱涝，除此之外，高温、雷暴、冰雹、大风等气象灾害及其次生灾害也是频繁发生。洪涝是华中地区最易发生、危害最大的气象灾害，20 世纪 60 年代和 90 年代大涝出现频率较高，70 年代、80 年代及 21 世纪前 10 年洪涝出现频率相对较少。1998年夏季，受超强厄尔尼诺事件影响，区域内发生连续性、大范围、高强度暴雨天气，其中湖北出现 13 次区域性暴雨过程，武汉、鄂州、黄石等地 7 月下旬降水量占整个夏季降水量的 50% 以上；湖南 6—7 月暴雨达 246 站次，长江流域出现特大暴雨洪涝灾害。

3.4.2 分省气候特征

3.4.2.1 河南

河南南部属亚热带湿润气候，北部为暖温带半湿润气候，四季分明，冬季寒冷少雨雪，春短干旱多风沙，夏天炎热多雨，秋季晴朗日照长。年平均气温为 14.6 ℃，南部高于北部，东部高于西部，豫西山地和太行山地因地势较高，气温偏低，年平均气温低于 13.0 ℃。南阳盆地因伏牛山阻挡，北方冷空气势力减弱，淮南地区由于位置偏南，年平均气温均高于 15.0 ℃，这两个地区为河南省比较稳定的"暖温区"。平均气温最低值出现在 1 月，全省平均为 0.6 ℃，极端最低气温达 -23.6 ℃（林州，1976 年 12 月 26 日）。平均气温最高值出现在 7月，全省平均达 26.9 ℃，除西部山区因垂直高度影响平均气温低于 26.0 ℃外，其他大部地区为 27.0～28.0 ℃，极端最高气温为 44.6 ℃（汝州，1966 年 6 月 20日）。全省平均年高温日数为 15 天，最多年达 35 天（1967 年），最少年仅 4.3 天（2008 年），高温主要分布在豫西北一带和豫中的部分地区。河南气温年较差为25.0～28.0 ℃，由西南向东北逐渐增大，南北相差 3.0 ℃左右，平原大于山区。

河南平均年降水量为 745 毫米，空间上以淮河为界，淮河以南大部在 1000毫米以上，以北的大部区域在 1000 毫米以内，黄河沿岸和豫北平原仅 600～700毫米，最多年降水量出现在新县，为 1294 毫米，最少出现在偃师，为 537 毫米，两地相差超过 2 倍。降水量年际变化大，全省平均降水量最多年（1062 毫米，2003 年）是最少年（455 毫米，1966 年）的 2.3 倍左右。河南的降水主要集中在

夏季，春、秋季次之，冬季降水最少。全省平均冬季降水量不足年降水量的6%，春、秋季接近年降水量的20%，夏季降水量为400毫米，占年降水量的54%，降水强度大，鲁山和太行山、伏牛山东麓一带为多暴雨区，其中7月降水量约占全年降水量的24%，远高于其他各月。

3.4.2.2 湖北

湖北属亚热带湿润气候，四季分明，冬冷夏热，冬干夏雨，雨热同季，旱涝频繁。年平均气温为16.4 ℃，总体呈现西低、东高的分布型。1月全省平均气温为3.9 ℃，大部分地区平均气温为3.0～6.0 ℃，三峡河谷因受山脉对冷空气的屏障作用，为冬季"暖温区"。极端最低气温鄂北多低于-15.0 ℃，谷城1977年1月30日出现了-19.7 ℃的极端低温，为全省最小值；鄂西南大部高于-10.0 ℃，江汉平原及鄂东南大部为-15.0～-10.0 ℃。7月全省平均气温为27.8 ℃，大部地区为27.0～29.0 ℃，海拔较高的鄂西山地7月平均气温在24.0 ℃以下。极端最高气温鄂西中高山区在37.0 ℃以下，鄂西北北部及三峡河谷超过42.0 ℃，鄂西其余地区为40.0～42.0 ℃，江汉平原为38.0～39.0 ℃，鄂东大部为40.0～42.0 ℃。竹山1966年7月20日出现高达43.4 ℃的极端高温，为全省最大值。高温主要出现在6—8月，高温日数为0～42天，鄂西二高山及以上地区无高温天气，三峡河谷和鄂东南为30～42天，其他地区为9～30天；武汉平均年高温日数为21天。

湖北平均年降水量为1201毫米，南部多于北部，同纬度山地多于平原。年降水量由鄂东南向鄂西北递减，鄂西北不足900毫米，丹江口仅789毫米；鄂东南南部和鄂西南东南部超过1500毫米，为湖北省两个多雨中心，鹤峰多达1663毫米，为全省之最。降水量年际变化大，1983年降水量最多（1678毫米），约为最少年（1966年，862毫米）的2倍。年内分配特征为夏季多，冬季少，5—9月降水量（760毫米）占全年降水量的63%，其中梅雨期（6月中旬至7月中旬）降水量最多，强度最大。7—8月处于副热带高压稳定控制下，天气晴朗少雨，降水减少，江汉平原和东部易出现伏旱，9—10月西部易发生秋雨。全省平均年暴雨日数为3.8天，多出现在夏季；鄂西南武陵山东南侧、鄂东南幕阜山西北侧以及鄂东北大别山西南侧是暴雨的多发区，鄂西南、鄂东南、鄂东北大部为4～5天，最少的是竹山，不足1天。

3.4.2.3 湖南

湖南属亚热带湿润气候，四季分明，气候温暖，严寒期短，暑热期长，热量充足，春温多变，雨水集中，夏秋多旱。年平均气温为17.3 ℃，山区低于平原和丘陵，高温中心在洞庭湖平原、衡邵盆地与河谷地带，并向东、西、南三面递减，湘东南与湘西北相差约 3.0 ℃。冬季易受冷空气南下侵袭，平均气温为 5.7~8.7 ℃。最冷月 1 月全省平均气温为 5.4 ℃，湘南部分地区可达 7.0 ℃，日平均气温在 0.0 ℃ 以下的天数平均每年不到 6 天，极端最低气温为 −18.1 ℃（临湘，1969 年 1 月 31 日）。隆冬期间有时可见几天或十几天雨雪冰冻天气，但一般年份降雪只有 2 天左右。夏季温高暑热，连晴少雨，各地气温比同纬度地区一般都要偏高，夏季平均气温为 23.6~28.5 ℃，高温主要出现在湘东、湘中一带。最热月 7 月全省平均气温为 28.3 ℃，大部地区超过 28.0 ℃，极端最高气温超过 40.0 ℃。夏季高温日数为 3~39 天，以衡阳一带最多，经常一次可持续半个月以上。春、夏之交，天气多变，春季多阴雨连绵、低温寡照天气，秋季经常是前一个月秋高气爽，后一个月秋风秋雨。

湖南平均年降水量为 1410 毫米，各市县降水量为 1155~1743 毫米。降水时空分布不均，山区多于丘陵，丘陵多于平原。少雨中心位于衡邵盆地、湘北洞庭湖平原及湘西南边境新晃、芷江、会同一带，年降水量在 1300 毫米左右，多雨中心位于雪峰山、幕阜山、九岭山及湘东南山地的迎风面，降水量多在 1500 毫米以上。降水年际差异大，降水量最大值出现在 2002 年，全省平均为 1895 毫米，最小值出现在 2011 年，为 980 毫米。季节分配具有春、夏多雨，秋、冬少雨的特点，雨水集中于春、夏，占全年的 70%，秋、冬两季只占 30%。大部分地区的降水量集中在 4—6 月，这三个月的降水量占全年的 42%，为湖南的雨季。湘南雨季一般在 3 月下旬至 6 月底，湘中及洞庭湖区在 3 月底至 7 月初，湘西为 4 月上中旬至 7 月上旬，湘西北为 4 月中旬至 7 月底。7—9 月是湖南的盛夏初秋季节，期间各地总降水量多为 300 毫米左右，不足雨季降水量的一半，加之高温酷暑，蒸发量大，常有干旱发生。湖南冬季降水占年降水量比例较中国其他大部地区高，达 20%，冬季雨日占年雨日的 24%，表现出明显湿冷的特征，容易发生冰冻。

3.5 华南气候

华南地区包括广东、广西、海南、香港及澳门，北依南岭，南濒南海。区域内山地、丘陵、盆地、台地、平原、河川交错分布，素有"七山一水二分田"之称。中国第三大河流珠江贯穿华南，海岸线长达 8800 千米，占中国海岸线的 48.9%。

3.5.1 基本气候特征

3.5.1.1 气候暖热，全年基本无冬

华南属热带亚热带季风型气候，自南至北跨南热带、中热带、北热带、南亚热带和中亚热带。区域年平均气温为 22.3 ℃，最冷月 1 月平均气温为 14.4 ℃，最热月 7 月平均气温为 28.4 ℃。区域内极端最低气温为 -8.4 ℃，1963 年 1 月 15 日出现在广西资源；极端最高气温为 42.5 ℃，1958 年 4 月 23 日出现在广西百色。区域平均年高温日数为 18 天，其中海南的昌江 2010 年高温日数多达 97 天。按气候季节划分标准，除北部山区有短暂的冬季外，华南区域大部分地区没有冬季，只有春、夏、秋三季，其中广东大部分地区、广西南部夏季长达 7 个月，海南只有夏、秋两季，中沙群岛和西沙群岛终年为夏季，素有"天然大温室"之称，是中国重要的冬季瓜菜生产和作物品种南繁基地。

3.5.1.2 雨量充沛，前后两个汛期

华南地区平均年降水量为 1712 毫米，由沿海向内陆逐渐减少，广西东兴年降水量达 2658 毫米，是中国大陆年降水量最多的地区。全年降水约 80% 集中在 4—10 月的汛期，其中 4—6 月为前汛期，降水多由冷暖空气作用和季风暴发所致；7—10 月为后汛期，降水多由台风所致；11 月至次年 3 月降水较少，常有干旱发生。区域平均降水日数达 149 天，暴雨日数为 7 天，其中广东连山 1970 年降水日数多达 265 天，广东上川岛 1973 年暴雨日数多达 26 天。

3.5.1.3 城市连片，热岛效应显著

华南区域内的珠三角城市群，以广州、深圳、香港为核心，包括珠海、惠州、东莞、肇庆、佛山、中山、江门、澳门等城市，是中国三大城市群中经济最有活力、城市化率最高的地区，城市热岛效应显著。近 10 年来，珠三角城市群平均热岛强度达 0.71 ℃，广州、深圳、佛山等经济发达城市超过 1.0 ℃，热岛强度线性增加速率达每十年 0.29 ℃，其中广州和佛山每十年 0.6 ℃以上。热岛强度具有秋季强（1.06 ℃）、春季弱（0.39 ℃）的季节变化特征和夜强（0.91 ℃）昼弱（0.53 ℃）的日变化特征。珠三角城市群对区域增暖的贡献率达 41.8%（华南区域气候变化评估报告编写委员会，2013）。

3.5.1.4 濒临海洋，台风影响严重

华南区域濒临南海，世界最大台风源区（西北太平洋）的影响首当其冲。登

陆华南的台风数量多、强度大。平均每年有 5.3 个台风在华南登陆，多的年份高达 12 个，是全国台风登陆最频繁的地区。登陆台风 90% 以上发生在 6—10 月，中心风力在 12 级以上的台风占 28.4%，台风平均每年给华南区域造成近百亿元的直接经济损失。例如，2014 年 7 月 18 日登陆的"威马逊"超强台风，是 1949 年以来登陆华南的最强台风，登陆时中心附近风力达 17 级 (60 米/秒)，直接经济损失达 265.5 亿元。

3.5.2 分省（自治区）气候特征

3.5.2.1 广东

广东大部地区属亚热带湿润气候，气候温暖，热量资源丰富，降水丰沛，干湿分明，夏、秋季台风多发。年平均气温为 21.9 ℃，呈南高北低的分布，南部的雷州半岛在 23.0 ℃以上，北部的南岭山区低于 20.0 ℃。1 月平均气温最低，全省平均为 13.4 ℃，其中北部为 8.0～12.0 ℃，中部为 12.0～14.0 ℃，南部为 14.0～17.0 ℃。极端最低气温，北部为 -4.0～-6.0 ℃，南部沿海为 0.0～2.0 ℃，其余地区为 -4.0～0.0 ℃。全省有气象记录以来的极端最低气温为 -7.3 ℃，1955 年 1 月 12 日出现在梅州市。7 月平均气温最高，全省平均达 28.5 ℃，其中南部沿海多在 29.0 ℃左右，北部山区多在 27.0 ℃左右。全省年高温日数平均为 17 天，高温最早出现在 2 月下旬，大埔县 2014 年高温日数多达 72 天。北部极端最高气温达 39.0～42.0 ℃，南部地区为 37.0～39.0 ℃，其余地区为 39.0～40.0 ℃。全省有气象记录以来的极端最高气温为 42.0 ℃，1953 年 8 月 12 日出现在曲江。

广东平均年降水量达 1789 毫米，呈北少南多、东西少中部多的空间格局。三个多雨区分别在云雾山东南麓的阳江—阳春—恩平一带，莲花山东南侧的海丰—普宁一带及北江谷地的清远—佛冈—龙门一带，年降水量均在 2000 毫米以上。此外，还有三个相对少雨区，分别以南澳、罗定、徐闻为中心，年降水量均在 1400 毫米以下。降水年际、季节分配极不均匀，年降水量最多年为 2278 毫米，出现在 1973 年，约为最少年 1963 年的 2 倍（1178 毫米）。全年降水量约 80% 集中在汛期（4—9 月），汛期降水量是非汛期降水量的 4 倍，其中前汛期降水量占年降水量的 43%。全省平均年降水日数为 152 天，最大值为 198 天，出现在 1975 年；最小值为 119 天，出现在 2003 年。全省大部分地区年降水日数在 120 天以上，特别是连山—阳山—乳源—仁化一带，年降水日数多达 170 天以上。

3.5.2.2 广西

广西属亚热带湿润气候，气候温暖，热量丰富，降水丰沛，干湿分明，灾害频繁，旱涝突出。年平均气温为 20.7 ℃，由南向北递减，由河谷平原向丘陵山区递减。全区约 65% 的地区年平均气温在 20.0 ℃以上，其中右江河谷、左江河谷、沿海地区在 22.0 ℃以上，涠洲岛可达 23.1 ℃；桂林市东北部以及海拔较高的乐业、南丹、金秀年平均气温低于 18.0 ℃，其中乐业、资源只有 16.8 ℃。1 月平均气温最低，全区平均为 11.3 ℃，桂东北及乐业、南丹为 5.7～10.0 ℃，沿海地区、右江河谷、崇左市、玉林市大部及邕宁、武鸣为 13.0～15.6 ℃，其余地区为 10.0～13.0 ℃。桂北大部及梧州市、贵港市大部极端最低气温为 -8.4～-3.0 ℃，北海市大部和防城港市南部以及博白、都安为 0.0～2.9 ℃，其余地区为 -3.0～0.0 ℃。广西有气象记录以来的极端最低气温是 -8.4 ℃，1963 年 1 月 15 日出现在资源。7 月平均气温最高，全区平均达 27.9 ℃，其中百色市南、北山区及海拔较高的资源、龙胜、南丹、金秀等地为 23.5～27.0 ℃，北海市在 29.0 ℃左右，其余地区为 28.0 ℃左右。全区年高温日数平均为 18 天，最早出现在 2 月 10 日。沿海大部及桂西山区的乐业、南丹、凤山、那坡、靖西极端最高气温为 35.0～38.0 ℃，左江河谷、右江河谷大部、桂林市的部分县及隆林、西林、田林、天峨、南宁、武鸣、上思、贺州等地为 40.0～42.5 ℃，其余地区为 38.0～40.0 ℃。广西有气象记录以来的极端最高气温是 42.5 ℃，1958 年 4 月 23 日出现在百色。

广西平均年降水量达 1533 毫米，具有东部多、西部少，丘陵山区多、河谷平原少，迎风坡多、背风坡少等特点。三个多雨区分别位于十万大山南侧的东兴至钦州一带，为 2100～2658 毫米；大瑶山东侧以昭平为中心的金秀、蒙山一带，为 1700～2000 毫米；越城岭至元宝山东南侧的永福、兴安、灵川、桂林、临桂、融安等地，为 1800～2000 毫米。另有三个少雨区分别位于右江河谷及其上游的田林、隆林、西林一带，仅有 1062～1200 毫米；以宁明为中心的明江河谷和左江河谷至邕宁一带，为 1150～1300 毫米；以武宣为中心的黔江河谷，为 1200～1300 毫米。降水年际变化大，年降水量最大值达 2044 毫米，出现在 1994 年，最小值仅为 1152 毫米，出现在 1963 年，年最大降水量是最小降水量的 1.8 倍。季节分配极不均匀，年降水量的 78% 左右集中在汛期（4—9 月），汛期降水量是非汛期的 3.5 倍，其中前汛期降水量占年降水量的 41%。全区平均年降水日数为 156 天，降水日数最大值为 183 天，出现在 1970 年；最小值为 131 天，出现在 2003 年。绝大部分地区年降水日数在 120 天以上，其中桂东北部分地区以及桂西的南丹、靖西，年降水日数多达 170 天以上。

3.5.2.3 海南

海南属热带湿润气候，气候温暖，夏无酷暑，冬无严寒，温度季节变化小，降水丰沛，干湿分明。年平均气温为 24.7 ℃，呈中央低、四周高的环状分布，中部山区为 23.0～24.0 ℃，西南部沿海地区及永兴岛为 25.0～27.0 ℃，其余地区为 24.0～25.0 ℃。1 月平均气温最低，全省平均为 19.2 ℃，中部山区的琼中为全省最低（17.4 ℃），永兴岛为全省最高（23.5 ℃），其余地区为 17.5～21.9 ℃。极端最低气温多为 0.1～6.2 ℃，全省有气象记录以来的极端最低气温为 -1.4 ℃，1963 年 1 月 15 日出现在中部山区的白沙。7 月平均气温最高，全省平均达到 28.4 ℃，西部沿海地为 29.5 ℃，永兴岛为 29.1 ℃，中部山区为 26.2～27.3 ℃，其余地区为 27.6～28.8 ℃。全省年高温日数平均为 20 天，高温最早出现在 1 月下旬。极端最高气温呈北高南低的分布，大部分地区为 34.9～39.9 ℃，北部的澄迈、临高、儋州以及中部山区的白沙和西部内陆的昌江在 40.0 ℃以上，其中澄迈在 1994 年 5 月 3 日曾出现过 41.1 ℃的高温。

海南平均年降水量达 1782 毫米，呈东多西少的空间分布，东面迎风坡年降水量一般超过 2000 毫米，最多的地区达 2388 毫米（琼中），西部沿海地区因雨影效应，成为全省年降水量最少的地区，不足 1000 毫米。降水年际变率大，年降水量最大值（2258 毫米，1978 年）是最小值（1122 毫米，1977 年）的 2 倍。季节分配极不均匀，年降水量的 83% 集中在汛期（5—10 月），尤其是 8—10 月三个月的降水量接近年降水量的 50%。全省平均年降水日数为 145 天，最大值为 167 天，出现在 1972 年；最小值为 114 天，出现在 1977 年。年降水日数的分布以西部沿海地区最少，为 83 天；北、东、中部的大部分地区为 144～184 天；其余地区为 107～137 天。

3.5.2.4 港澳地区

港澳地区属亚热带湿润气候，气候温暖，降水丰沛，冬季凉爽干燥，夏季炎热潮湿，温度季节变化小。年平均气温为 23.0 ℃，1998 年最高，为 23.6 ℃；1984 年最低，为 22.1 ℃。1 月平均气温最低，为 15.6 ℃；极端最低气温为 2.3 ℃，1969 年 2 月 5 日出现在澳门。1996 年 2 月 20 日，香港大帽山（大雾山）山顶气温降到 -4.0 ℃，并出现结霜和冰挂现象。7 月平均气温最高，达 29.0 ℃；

极端最高气温为 37.9 ℃，1963 年 9 月 5 日出现在澳门。日最低气温≥28.0 ℃的热夜数每年平均有 18 天。

港澳地区年平均降水量达 2067 毫米，不同年份降水差异大，季节分配极不均匀。年降水量最大值为 3343 毫米，出现在 1997 年，最小值仅为 896 毫米，出现在 2011 年，年最大降水量约是最小降水量的 3.7 倍。年降水量的 84% 左右集中在汛期（4—9 月），汛期降水量是非汛期降水量的 5.4 倍，其中后汛期降水量占年降水量的 46%。港澳地区平均年降水日数为 133 天，最大值为 169 天，出现在 1983 年；最小值为 85 天，出现在 1996 年。降水日数的季节变化与降水量不一致，8 月降水量最大，达 440 毫米以上，多为雷阵雨和台风雨，强度大；6 月降水日数最多，超过 18 天，常常阴雨连绵，类似江淮地区的梅雨季节，并伴随持续数日的高温、潮湿、闷热天气。1926 年 7 月 19 日，香港观测到日降水量 534.1 毫米的最大值记录。

3.6 西南气候

西南地区包括重庆、四川、贵州、云南、西藏，面积约 236 万平方千米，约占全国土地总面积的 24.42%，人口约 1.98 亿。该区域处于中国地势的第一、第二阶梯，以高原、山地和盆地为主。西南区域复杂的地形特点使得气候类型多样。

3.6.1 基本气候特征

3.6.1.1 地形复杂，气候类型多样

西南地区山高谷深，气候垂直差异明显，"一山分四季，十里不同天"是常见的现象。西南地区地形自西北向东南倾斜，西部青藏高原，平均海拔在 4000 米以上；东部四川盆地和云贵高原南缘河谷低地，海拔仅几百米，高度差平均在 3000 米以上，加上纬度带变化影响，气候类型自东南向西北从热带向温带、寒带气候类型垂直变化（徐裕华，1991）。在云南南部和西藏东南部，海拔和纬度都较低，表现为典型热带气候特点，森林茂盛，四季常绿，各种热带植物生长繁茂，如满山遍野的野芭蕉、野柠檬林和竹林。四川东部、重庆、贵州等地则以亚热带气候为主。西藏、四川西部、云南西北部海拔在 4000 米以上，属高原高寒

气候，气温低，辐射强，日照丰富，降水少（马振峰 等，2012）。

3.6.1.2　东西迥异，气温变化显著

受地理条件的制约，西南地区气候具有分布复杂、地区差异大的特点。西部高原气温偏低，温度日变化大，西藏大部年平均日较差为 14.0～16.0 ℃，是全国气温日较差最大的地区之一；日照丰富，日照时数明显多于同纬度的其他地区，大部地区年日照时数在 2000 小时以上，其中雅鲁藏布江中上游和阿里地区超过 3000 小时（杜军，2001）。东部地区多雾，大部地区年雾日数超过 150 天，年日照时数为 1000～1500 小时，是全国日照最少的地区，其中四川东南部、重庆西部和贵州北部年雾日数超过 300 天，部分地区超过 350 天，重庆更有"雾都"的别称（罗喜平 等，2008；郭渠 等，2009；郑小波 等，2007）。东部大部地区气温年较差小，大部地区气温年较差在 25.0 ℃以下，其中云南大部和四川南部小于 15.0 ℃，局部地区小于 10.0 ℃，是全国气温年较差最小的地区之一。四川东部、重庆大部、贵州大部年平均日较差基本为 6.0～8.0 ℃，是全国气温日较差最小的地区之一。云贵高原冬暖夏凉，大部地区"夏无酷暑""四季如春"，贵州六盘水有"凉都"美誉，贵阳被称为"中国避暑之都"（马振峰 等，2006）。

3.6.1.3　干湿分明，秋雨夜雨明显

由于冬、夏半年影响气团性质截然不同，形成了冬干夏湿的季风气候特点，其中云南表现最为明显。每年 5—10 月是雨季，区域平均降水量为 753 毫米，占平均年降水量（991 毫米）的 83%，11 月至次年 4 月是干季，降水稀少（张艳梅 等，2009；周长艳 等，2011）。降水年内变化明显，最多月即 7 月（196 毫米）约是最少月即 12 月（13 毫米）的 15 倍。西南地区 9—10 月降水量占全年的比例明显较全国其他地区高，通常都会出现降雨天气，形成了独特的秋雨现象（罗文芳 等，2005；马振峰 等，2006）。夜雨多是西南气候的又一个特点，夜雨量一般都占全年降水量的 60% 以上，其中重庆、峨眉山分别为 61% 和 67%，贵州高原上的遵义、贵阳分别为 58% 和 67%，西藏为 51%～84%，其中拉萨最高（刘燕 等，2002；杜军 等，2004）。

3.6.1.4　干旱频发，地质灾害突出

西南地区干旱发生频率高，分布范围广，总体呈现每年有旱情、3～6 年一中旱、7～10 年一大旱的特点。受全球变暖影响，西南地区干旱化有加剧趋势，21 世纪以来中等以上干旱日数较 20 世纪 90 年代增加了 10% 以上，其中伏旱、

秋旱增加，冬旱、春旱减少（黄中艳，2010）。2006年，川渝特大高温伏旱发生时间较常年提前10天以上，大部分地区伏旱长达40天，南充、遂宁等地达70天以上，直接经济损失上百亿元。西南地区暴雨频率高，局地强度大，加上区域内山脉众多，集中分布一些大断裂的河流沟谷，是中国泥石流密度最大、活动最频繁、危害最严重的地带。地质灾害主要受降水变化影响，6—9月出现比例最高，占全年灾害总数的80%以上，其中7月发生频率最高；12月至次年3月一般较少出现地质灾害（刘燕 等，2002；张艳梅 等，2008；张顺谦 等，2011）。

3.6.2 分省（自治区、直辖市）气候特征

3.6.2.1 重庆

重庆属亚热带湿润气候，四季分明，冬暖春早，夏热秋雨，降水集中，雨热同季，夜雨多，湿度大，日照少，立体气候明显（重庆市统计局，2015）。年平均气温为17.5℃，沿江河谷地区高，东部山区气温低，海拔在100～300米的平坝河谷地区，气温为18.0～19.0℃；海拔在300～500米的丘陵、低山地区，气温为17.0～18.0℃；海拔在500米以上的中、高山地区，气温为14.0～17.0℃；海拔高度在800米左右的城口，气温仅13.9℃。1月平均气温最低，全市平均为6.8℃，其中平坝河谷地区为7.0～8.0℃，丘陵、低山地区为6.0～7.0℃，中、高山地区为3.0～6.0℃。极端最低气温出现在城口，1977年1月30日低至-13.2℃。7月平均气温最高，全市平均达27.4℃，其中平坝河谷地区为28.0～29.0℃，丘陵、低山地区为27.0～28.0℃，中、高山地区为24.0～27.0℃。全市年高温日数平均为24天，2006年最多，达到54天。高温在3—10月都有出现，7—8月为多发期。年极端最高气温一般年份为37.0～40.0℃，极端年份可达42～43℃，其中綦江在2006年8月15日曾出现44.5℃的高温（郭渠 等，2009）。

重庆平均年降水量为1129毫米，由东南向西北逐渐减少，大部地区为1000～1200毫米，渝东南的酉阳、秀山在1300毫米以上，潼南仅有976毫米。降水季节分配极不均匀，年降水量的70%左右集中在5—9月，其中6—7月降水约占降水量的1/3。年降水量最大值出现在1998年，为1434毫米；最小值出现在2001年，为862毫米。全市平均年降水日数为153天，2013年最少（132天），1983年最多（171天）。

3.6.2.2 四川

四川东部属亚热带湿润气候，西部为高原温带湿润气候，气候垂直变化

大，区域差异显著；东部冬暖、春早、夏热、秋雨、多云雾、少日照、生长季长，西部则寒冷、冬长、基本无夏、日照充足、降水集中、干雨季分明（四川省统计局，2015）。年平均气温为 14.7 ℃，受地形影响，气温自东南向西北降低，温度梯度大，高值中心出现在川西南山地的攀枝花，为 20.6 ℃，低值中心在川西北高原的石渠，为 -1.1 ℃。1 月最冷，平均气温为 2.9～6.4 ℃，1995 年12 月 29 日石渠创全省最低气温极小值，达到 -37.8 ℃。7 月最热，平均气温为22.3～25.6 ℃，2013 年 8 月 17 日长宁最高气温达到 43.5 ℃，为全省最高气温纪录。盆地和川东地区高温日数较多，一般有 15～30 天，极端年份超过 50 天，其中古蔺 2011 年达 81 天（陈超 等，2010）。

四川平均年降水量为 956.7 毫米，降水的空间分布与地形关系密切，四川盆地自四周向中部减少，盆地中部丘陵普遍在 1000 毫米以下，少雨区不足 800 毫米；盆地四周在 1000 毫米以上，西缘最多可超过 1600 毫米，其中青衣江流域的雅安，年降水量达 1700 毫米，素有"天漏"之称。川西南山地年降水量相对均匀，最多在 1100 毫米左右，最少区在金沙江河谷地带，为 700～800 毫米；川西北高原大部为 600～800 毫米，岷江上游九顶山背风面的茂县为 462.4 毫米；横断山北段背风面的得荣年降水量仅 347.1 毫米，为全省最少。年降水量最大值为1054 毫米（1961 年），最小值为 796 毫米（2015 年）。各季节降水量差异大，汛期（5—9 月）降水量占全年降水量的 70% 左右。全省平均年降水日数为 149 天，盆地与高原的过渡区域为 160～220 天，雅安市为全省雨日最多中心，全年降水日数达 230 天，盆地其余地区为 120～160 天，攀西地区大部为 100～160 天，川西高原为 80～170 天（张顺谦 等，2011；周长艳 等，2011）。

3.6.2.3 贵州

贵州属亚热带湿润气候，气候温和，四季分明，冬无严寒，夏无酷暑，日照少、云雾多，雨日多、湿度大，立体气候特征明显（罗喜平 等，2008；贵州省统计局，2015）。年平均气温为 15.6 ℃，总体由北向南递增，大部分地区年平均温度在 14.0 ℃ 以上，其中东部边缘为 16.0～17.0 ℃，南部边缘地区在 18.0 ℃ 以上；西部低于 14.0 ℃，其中威宁地区不到 11.0 ℃。1 月平均气温最低，全省平均为 5.2 ℃，其中西北部和中部地势较高处在 4.0 ℃ 以下，南部边缘高于 8.0 ℃，其余地区为 4.0～8.0 ℃。铜仁东部、黔东南北部、毕节、安顺北部、六盘水北部以及修文年最低气温低于 -10.0 ℃，黔西南、黔南、黔东南三州南部及赤水河谷在 -5.0 ℃ 以上，极端最低气温为 -15.3 ℃，1977 年 2 月 9 日出现在威宁。

7月平均气温最高，全省平均达24.3 ℃，东部及南部边缘在27.0 ℃左右，海拔1800米以上地区在20.0 ℃以下，威宁最低为17.7 ℃。年极端最高气温一般在35.0~40.0 ℃，极端年份高达42.0 ℃以上，其中赤水在2006年6月18日曾出现42.3 ℃的高温。全省年高温日数平均为5天，主要分布在东部、南部边缘、北部局地，最早出现在3月底。

贵州平均年降水量为1180毫米，空间分布与地形关系密切，乌蒙山、雷公山和梵净山的南麓有三个范围较大的多雨区，以晴隆的1492毫米最多，其余地区雨量在1300毫米以下，以赫章的833毫米为最少。年降水量最大值为1419毫米（1977年），最小值为856毫米（2011年）。降水季节分配不均匀，全年降水量的70%左右集中在5—9月，尤其夏季占全年降水量的50%左右。6月降水最多，为219毫米；12月降水最少，为23毫米。全省平均年降水日数为175天，以毕节的267天最多（罗文芳 等，2005；张艳梅，2008，2009）。

3.6.2.4 云南

云南主要为亚热带湿润气候，南部边缘为热带湿润气候，西北部山区为高原温带湿润气候，降水适中，干湿分明，夏无酷暑，冬无严寒，气候类型丰富多样，区域和垂直变化明显（云南省统计局，2015）。年平均气温为16.7 ℃，由西北向东南递增，滇西北海拔超过3000米的地区气温低于7 ℃，滇西北和滇东北北部海拔在2000~3000米的地区气温为10~14 ℃，滇西北南部、滇中、滇东北南部以及滇东南海拔高度在1000~2000米的地区气温为14~18 ℃，滇西南、滇东南海拔低于1000米的地区气温在20 ℃以上，年平均气温最高的元阳（24.4 ℃）与最低的德钦（6.3 ℃）相差达18.1 ℃。1月平均气温最低，全省平均为9.5 ℃，6月和7月气温最高，为21.7 ℃，除了金沙江和元江河谷的部分地区以外，全省大部地区没有出现过最高气温高于35.0 ℃以上的高温，极端最高气温2014年5月18日出现在元阳，为44.5 ℃；除了滇西北和滇东北的部分高海拔地区以外，大部地区没有出现过-5.0 ℃以下的低温，全省极端最低气温出现在香格里拉，为1982年12月27日的-27.4 ℃（程建刚 等，2008，2009）。

云南平均年降水量为1093毫米，年降水量大值区主要位于滇南、滇西南边缘的部分地区，超过2000毫米，金平最多，为2359毫米；低值区出现在金沙江河谷、迪庆高原、滇东北地区及元江河谷等地，不足800毫米，宾川最少，仅为564毫米。全省平均年降水量最大值为1968年的1254毫米，最小值为2009年的847毫米。冬、夏半年影响气团性质截然不同，形成了云南冬干夏湿的季风气候特点，干季（11 月至次年 4 月）降水量占全年总降水量的 15%，雨季（5—10 月）降水量占全年总降水量的 85%。全省平均年降水日数为 145 天，最多为 1990 年的 165 天，最少 1958 年的 95 天，全省 90% 以上的地区平均年降水日数在 120 天以上，仅元谋和宾川小于 100 天（程建刚　等，2008；黄中艳，2010）。

3.6.2.5　西藏

西藏气候类型复杂多样，垂直变化大，日照时间长，温度年较差小，日较差大，干湿分明，雨季集中，夜雨多（西藏自治区统计局，2015）。年平均气温为 4.7 ℃，呈自东南向西北递减的分布特征，其中藏东南及山南沿雅鲁藏布江河谷地区为 8.0～14.0 ℃，藏东北及日喀则、拉萨河谷农区为 4.0～8.0 ℃，藏北等海拔 4500 米以上地区为 -4.0～0.0 ℃。7 月平均气温最高，全区平均为 13.3 ℃；1 月平均气温最低，为 -4.8 ℃。全区年极端最高气温为 33.4 ℃，分别出现在 1972 年 7 月 8 日（昌都）和 2006 年 7 月 17 日（八宿）；极端最低气温出现在定日，为 1966 年 1 月 7 日的 -46.4 ℃。西藏昼夜温差大，大部分地区气温日较差在 15.0 ℃以上（杜军，2001）。

西藏平均年降水量为 460 毫米，自东南向西北递减，藏东南及怒江下游以西地区年降水量达 600～895 毫米，是西藏降水最丰沛的地区；中部拉萨、日喀则、山南、那曲等地年降水量为 200～600 毫米；喜马拉雅山北麓、怒江以东地区是一个少雨带，年降水量不足 200 毫米，少雨带的形成既与大地形作用有关，同时又受山脉背风坡的局部地形影响。全区平均年降水量最多为 548 毫米（1998 年），最少为 355 毫米（1983 年）。年降水量最多出现在波密（1988 年，1263 毫米），最少出现在狮泉河（1982 年，21 毫米）。降水主要集中在 5—9 月，占年降水量的 80%～95%，其中 7 月降水最多，为 107 毫米；12 月降水最少，仅 3 毫米。极端最大日降水量为 196 毫米，1989 年 1 月 8 日出现在聂拉木。全区平均年降水日数为 113 天，最多为 1977 年的 132 天，最少为 2015 年的 94 天；全区降水日数最多的地方出现在错那，达 212 天（1967 年）。绝大部分地区无暴雨，仅在藏东南局地出现过，最多年暴雨日数为 2 天（察隅，1975 年）。夜雨率高，年夜雨量为 42～599 毫米，占年降水量的 51%～84%，其中拉萨最高（杜军　等，2004）。

3.7 西北气候

西北地区包括陕西、甘肃、青海、宁夏和新疆，面积约311万平方千米，约占中国国土面积的32.4%，人口约9843万。地处帕米尔高原、青藏高原、黄土高原及其相间的准格尔盆地、塔里木盆地、柴达木盆地和河西走廊，具有中国最复杂多样的地形地貌，海拔高低相差悬殊，是中国两大江河（长江和黄河）的发源地，有平均海拔5500米的青海高原昆仑山脉和低于海平面154米的吐鲁番盆地，有植被稀疏的戈壁荒漠以及举世闻名的塔克拉玛干沙漠，有中国南北气候的分界岭——秦岭，新疆两大盆地和甘肃河西走廊是中国主要内陆河流域。

3.7.1 基本气候特征

3.7.1.1 气候温凉，昼夜温差显著

西北地区是典型的大陆性气候，气温年较差和日较差大。西北大部地区气温年较差在20 ℃以上，西北部超过30 ℃，是除东北外全国气温年较差最大的地区。气温日变化明显，大部地区为12.0～16.0 ℃，"早穿棉袄午穿纱，围着火炉吃西瓜"就很好地诠释了西北地区日温差大的特点。全区温度空间分布差异大，年平均温度为-5.4～15.7 ℃，青海、甘肃有一半的区域没有夏季；2001年6月21日新疆的吐鲁番东坎最高气温达48.3 ℃，是观测到的全国极端最高气温。西北地区冬季的长度为113～365天不等，青海高原一些地方甚至常年是冬季，极端最低气温为-51.5 ℃（富蕴，1960年1月21日），接近中国的极端最低气温（-52.3 ℃）。

3.7.1.2 气候干燥，地域差异明显

西北地区降水量地域差异很大，由东部到西部降水量递减迅速，东部陕南巴山地区和汉江河谷的降水量是新疆塔里木盆地的160倍左右。大多数地方气候干燥，中西部地区年降水量在400毫米以下，尤其是西北部区域，是全国降水量最少、最干燥的区域，其中新疆托克逊年降水量仅8毫米，是全国降水量最少的地区。降水季节分配不均，降水集中在夏半年，5—9月降水量占全年降水量的78%。

3.7.1.3 光照充足，风能资源丰富

西北地区日照充足，是全国日照最多的地区之一，中西部大部地区日照时数

超过 2500 小时，其中青海冷湖达 3300 小时。西北地区平均风速较大，新疆的九大风区、甘肃河西走廊风库，风能资源十分丰富，其中新疆哈密地区和甘肃酒泉地区占中国七个千万千瓦级风电基地的两个席位，可装机容量占全国陆地的 26.4%，清洁能源开发利用潜力巨大。中国最重要的内陆河流域均位于西北地区，养育了生机勃勃的绿洲农业，由于气候变暖，冰川、积雪融化加速，内陆河流量有增加趋势。西北地区冰川资源丰富，是长江、黄河和澜沧江发源地，有中国最大的咸水湖——青海湖。

3.7.1.4 灾害多发，沙尘影响较大

西北地区干旱、暴雨洪涝、大风、沙尘暴、融雪性洪水、冰雹、霜冻、低温冻害、雪灾、高温等是主要气象灾害，发生频率高，危害大。西北地区是中国地质灾害发生频率较高的区域，2010 年 8 月 7 日，甘肃省甘南藏族自治州舟曲县城突降特大暴雨，引发四条沟系特大山洪地质灾害，遇难 1435 人，失踪 330 人。西北地区的塔里木盆地周边地区、吐鲁番—哈密盆地、河西走廊、宁夏平原至陕北一线是中国沙尘暴天气频发地区。1993 年 5 月 5 日，甘肃河西金昌等地出现特大沙尘暴，瞬时风力达到 11 级，能见度接近于零，导致 85 人死亡。

3.7.2 分省（自治区）气候特征

3.7.2.1 陕西

陕西有三个气候区，秦岭以南属亚热带湿润气候，秦岭北麓、关中平原和渭北黄土高原沟壑区属温带半湿润气候，陕北黄土高原沟壑区属温带半干旱气候。陕西四季分明，冬季寒冷干燥，春季温暖多风，夏季炎热多雨，秋季凉爽湿润。年平均气温为 12.1 ℃，由北向南、由西向东递增。陕北长城沿线风沙区为 8.0～9.0 ℃，黄土高原沟壑区为 8.0～12.0 ℃，关中平原为 12.0～14.0 ℃，秦岭和巴山中高山地区为 5.0～8.0 ℃，秦岭南麓浅山区和巴山山区为 12.0～14.0 ℃，汉江河谷为 14.0～16.0 ℃。1 月平均气温最低，全省平均为 -1.7 ℃，其中陕北长城沿线风沙区为 -9.0～-7.0 ℃，陕北黄土高原沟壑区为 -7.0～-4.0 ℃，渭北为 -4.0～-2.0 ℃，关中平原为 -1.0～1.0 ℃，秦岭北麓浅山区为 -5.0～-3.0 ℃，秦岭和巴山中高山地区在 -5.0 ℃以下，秦岭南麓浅山区为 0.0～2.0 ℃，汉江河谷、巴山山区为 2.0～4.0 ℃。年极端气温受地形影响，区域差异明显。陕北长城沿线年极端最低气温为 -33.0～-28.0 ℃，陕北南部、渭北为 -28.0～-20.0 ℃，关中平原为 -22.0～-16.0 ℃，陕南汉江谷地为 -12.0～-9.0 ℃，秦岭南麓浅山

区、大巴山区为 -18.0～-12.0 ℃，秦岭中高山区为 -30.0～-25.0 ℃。极端最低气温为 -32.7 ℃，1954 年 12 月 28 日出现在榆林榆阳，是全省年极端最低气温。7月平均气温最高，全省平均达 24.5 ℃，其中关中平原和汉江河谷地区为 25.0～27.0 ℃，陕北黄土高原、秦岭南麓浅山区和巴山山区为 21.0～25.0 ℃，秦岭海拔 1500 米以上的高山地区为 17.0～20.0 ℃。高温主要出现在关中平原和陕南汉江河谷地区，年高温日数为 5～20 天，最早出现在 4 月下旬。年极端最高气温陕北、关中北部为 33.0～37.0 ℃，关中南部、陕南为 35.0～41.0 ℃，极端年份高达 41.0～43.0 ℃，西安市长安区在 1966 年 6 月 21 日出现 43.4 ℃的高温。

陕西平均年降水量为 635 毫米，降水量由北向南递增，陕北长城沿线为 320～460 毫米，陕北南部黄土高原沟壑区为 460～750 毫米，关中平原为 514～679 毫米，陕南秦岭南麓浅山区为 700～950 毫米，汉江河谷地带和陕南巴山地区为 900～1276 毫米。全省平均年降水量最大值出现在 1964 年，为 912 毫米；最小值出现在 1997 年，仅 416 毫米。降水季节分配极不均匀，全年降水量的 66% 集中在 6—9 月，尤其是 7—9 月的降水量占年降水量的 54%，延安以北 7 月下旬到 8 月上旬出现降水峰值，延安以南 7 月上旬和 9 月上旬各有一个降水峰值。2003 年 8 月 29 日宁陕县日降水量为 305 毫米，是陕西省最大日降水量。全省平均年降水日数为 98 天，其中陕北北部为 63～80 天，陕北南部、渭北为 70～105 天，关中平原为 85～125 天，陕南为 105～150 天；降水日数最少为 1972 年佳县的 32 天，最多为 1967 年宁强的 216 天。

3.7.2.2 甘肃

甘肃以温带干旱半干旱气候为主，气候干燥，气温年、日较差大，光照充足，水热条件由东南向西北递减。年平均气温为 8.1 ℃，由东南向西北，由盆地、河谷向高原、高山递减，河西地区为 4.1～9.9 ℃，海拔 1000～2500 米的陇中、陇东黄土高原地区为 3.9～10.4 ℃，海拔 1000 米左右的陇南高山、河川地区为 9.1～15.1 ℃，海拔 2500 米以上的祁连山区和甘南高原年平均气温在 0.3～7.4 ℃。1 月平均气温最低，全省平均为 -5.8 ℃，其中河西地区为 -11.8～-8.9 ℃，陇中和陇东地区为 -8.5～-3.4 ℃，陇南地区为 -3.2～4.2 ℃，祁连山区、甘南高原为 -11.3～-6.2 ℃。陇南地区极端最低气温为 -22.6～-7.4 ℃，陇中、陇东、甘南高原为 -32.2～-19.9 ℃，河西西部地区低于 -30.0 ℃；马鬃山在 2002 年 12 月 25日出现了 -37.1 ℃的低温，是全省年极端最低气温。7 月平均气温最高，全省平均达 20.4 ℃，其中河西地区为 18.2～25.2 ℃，陇中和陇东地区为 15.1～23.2 ℃，陇南为 20.3～25.2 ℃，祁连山区和甘南高原为 11.4～16.9 ℃。全省年高温日数平均为 2 天，最早出现在 5 月上旬。年极端最高气温一般年份为 35.0～40.0 ℃，极端年份高达 41.7～43.6 ℃，其中敦煌在 1952 年 7 月 16 日出现 43.6 ℃的高温。

甘肃平均年降水量为 398.5 毫米，降水大致是从东南向西北递减，东南多，西北少，中部有个相对少雨带，最大值中心位于康县，年降水量为 750 毫米，最小值中心位于河西戈壁的敦煌，年降水仅为 40 毫米。年降水量最大值出现在 2003 年，为 507 毫米；最小值出现在 1965 年，仅为 259 毫米。降水季节分配极不均匀，全年降水量的 80% 左右集中在夏半年（5—9 月），尤其是 7 月、8 月两个月的降水量占年降水量的 40% 左右。全省最大日降水量出现在 1966 年 7 月 26 日的庆城，为 190 毫米。年降水日数最多年份可达 80～170 天，最少年为 30～100 天，一般情况下河西地区在 70 天以下，祁连山区、甘南高原、陇中南部和陇南地区超过 120 天，其余地区为 70～120 天。

3.7.2.3 青海

青海主要以高原气候为主，气温低，昼夜温差大，降雨少而集中，日照长，太阳辐射强，冬季严寒而漫长，夏季凉爽而短促。年平均气温为 -5.0～9.0 ℃，其中较暖的东部黄河、湟水河谷地为 6.0～9.0 ℃，祁连山区、南部地区为 -5.0～0.0 ℃。年极端最高气温超过 30.0 ℃仅在黄河、湟水河谷地和柴达木盆地出现，极值出现在尖扎，为 40.3 ℃；南部地区年极端最低气温在 -30.0 ℃以下，极值出现在玛多，为 -48.1 ℃。气温年较差小，最大值出现在柴达木盆地中西部和祁连县北部一带，中心值为 28.0 ℃，最小值出现在果洛州、玉树州南部的班玛、囊谦一带，中心值不到 20.0 ℃。气温日较差大，最小值出现在刚察，为 12.0 ℃；最大值出现在冷湖，为 18.0 ℃。1 月最冷，各地平均气温为 -17.7～-4.7 ℃，最低值出现在祁连托勒，高值中心出现在循化。7 月最热，各地平均气温为 5.4～19.7 ℃，最低值出现在五道梁，也是同期全国气温最低的地区，最高值出现在民和。

青海平均年降水日数和年降水量分别为 20～140 天和 15～732 毫米，降水量由东南向西北逐渐减少，东部达坂山和拉脊山两侧以及东南部的久治、班玛、囊谦一带超过 600 毫米，其中久治达 732 毫米；湟水河、黄河谷地平均年降水量相对较小，贵德仅为 254 毫米，柴达木盆地大部在 50 毫米以下，冷湖仅为 15 毫米。降水量季节分配不均匀，一般夏季最多，冬季最少，大部地区秋雨多于春雨。5 月中旬进入雨季，至 9 月中旬前后雨季结束，持续 4 个月。夏季各地降水量占年降水量的比例为 53%~70%。最干燥的 1 月，各地降水量为 1.0~7.0 毫米，最小中心出现在黄河河谷的贵德和柴达木盆地的冷湖。最湿润的 7 月，各地降水量为 5.0~144.0 毫米，最大中心出现在黄河弯曲的久治。

3.7.2.4 宁夏

宁夏属温带干旱半干旱气候，气候干燥，日照充足，蒸发强烈，风大沙多，冬寒长、春暖快、夏热短、秋凉早，气温的年较差、日较差大，无霜期短而多变。年平均气温为 8.3 ℃，由南向北递增，其中六盘山和贺兰山分别为 1.5 ℃和 -0.7 ℃，引黄灌区及中部干旱带为 7.3~10.1 ℃，南部山区为 5.6~6.9 ℃。1 月平均气温最低，全区平均为 -7.4 ℃；各地为 -9.9~-6.2 ℃，极端最低气温为 -32.0~-24.0 ℃；极端最低气温 1991 年 12 月 28 日出现在西吉。7 月平均气温最高，全区平均为 22.0 ℃，其中引黄灌区和中部干旱带为 20.3~25.1 ℃，南部山区为 12.4~19.4 ℃；各地极端最高气温为 27.6~39.5 ℃，极端最高气温 2005 年 7月 12 日出现在大武口和 2015 年 7 月 27 日出现在永宁。高温主要出现在中北部地区，全区年高温日数平均为 2 天左右，最早出现在 4 月 30 日（1994 年）。

宁夏平均年降水量为 275 毫米，年降水量最大值出现在 1964 年，为 453 毫米，最小值出现在 1982 年，仅 172 毫米。降水季节分配极不均匀，年降水量的近 60% 集中在夏季（6—8 月），尤其是 7 月、8 月两个月的降水量占年降水量的 43% 左右。最大日降水量出现在 1984 年 8 月 2 日的麻黄山，达 133.5 毫米。全区平均年降水日数为 63 天，最多年份为 99 天（1964 年），最少年份为 49 天（2005 年）；其中引黄灌区为 46 天左右，中部干旱带约为 64 天，南部山区为 100 天左右。

3.7.2.5 新疆

新疆属温带干旱半干旱气候，干燥少雨，蒸发量大，日照时间长，热量丰富，冷热变化剧烈，光能充裕，风能资源丰富，气候垂直变化明显。年平均气温为 8.2 ℃，南部高北部低，东部高西部低，盆地高山区低，北疆浅山及平原为 6.0 ℃，北疆塔城盆地、伊犁河谷为 7.0~9.0 ℃，南疆吐哈盆地为 12.0 ℃，焉耆盆地为 9.0 ℃，南疆平原绿洲为 8.0~13.0 ℃。山区气温随高度的增加而降低，海拔 1500~2000 米的山区站年平均气温为 5.0 ℃左右，海拔 2500 米的高山降至 -4 ℃。1 月平均气温最低，全区平均为 -10.6 ℃，其中北疆浅山及平原为 -15.0 ℃，北疆盆地及河谷为 -12.0~-6.0 ℃，南疆盆地为 -12.0~-6.0 ℃，山

区及高山站为 -26.0~-6.0 ℃；全区极端最低气温为 -51.5 ℃，1960 年 1 月 21 日出现在富蕴。7 月平均气温最高，全区平均达到 23.2 ℃，其中北疆浅山及平原为 24.0 ℃，北疆盆地及河谷为 19.0~24.0 ℃，南疆盆地为 23.0~32.0 ℃，山区及高山站为 16.0 ℃。全区年高温日数平均为 14 天，最早出现在 5 月上旬。年极端最高气温一般年份为 16.0~45.0 ℃，极端年份高达 21.0~48.0 ℃，其中吐鲁番东坎在 2001 年 6 月 21 日曾出现 48.3 ℃的高温。

新疆平均年降水量为 171 毫米，降水的空间分布与地形关系密切，多雨区分布在山前迎风坡地带，山后背风区则为少雨区。北疆浅山及平原区年降水量为 190 毫米，北疆塔城盆地、伊犁河谷为 295~314 毫米，南疆吐哈盆地为 36 毫米，焉耆盆地为 85 毫米，南疆平原绿洲为 70 毫米；山区站平均为 335 毫米，高山站为 338 毫米，风口及风区为 99 毫米。年降水量最大值出现在 2010 年，为 239 毫米，最小值出现在 1997 年，仅 115 毫米。全区平均年降水日数为 108 天，最多年份可达 125 天，最少只有 54 天。

3.8 流域气候

3.8.1 长江流域

长江流域横跨中国西南、华中、华东 19 个省（自治区、直辖市），于上海崇明岛以东注入东海，全长 6300 余千米，流域面积达 180 万平方千米，约占中国陆地总面积的 1/5，是中国和亚洲的第一大河，世界第三大河。长江流域分为上游、中游、下游三部分，其中河源—湖北宜昌为上游，宜昌—江西湖口为中游，湖口以下为下游。长江流域属典型的亚热带季风气候，降水较为丰沛，降水量的时空分布非常不均匀，容易形成水旱灾害。

长江流域平均年降水量为 1186 毫米，降水分布呈东南多、西北少的趋势。中下游地区除了汉江水系和下游干流区外，降水量均多于 1100 毫米。洞庭湖和鄱阳湖水系年降水量为 1300 毫米以上，尤其是鄱阳湖水系大部分地区年降水量可达到 1500 毫米，而在汉江中上游地区减少为 700~1100 毫米。上游大部分地区年降水量为 600~1100 毫米。四川盆地是上游地区的降水高值区，年降水量为 1300 毫米；江源地区降水量最少为 100~500 毫米。季节分配上，5—9 月降水量占全年的 64%，夏季占 44%，梅雨期是长江中下游地区的主要雨季，且该段时期的暴雨占 50%～70%，而冬季仅占 9%。上游和中下游北岸降水 7—8 月最多，中下游南岸 5—6 月最多。除金沙江、雅砻江及岷江上游基本无暴雨外，长江流域大部分地区暴雨发生在 4—10 月，流域平均年暴雨日数为 3.7 天，最大值出现在安徽九华山，为 20 天（1999 年）。4—5 月是春汛期，在中下游地区降水量可达到 420～600 毫米，但上游最低值只有 100 毫米左右；6—8 月是夏汛期，除金沙江、嘉陵江和汉江上游降水量不足 400 毫米以外，大部分地区平均降水量为 400～700 毫米；9—10 月的秋汛，尽管中下游地区雨量相对较少，但在上游的嘉陵江和汉江上游地区为全年降水量的次高峰，少数年份秋汛期的降水量能超过夏汛期。

1961 年以来长江流域年平均降水量整体呈增加趋势，平均每十年增加 6.9 毫米，年代际特征明显，20 世纪 60 年代至 70 年代初、80 年代中后期至 90 年代初以及 2000—2009 年，为降水相对较少时期；80 年代初、90 年代末以及 2010 年以来为降水相对较多时期。降水量年际变率大，年降水量最多为 1363.8 毫米（2016 年），最少仅 945.9 毫米（1978 年）。

长江流域旱涝灾害频繁，中下游以洪涝灾害为主。1954 年和 1998 年长江流域均发生了全流域大洪水，灾害损失十分巨大，1969 年、1980 年、1981 年、1983 年、1991 年、1995 年、1996 年、1999 年、2016 年和 2017 年也发生了较为严重的洪涝灾害。长江中下游遭受旱灾严重的年份分别为 1959 年、1961 年、1966 年、1978 年、1988 年和 2000 年。此外，2011 年春、夏之交，长江中下游遭遇严重干旱，6 月以后旱涝急转，部分旱区又遭受洪灾。

3.8.2 黄河流域

黄河流域自西向东穿越内蒙古高原、黄土高原及黄淮海平原的 9 省（自治区），从山东垦利县注入渤海，干流全长 5464 千米，流域总面积 79.5 万平方千米，是中国境内仅次于长江的第二大河流，也是世界第五大河。黄河流域分为上游、中游、下游三部分，其中河源—内蒙古托克托县河口镇为上游，河口镇—河南郑州的桃花峪（花园口站）为中游，桃花峪（花园口站）以下为下游。

黄河流域平均年降水量为 478 毫米，各地年降水量为 143～849 毫米，空间分布差异较大，自西北向东南增加，中游南部的陕西中部、河南和下游的山东降水量较多，一般在 500 毫米以上，最多降水区位于秦岭山脉北坡和中下游的局部，年降水量在 700 毫米以上；中部地区降水量次之；西北部地区降水量最少，在 300 毫米以下，其中宁夏、内蒙古的西部降水量不足 200 毫米，南北相差 6 倍之多。黄河流域降水的季节分布极为不均，冬、春干燥，夏、秋多雨，尤其是盛夏降水集中，强度大。黄河流域 6—9 月降水量占全年的 69%，其中盛夏 (7—8 月) 降水量占全年的 42%，春、秋两季降水量分别占全年的 18% 和 24%，冬季仅占 3%。

黄河流域年降水量 1961 年以来呈减少趋势，平均每十年减少 11 毫米，具有较强的年代际特征，20 世纪 60 年代和 80 年代中期到 21 世纪 00 年代中期年际变化较大，60 年代较多，90 年代较少。流域年降水量最多为 701 毫米（1964 年），最少仅为 350 毫米（1997 年）。夏季降水量总体也呈减少趋势，平均每十年减少 3 毫米，减少幅度小于全年。降水量较多时期为 20 世纪 70 年代，较少时期为 2000—2010 年。流域夏季降水量最多为 334 毫米（1964 年），最小值为 164 毫米（1965 年）。

黄河流域旱涝灾害频繁，以旱为主。1965 年全流域冬、春、夏连旱，1980 年发生全流域冬、春干旱和夏季伏旱，1960 年和 1972 年全流域出现春、夏连旱，1997 年出现有实测水文资料以来仅次于 1928 年的第二枯水年，全流域夏、秋连旱。暴雨洪涝主要出现在盛夏时期，1958 年、1977 年、1982 年和 1996 年，中游地区均出现较为严重的洪涝灾害。

3.8.3 淮河流域

淮河发源于桐柏山太白顶北麓，流经河南、湖北、安徽、江苏，全长约 1000 千米，总落差约 200 米，流域面积为 27 万平方千米。淮河地处中国南北气候过渡区，是中国南北方的一条自然分界线。受季风气候影响，淮河流域降水年际及季节变率大，气候不稳定特性明显，容易出现旱涝，基本上每五年会出现两次干旱，每三年会出现一次洪涝。

淮河流域平均年降水量为 850 毫米，夏季（6—8 月）降水量占全年近 60%；降水空间南部多于北部、山区多于平原、近海多于内陆。降水具有明显的年际变化，最多 2003 年（1258 毫米）约是最少 1966 年（515 毫米）的 2.4 倍，常形成"无降水旱，有降水涝，强降水洪"的典型区域旱涝特征。降水年内分布也不均匀，经常出现春季异常少雨，而梅雨季节暴雨过程频繁，易出现旱涝急转、旱涝共存或旱涝交织现象。

淮河流域年降水量和夏季降水量有较一致的年代际和年际变化特征，均无明显变化趋势，但年际波动大。降水量在 21 世纪前 10 年较多，而在 20 世纪 80 年代较少。夏季降水量最大出现在 2003 年，为 762 毫米；最小出现在 1966 年，仅

249 毫米。

淮河流域发生了多次较大规模的洪涝灾害，以 1950 年、1954 年、1956 年、1963 年、1965 年、1991 年、2003 年、2005 年和 2007 年洪涝灾害最为典型，其中 20 世纪 50 年代与 21 世纪最初 10 年是淮河流域洪涝的高发期。1954 年的大洪水为百年不遇，7 月淮河水系平均降水量达 516 毫米，淮南山区及洪汝河、沙颍河中下游降水量最大，长时间大范围强降水致使淮河流域发生了类似 1931 年全流域性的特大洪水。2000—2007 年，除了 2001 年发生较为严重的干旱外，其他 7 年均有不同程度的洪涝发生，其中发生全流域大洪水的有 2003 年和 2007 年。

3.8.4 海河流域

海河流域发源于太行山，流经北京、天津、河北、山西、山东、河南、内蒙古和辽宁 8 省（自治区、直辖市），流域面积约 19 万平方千米。海河流域降水总量少，时空分布不均，经常出现连续枯水年，1951—1952 年、1980—1981 年、1992—1993 年和 1997—2000 年出现了 4 次连续枯水年。局部地区出现连续枯水年的概率更大，天津市 20 世纪 60 年代以后出现了 5 次连续枯水年，河北省东部地区发生过连续 9 年的枯水期。

海河流域降水的季节分配极为不均，流域平均年降水量为 506 毫米，其中 65% 集中在夏季，尤其盛夏 (7—8 月) 降水量占全年的 52%，春、秋两季降水量分别占全年的 15% 和 18%。流域降水量表现为从沿海到内陆逐渐减少，东北部和南部降水最多，极大值区位于滦河、北三河的东部，中心降水量超过 650 毫米；中部地区降水量次之；西北部降水最少，极小值区位于大清河系，中心降水量不足 350 毫米。

流域年降水量和夏季降水量有较一致的年代际和年际变化特征，都表现为 20 世纪 80 年代之前多雨，平均降水量比气候平均偏多约 10%；20 世纪 80—90 年代降水量与气候平均基本持平；2000 年以来整体以少雨为主。流域最大年降水量出现在 1964 年，为 826 毫米；最小出现在 1965 年，为 344 毫米。夏季降水量最大出现在 1956 年，为 536 毫米；最小出现在 1997 年，仅 189.0 毫米。1951 年以来，降水量有明显的减少趋势，特别是夏季降水量的减少趋势最显著，平均每十年约减少 16 毫米。

海河流域重大洪涝灾害主要出现在 1956 年、1963 年和 1996 年，特别是 "63·8" 洪涝灾害，流域内 3 成以上中小型水库垮坝，河道决口共 6000 余处，受灾人口 2200 多万，死亡人口超过 5000 人。

3.8.5 珠江流域

珠江流域是西江、北江、东江和珠江三角洲诸河的总称，流经云南、贵州、广西、广东、湖南、江西 6 省（自治区），北回归线横贯流域的中部。

流域平均年降水量为 1420 毫米，降水量由东向西递减，一般山地降水多，平原河谷降水少。降水年际变化大，年内分配不均。年降水量最大值为 1731 毫米，出现在 1997 年；最小值仅为 1050 毫米，出现在 1963 年。年降水量的 76% 集中在汛期（4—9 月），汛期降水量是非汛期降水量的 3 倍。流域平均降水日数为 156 天，主要集中在 4—9 月，其中，6 月最多，达 17 天。降水日数最多值为 326 天，1976 年出现在云南沧源；平均年暴雨日数为 5 天，最大值为 26 天，1973 年出现在广东上川岛。

珠江流域平均年径流总量为 3360 亿立方米，其中西江为 2380 亿立方米，北江为 394 亿立方米，东江为 238 亿立方米，三角洲为 348 亿立方米。径流年内分配极不均匀，汛期 4—9 月约占年径流总量的 80%，6—8 月则占年径流总量的 50% 以上。流域水资源丰富，但年际变化大，时空分布不均匀，致使流域洪、涝、旱、咸等自然灾害频繁。

3.8.6 松花江流域

松花江流域覆盖了黑龙江全省和吉林省大部以及内蒙古自治区东北部，东西长 920 千米，南北宽 1070 千米，流域面积为 55.7 万平方千米。有南北两源，北源嫩江发源于大兴安岭伊勒呼里山，自北向南流至三岔河；南源第二松花江是松花江的正源，它发源于长白山的白头山。两源在黑龙江省和吉林省交界的三岔河汇合以后始称松花江。松花江自三岔河附近向东北方向奔流，江面开阔、平缓、水深。穿过小兴安岭南端谷地，在黑龙江省同江市附近注入黑龙江。

松花江流域具有显著的大陆性季风气候特点，夏季温热多雨，7 月下旬至 8 月上旬，夏季风达到鼎盛，是降水最集中的时期。8 月中旬到 9 月上旬，夏季风逐渐后退，雨带南落。流域平均年降水量为 250～830 毫米，总体上由西向东逐渐增加，长白山区和小兴安岭东麓最多，普遍在 600 毫米以上，呼伦贝尔草原和科尔沁草原边缘最少，低于 400 毫米，年降水量的 66% 集中在 6—8 月。流域最大日降水量为 188.7 毫米，1994 年 8 月 6 日出现在扶余。

3.8.7 辽河流域

辽河流域流经河北、内蒙古、吉林和辽宁 4 个省（自治区），干流呈弓形，可分为上、中、下游三段。上游称老哈河，即源头至西拉木伦河汇入口，河长426 千米，流域面积为 2.7 万平方千米；中游称西辽河，即西拉木伦河汇入口至东辽河汇入口，河长 403 千米，流域面积为 10.9 万平方千米；下游称辽河，即东辽河汇入口至盘锦入海口，河长 120.8 千米，流域面积为 8.3 万平方千米。

辽河流域平均年降水量为 555 毫米，各地年降水量为 327.3～789.8 毫米，空间分布不均匀，自西北向东南增加，上游老哈河不足 500 毫米，中游西辽河为300～600 毫米，下游辽河在 600 毫米以上。受季风气候的影响，辽河流域降水年内分布不均，夏季降水充沛，6—9 月降水量占全年的 65% 以上。

辽河流域年降水量呈减少趋势，平均每十年减少 4 毫米，具有较强的年代际特征，20 世纪 60 年代到 70 年代初期呈波动变化，70 年代中期到 80 年代初期偏少，80 年代中期到 90 年代中期偏多，21 世纪 00 年代偏少，2011 年以后又有所偏多。年降水量最多为 805 毫米（2010 年），最少仅为 432 毫米（2000 年）。夏季降水量总体也呈减少趋势，平均每十年减少 4.4 毫米，减少幅度大于全年；最多为 548 毫米（1985 年），最少为 230 毫米（2009 年）。流域年暴雨日数最多为3.3 天（1994 年），辽河下游的西丰（1964 年）和开原（1994 年）最多，为 7 天。

辽河流域的自然灾害中以水、旱灾害发生最为频繁、范围最广。1951 年、1953 年、1960 年和 1985 年辽河流域均发生了特大洪灾。

表 3.1 至表 3.3 列出了全国及主要城市逐月平均气温和降水量以及全国及各省气候极值。

表 3.1 全国及主要城市逐月平均气温（单位：℃）

区域	1月	2月	3月	4月	5月	6月	7月	8月	9月	10月	11月	12月	全年
全国*	−5.0	−1.7	4.2	11.0	16.2	20.1	21.9	20.8	16.6	10.3	2.9	−3.1	9.5
北京	−3.1	0.2	6.6	14.8	20.8	24.9	26.7	25.5	20.7	13.7	4.9	−1.1	13.0
天津	−3.4	−0.1	6.4	14.7	20.5	24.8	26.8	25.9	21.1	14.1	5.2	−1.2	12.9
石家庄	−1.8	1.8	8.0	15.7	21.4	26.0	27.3	25.8	21.2	14.7	6.1	0.3	13.8
太原	−5.0	−1.1	4.9	12.7	18.4	22.2	24.0	22.2	17.0	10.4	2.7	−3.4	10.4
呼和浩特	−11.0	−6.1	0.9	9.6	16.6	21.3	23.3	21.0	15.4	7.6	−1.7	−9.0	7.3
沈阳	−11.2	−6.4	1.3	10.6	17.5	22.2	24.6	23.8	17.8	9.9	0.1	−7.9	8.6
长春	−14.7	−9.8	−1.6	8.5	15.8	21.1	23.2	22.1	16.0	7.7	−3.2	−11.6	6.1

区域	1月	2月	3月	4月	5月	6月	7月	8月	9月	10月	11月	12月	全年
哈尔滨	−17.6	−12.4	−2.8	7.8	15.3	21.0	23.1	21.6	15.1	6.4	−4.9	−14.3	4.8
上海	4.8	6.3	9.8	15.3	20.6	24.4	28.6	28.3	24.6	19.5	13.5	7.3	16.9
南京	2.7	5.0	9.3	15.6	21.1	24.8	28.1	27.6	23.3	17.6	10.9	4.9	15.9
杭州	4.6	6.4	10.3	16.2	21.4	24.7	28.9	28.2	24.0	18.8	12.9	7.0	16.9
合肥	2.8	5.2	9.8	16.3	21.8	25.3	28.3	27.6	23.3	17.7	11.0	5.1	16.2
福州	11.2	11.6	14.0	18.5	22.7	26.2	29.2	28.8	26.2	22.4	18.2	13.4	20.2
南昌	5.5	7.7	11.4	17.7	22.8	25.9	29.5	28.9	25.1	19.9	13.7	7.9	18.0
济南	−0.3	2.9	8.6	16.4	21.9	26.4	27.5	26.1	22.0	16.2	8.3	1.8	14.8
郑州	0.5	3.5	8.8	16.0	21.5	26.0	27.1	25.8	21.2	15.5	8.4	2.5	14.7
武汉	4.0	6.6	10.9	17.4	22.6	26.2	29.1	28.4	24.1	18.2	11.9	6.2	17.1
长沙	4.9	7.2	11.2	17.4	22.4	25.8	29.2	28.3	23.9	18.4	12.8	7.3	17.3
广州	13.9	15.2	18.1	22.4	25.8	27.8	28.9	28.8	27.5	24.7	20.1	15.5	22.4
南宁	12.9	14.5	17.6	22.5	25.9	27.8	28.4	28.3	26.8	23.6	19.0	14.7	21.9
海口	18.0	19.2	21.9	25.4	27.5	28.7	28.8	28.3	27.4	25.7	22.8	19.4	24.4
重庆	7.9	10.0	13.8	18.6	22.6	25.1	28.3	28.3	24.1	18.6	14.2	9.2	18.4
成都	5.8	8.0	11.6	16.8	21.3	23.8	25.4	24.9	21.5	17.1	12.4	7.2	16.3
贵阳	4.7	6.7	10.8	15.8	19.4	21.8	23.6	23.4	20.5	15.9	11.8	6.9	15.1
昆明	8.9	10.9	14.1	17.3	19.2	20.3	20.2	19.9	18.3	16.0	12.1	8.9	15.5
拉萨	−0.7	2.0	5.7	8.8	12.8	16.4	16.2	15.3	13.5	9.2	3.4	−0.5	8.4
西安	0.3	3.9	9.1	15.6	20.8	25.5	27.1	25.2	20.4	14.3	7.4	1.7	14.2
兰州	−4.5	0.1	6.1	12.6	17.4	21.1	23.1	21.7	16.9	10.3	3.0	−3.2	10.4
西宁	−7.3	−3.5	2.0	8.1	12.4	15.4	17.4	16.5	12.3	6.4	−0.3	−5.9	6.1
银川	−7.3	−2.9	4.0	11.8	17.8	22.1	23.9	21.9	16.7	9.7	1.6	−5.3	9.5
乌鲁木齐	−12.1	−9.4	−0.5	10.4	17.0	21.9	23.8	22.6	16.9	8.3	−1.5	−9.3	7.3
香港	16.3	16.8	19.1	22.6	25.9	27.9	28.8	28.6	27.7	25.5	21.8	17.9	23.3
澳门	15.1	15.8	18.3	22.1	25.6	27.6	28.6	28.4	27.4	25.0	20.9	16.8	22.6
台北	16.1	16.5	18.5	21.9	25.2	27.7	29.6	29.2	27.4	24.5	21.5	17.9	23.0

* 建站至 2016 年，下同

表 3.2　全国及主要城市逐月降水量（单位：毫米）

区域	1月	2月	3月	4月	5月	6月	7月	8月	9月	10月	11月	12月	全年
全国*	13.3	17.6	29.6	44.8	69.8	99.6	120.7	105.4	65.4	36.0	18.8	10.6	631.7
北京	2.7	4.4	9.9	24.7	37.3	71.9	160.1	138.2	48.5	22.8	9.5	2.0	532.1
天津	2.4	3.6	8.1	22.1	37.3	80.6	148.8	124.1	44.6	26.3	10.7	2.8	511.5
石家庄	4.1	6.6	12.3	20.1	41.3	58.8	128.7	146.6	53.2	25.4	14.7	4.5	516.2
太原	3.0	5.0	12.7	19.8	38.1	54.5	93.7	100.7	57.1	24.8	11.3	2.6	423.2
呼和浩特	2.2	4.3	10.6	15.1	32.2	49.7	103.4	101.6	49.8	20.4	4.2	3.3	396.6
沈阳	7.0	8.5	21.0	39.8	53.8	93.6	174.6	165.9	64.8	39.2	20.3	10.0	698.5
长春	4.0	4.5	13.6	23.8	50.4	94.7	168.6	133.0	42.7	22.6	13.2	6.0	577.1
哈尔滨	4.4	4.7	12.2	20.1	39.8	90.4	146.6	122.4	55.2	23.0	12.4	6.8	537.9
上海	62.8	62.1	103.6	87.8	98.1	191.4	163.9	201.2	128.0	62.7	58.1	39.8	1259.4
南京	45.4	53.0	79.6	80.3	90.0	166.2	214.3	143.8	72.9	59.7	55.9	29.5	1090.4
杭州	80.6	88.2	140.7	123.1	128.6	219.4	172.9	162.1	123.5	78.5	71.5	48.9	1438.0
合肥	42.9	53.4	75.4	81.5	91.1	145.6	172.4	125.8	65.4	58.0	58.7	30.8	1000.8
福州	50.1	85.5	142.8	154.9	188.9	199.9	124.9	167.7	154.8	47.7	41.0	34.0	1391.8
南昌	79.0	104.8	176.9	220.4	222.9	299.1	139.4	124.6	70.4	55.7	76.4	44.1	1613.5
济南	5.8	9.4	14.5	29.4	64.8	85.2	187.2	178.5	62.4	32.8	16.4	7.0	693.4
郑州	9.6	12.8	27.2	30.6	63.7	66.5	147.7	137.1	76.1	38.3	21.8	9.4	640.8
武汉	49.0	67.6	89.5	136.4	166.9	219.9	224.7	117.4	74.3	81.3	59.1	29.7	1316.0
长沙	74.6	94.8	139.5	187.2	182.1	223.9	146.2	102.1	75.9	74.5	79.5	47.8	1428.1
广州	44.1	71.1	93.4	184.6	286.8	318.6	238.2	233.8	194.4	68.7	38.4	29.3	1801.3
南宁	39.6	45.2	61.8	88.6	176.3	215.9	239.2	179.6	124.8	51.3	44.5	23.0	1289.7
海口	20.2	38.7	50.4	91.0	180.0	222.2	214.1	259.4	256.7	257.2	72.0	34.5	1696.6
重庆	19.7	23.4	43.0	96.7	146.7	193.8	186.0	135.1	105.6	85.7	48.2	24.3	1108.2
成都	8.1	11.9	18.7	42.8	73.5	108.9	205.8	218.8	111.6	32.2	12.9	5.7	851.0
贵阳	21.0	22.8	34.9	83.6	154.4	200.4	187.5	132.9	83.9	88.7	42.7	19.8	1072.5
昆明	15.9	14.5	17.9	25.2	86.2	172.8	204.4	197.6	113.0	82.1	35.9	13.9	979.4
拉萨	0.9	1.4	3.1	7.3	28.9	71.5	123.0	124.4	69.3	7.3	0.7	0.7	438.4
西安	7.0	10.7	26.7	36.5	55.0	64.0	99.8	85.4	93.4	59.9	20.8	6.9	566.1
兰州	1.7	2.8	7.8	15.4	37.9	45.4	53.6	64.6	40.5	21.5	1.5	0.9	293.6
西宁	1.8	2.1	8.8	21.1	51.9	64.0	81.0	80.9	61.0	21.0	3.6	1.6	398.7
银川	1.3	2.3	6.0	8.9	24.0	23.9	36.4	43.1	24.4	9.3	2.3	1.0	182.9
乌鲁木齐	11.1	12.2	19.1	35.1	39.7	32.9	37.1	26.9	23.6	24.5	19.7	16.7	298.5

区域	1月	2月	3月	4月	5月	6月	7月	8月	9月	10月	11月	12月	全年
香港	24.7	54.4	82.2	174.7	304.7	456.1	376.5	432.2	327.6	100.9	37.6	26.8	2398.5
澳门	26.5	59.5	89.3	195.2	311.1	363.8	297.4	343.1	219.5	79.0	43.7	30.2	2058.1
台北	83.2	170.3	180.4	177.8	234.5	325.9	245.1	322.1	360.5	148.9	83.1	73.3	2405.1

表 3.3　全国及各省气候极值

区域	最大年降水量（毫米）	最小年降水量（毫米）	最大日降水量（毫米）	年最多降水日数（天）	年最多暴雨日数（天）	最高气温（℃）	最低气温（℃）	≥35℃高温日数（天）
全国*	4147.7	0.6	755.1	329	26	48.3	−52.3	136
北京	1404.6	227.0	237.8	120	7	43.5	−33.2	30
天津	1213.4	140.4	321.1	140	6	41.7	−27.4	31
河北	1575.3	170.1	518.5	162	9	44.4	−39.9	50
山西	1610.0	162.4	252.5	202	6	42.8	−44.8	71
内蒙古	1111.5	7.0	245.0	205	5	44.8	−50.0	58
辽宁	1815.0	173.8	414.4	168	11	43.3	−43.4	29
吉林	1895.4	123.0	257.5	249	8	41.6	−45.0	19
黑龙江	1081.4	189.2	201.6	200	7	41.6	−52.3	14
上海	1698.5	704.8	394.5	162	12	41.2	−11.0	47
江苏	2080.8	352.0	699.7	167	14	41.6	−23.4	53
浙江	2670.0	515.5	446.7	236	14	44.1	−17.4	75
安徽	3326.6	385.0	493.1	216	20	43.3	−24.3	68
福建	3079.2	628.9	472.5	295	19	43.2	−13.6	77
江西	3088.5	776.4	399.7	310	18	44.9	−18.9	74
山东	1839.4	187.2	619.7	140	11	43.7	−27.5	45
河南	2317.5	39.3	755.1	212	11	44.6	−23.6	57
湖北	2559.4	437.1	538.7	248	15	43.4	−19.7	69
湖南	2947.0	716.5	455.5	274	16	43.7	−18.1	95
广东	3751.0	721.1	640.6	265	26	42.0	−7.3	72
广西	4147.7	603.1	509.2	253	25	42.5	−8.4	91
海南	3760.2	275.4	578.7	286	21	41.1	−1.4	97
重庆	2012.9	590.9	295.3	245	10	44.5	−18.3	86
四川	2506.1	142.1	524.7	298	16	43.5	−37.8	81
贵州	2341.7	545.1	336.7	264	12	43.2	−15.3	66

区域	最大年降水量（毫米）	最小年降水量（毫米）	最大日降水量（毫米）	年最多降水日数（天）	年最多暴雨日数（天）	最高气温（℃）	最低气温（℃）	≥35℃高温日数（天）
云南	3466.7	287.4	250.1	329	17	44.5	−27.4	136
西藏	1262.6	21.2	195.5	212	2	33.4	−46.4	0
陕西	2022.9	108.6	300.9	216	14	43.4	−32.7	67
甘肃	1162.2	6.4	190.2	190	5	43.6	−37.1	59
青海	1030.8	3.2	119.9	225	2	40.3	−48.1	11
宁夏	945.6	54.5	133.5	179	3	39.5	−32.0	17
新疆	893.5	0.6	131.7	253	4	48.3	−51.5	121
香港	3343.0	901.1	534.1	/	/	36.3	0.0	/
澳门	/	/	/	/	/	/	/	/
台湾	/	/	1165.5	/	/	/	/	/

第4章 中国气候的影响因子

CHAPTER FOUR

　　影响中国气候的因子众多，其相互关系也非常复杂（李维京，2012）。按照现代气候学所提出的气候系统的概念，这些影响因子主要来自组成气候系统的各个分量，即大气、海洋、陆地等气候系统内部分量及其相互作用的变化。影响因子主要有东亚季风系统、大气涛动和遥相关、ENSO、太平洋年代际振荡、印度洋偶极子、暖池、极冰、积雪、土壤湿度、地温、植被、青藏高原等自然因子，也有人类活动的非自然因子。

　　如此众多的因子可简要地归为五大类，分别来自中国东、西、南、北、中五个方向（图 4.1）。东面主要是来自海洋的影响，反映赤道太平洋和暖池海温异常（ENSO 现象和热带对流活动异常）；西面主要是来自青藏高原的影响，反映高原积雪的热力作用和中高层大气高度场异常；南面主要是来自季风的影响，反映赤道辐合带、热带和南半球环流异常；北面主要是来自中高纬度环流系统的影响，反映中纬度西风急流、阻塞高压和冷空气活动等的影响；中间主要是来自副热带高压的影响，与中国气候，特别是季风雨带关系十分密切，反映副热带环流异常。其他地理位置更远的因子，诸如北极海冰、大西洋海温、南印度洋—南太平洋的越赤道气流等，会通过影响上述五个方面的因子对中国气候产生间接影响。

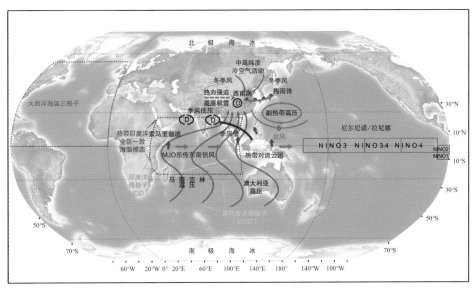

图 4.1　影响中国气候的主要因子示意图

4.1 大气

无论是从变化的幅度，还是快慢上讲，大气都是气候系统中变率最大的分量，大气运动的基本状态构成了大气环流，大气环流具有多重时空尺度，小尺度的大气环流直接影响当地的气象要素，而大尺度大气环流的水平尺度在数千千米以上。因此，大气是影响范围最广、最直接的因子，气候系统中的海洋、陆面、冰雪等其他分量，除对局地气候产生直接作用外，均需要通过与大气的相互作用，才能产生更大范围和更长时间的影响。大气环流的变化不仅影响天气的类型和变化，而且影响气候的形成和差异。对中国气候有显著影响的大气环流成员主要有东亚季风（包括夏季风和冬季风）、大气遥相关、阻塞高压等，这些因子相互作用，相互影响，共同调制着中国气候的变化。

4.1.1 东亚夏季风系统

影响中国夏季气候的东亚夏季风系统主要包括：低空的马斯克林高压、澳大利亚高压、索马里越赤道气流、季风槽（南海—西北太平洋的热带辐合带）、西北太平洋副热带高压和南亚高压、热带东风急流等。夏季风系统中任何成员的强弱、位置，均可影响到整个系统的变化，从而影响夏季风的强弱和进退，进而影响中国大范围的气候异常，并因此带来旱涝等灾害的发生。

4.1.1.1 副热带高压

副热带高压，简称"副高"，又称为副热带反气旋，是指南、北半球副热带地区的高压系统。由于海陆和地形差异，副热带高压带的强度沿纬圈的分布并不均匀，在副热带海洋上存在着高压中心。其中在北半球的太平洋、大西洋上分别有一个高压中心，称为北太平洋副高和北大西洋副高。在南半球的太平洋、大西洋、印度洋上也存在高压中心。

在副热带高压之中，对中国影响最大的是西北太平洋副高（图4.2），它是由北太平洋副高的脊或高压单体向西伸出形成。西北太平洋副高是常年存在的永久性暖性深厚系统，其强度和位置随季节而变。平均而言，冬季位置最南，夏季最北，从冬到夏向北偏西移动，强度增强；自夏至冬则向南偏东移动，强度减弱。西北太平洋副高的季节性南北移动并不是匀速进行的，而是表现出稳定少动、缓慢移动和跳跃式三种形式，而且在北进过程中有暂时南退，在南退过程中有短暂北进的南北振荡现象。同时，北进过程持续的时间较久、移动速度较缓，而南退过程经历时间较短、移动速度较快。上述西北太平洋副高季节性变动的一般规律，在个别年份可能有明显差异，这是太阳辐射季节变化和副高强度的纬向不均匀分布以及随时间非均匀速度变化的反映。

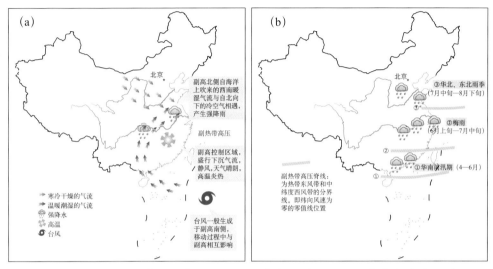

图4.2　西北太平洋副高影响中国天气气候（a）及其位置与雨带关系（b）示意图

西北太平洋副高对中国天气的影响十分重要，夏半年尤为突出，这种影响一方面表现在西北太平洋副高本身，另一方面表现在西北太平洋副高与其周围天气系统间的相互作用。在西北太平洋副高控制下的地区，有强烈的下沉逆温，使低层水汽难以成云致雨，造成晴空万里的稳定天气，时间长久了可能出现大范围高温干旱。例如，从2013年7月开始，中国南方地区出现了持续的高温天气。8月初，35 ℃以上高温覆盖面积约158万平方千米，约占中国国土面积的1/6，40 ℃以上覆盖面积约7万平方千米。这种高温酷热天气就是因为这些地区处在西北太平洋副高控制下。根据气象云图显示，西北太平洋副高从2013年7月上旬开始便持续控制着长江中下游地区，且明显强于历史同期。当副高偏强、偏西、偏南时，中国东部主雨带位置偏南，长江中下游易发生洪涝。

4.1.1.2 南亚高压

南亚高压是夏季在南亚地区上空对流层高层存在的庞大高压系统。南亚高压的范围非常大，通常盘踞在亚洲南部的青藏高原至伊朗高原上空，是亚洲夏季风系统的主要成员之一。南亚高压在100百帕附近最强，它是夏季100百帕高度上除极涡以外最强大、最稳定的系统。

通常认为，亚洲南部高原的感热加热以及周围季风区降水凝结潜热的释放，是南亚高压形成和维持的主要原因。春、夏季，青藏高原表面的感热加强，形成近地面的热低压，造成高原上空低层大气的辐合，激发强烈上升运动和降水，并导致大量的凝结潜热释放，进一步加剧上升运动和高层大气的辐散，从而促使青藏高原上空形成高压。

南亚高压的存在对中国夏季大范围旱涝分布以及亚洲天气气候都有重大影响。当夏季南亚高压中心偏东且位于青藏高原上空时，高压偏南、偏强，对应低层西北太平洋副高也偏南、偏强，易造成长江流域多雨；当夏季南亚高压中心偏西且位于伊朗高原上空时，高压偏北、偏弱，对应低层西北太平洋副高也偏北、偏弱，并且西伸明显，易使得长江流域在高压控制下干旱少雨。

4.1.1.3 越赤道气流

越赤道气流是从某一半球越过赤道进入另一半球的气流，夏季低层由南半球吹向北半球，冬季由北半球吹向南半球。气象学家们在 20 世纪 60 年代首先揭示了全球最强的越赤道气流——索马里越赤道气流（也被称为索马里急流）。此后又陆续发现东半球低层其他几支越赤道气流，中心分别位于苏门答腊（约 85°E）、南海（约 105°E）、西太平洋（约 125°E）及巴布亚新几内亚（约 150°E），但它们的强度都要远远弱于索马里越赤道气流。在对流层高层同样存在越赤道气流，但方向与低层相反，夏季盛行向南越赤道气流，冬季为向北越赤道气流。越赤道气流异常与东亚大气环流及中国降水异常有密切关系，但在年际和年代际时间尺度上显著不同，尤其是索马里急流变异与东亚夏季风的关系在年际和年代际时间尺度上表现出近乎相反的特征。在年际时间尺度上，当索马里急流增强时，夏季西北太平洋副热带高压在长江下游及东海上空加强，使得东亚夏季风加强，中国华北地区降水偏多而南方地区降水偏少。

东亚夏季大气环流各成员之间相互制约、相互调制，共同影响着中国气候的异常。当夏季南亚高压偏东时往往对应于西北太平洋副热带高压西伸，而副高的位置和强度也决定着东亚夏季风的强度。当东亚夏季风偏强时，中国华北地区降水偏多而南方地区降水偏少。来自南半球的越赤道气流又可以通过影响印度洋西风从而改变副高的季节内东西振荡。这些是短期气候预测业务中重点参考的因素。但这些因子的异常和活动又并非是线性的，从而给预测带来了很大的困难。

4.1.2 东亚冬季风系统

在北半球冬季，大陆表面较海平面气温低，形成冷高压，西伯利亚和蒙古一带是冷高压中心，冷空气堆积，亚洲大陆成为冷空气的源地。而海洋较大陆气温高，形成热低压，海陆的热力对比形成不同地理位置上的大气压力差，由此产生的气压梯度使得气流从高压向低压流动，形成冬季风，使我国冬季大部地区盛行偏北风。西伯利亚高压和东亚槽是东亚冬季风系统的重要成员。当冬季风活跃时，来自冷高压中心的干冷空气频繁爆发南下，使得气温急剧下降。当冷空气强度强、影响范围广时，容易造成寒潮天气。

4.1.2.1　西伯利亚高压

北半球冬季，欧亚大陆中高纬度大气冷却收缩下沉，形成北半球最强、覆盖面最广的高压，高压中心位置在西伯利亚和蒙古一带，通常称为西伯利亚高压。西伯利亚高压是亚洲冬季风系统的主要成员，它是北半球四个主要的季节性大气活动中心之一，多发生于冬半年，是半永久性冷高压。西伯利亚高压与中国冬季气温密切相关，当西伯利亚高压偏强时，影响中国的冷空气势力偏强，冬季中国大部地区气温易偏低，西伯利亚高压偏弱时则相反。

4.1.2.2　东亚大槽

东亚大槽是亚洲冬季风系统的主要成员，与中国东部地区的冷空气活动密切相关。东亚大槽是北半球中高纬度对流层中上部西风带形成的低压槽，因常位于亚洲大陆东岸及其附近的海上而得名。东亚大槽的位置及其强度直接影响冷空气的路径、强度及其持续性。

4.1.3　大气涛动和遥相关

19 世纪末，人们在分析月平均海平面气压时，发现在某些特定的地理位置存在相对稳定的高压区或低压区，被称为大气活动中心。有些相邻的大气活动中心之间存在很强的联系，表现为气压变化的反相关关系。例如，在北大西洋上的冰岛低压和亚速尔高压或者北太平洋上的阿留申低压和夏威夷高压。英国著名气象学家沃克（Walker）在总结前人研究成果的基础上，把这种现象命名为大气涛动，并归纳提出了三大涛动的定义，即北大西洋涛动、北太平洋涛动和南方涛动。伴随大气涛动的变化，相关区域（大气活动中心的影响区）的气温、降水、风等气候要素会出现对应的变化。沃克这一卓越工作，使后人认识到大气涛动是控制局地气候变化的重要大气环流因素，三大涛动的研究奠定了现代短期气候异常形成机制研究的基础，对短期气候预测也有不可估量的重要意义。后续研究发现，大气是一个统一的整体，一个地方的环流变化或异常可以引起其他地方的环流和天气发生变化。这种远距离的大气环流异常的相关被称作"遥相关"。大气涛动和遥相关广泛存在于冬、夏大气环流之中，并对全球气候产生重要影响。中国气象学家涂长望早在 1937 年就研究了三大涛动与中国气候的关系，并且发现了一些涛动超前于中国气候的关系，可以用于长期预报。时至今日，这些大气内部的涛动和遥相关型仍是现代气候业务中的主要预测因子。

4.1.3.1 北极涛动（AO）和南极涛动（AAO）

北极涛动（AO）和南极涛动（AAO）指北半球和南半球各自中纬度地区和极地地区气压跷跷板式反位相变化的现象。冬季北极涛动的正负位相和强度异常会通过改变高纬度的环流经向度进而显著影响北半球的气温。例如，2015 年 12 月，北半球中纬度大部分地区以偏暖为主。进入 2016 年 1 月，大部分地区气温迅速下降，北美、欧洲、东亚等多地发生低温寒潮和暴风雪。如此大范围的暖冷急转与北极涛动的位相转换存在密切的关系。北极涛动在 2015 年 12 月呈正位相，月末，北大西洋上空一个气旋式风暴将暖湿水汽带向北极，极区温度迅速升高，北极涛动之后转为明显的负位相，原来盘踞在北极圈的极涡开始分裂南下，冷空气大举南下影响中纬度各个国家，从而造成大范围的暴风雪。对中国而言，当北极涛动呈负位相时，冬季中国东北的气温更容易偏低。

相比之下，南极涛动对中国气候的影响主要体现为夏季降水，最明显的是长江中下游地区。当前期春季南极涛动处于偏强正位相（负位相）时，东亚夏季风偏弱（强），长江流域降水偏多（少）。此外，当南极涛动处于正位相时，华北春季沙尘暴频次易偏少。同时，南极涛动不同位相时，西太平洋台风频次也有明显变化，正位相时 8 月西太平洋台风频次偏多，负位相则频次偏少。这些结果表明，南极涛动很可能影响东亚—西太平洋地区很大范围的大气环流和气候异常。

4.1.3.2 北大西洋涛动（NAO）

北大西洋涛动（NAO）是北大西洋上空冰岛低压和亚速尔高压的反位相变化现象。北大西洋涛动强时，墨西哥湾暖流及拉布拉多寒流均增强，西北欧和美国东南部因受强暖洋流影响，出现暖冬；同时，被寒流控制的加拿大东岸及格陵兰西岸却非常寒冷。反之，北大西洋涛动弱时，西北欧及美国东南部将出现冷冬，而加拿大东岸及格陵兰西岸则相对温暖。更深入的研究发现，NAO 并不仅仅局限在北大西洋和北太平洋，而是包括了北半球中、高纬度更广阔的变化。科学家还指出，北极涛动与北大西洋涛动本质上是一致的，是同一事物在不同侧面的两种表现，只不过北极涛动的空间尺度更大，而 NAO 是其在北大西洋区域的表现。北大西洋涛动能够通过引起大西洋下游的欧亚上空的大气波动发生异常，进而影响中国北方气候。当北大西洋涛动呈正位相时，中国东北容易偏暖；反之，当北大西洋涛动呈负位相时，中国东北容易偏冷。此外，冬季长江中游降水量与 3 个月之前秋季北大西洋涛动呈负相关。

4.1.3.3　北太平洋涛动（NPO）

北太平洋涛动（NPO）是北太平洋上阿留申低压与夏威夷高压同时增强（减弱）的南北向跷跷板现象。NPO 是北太平洋地区大气中最显著的低频变化模态，反映的是北太平洋地区纬向风的强弱。它不仅直接影响北太平洋与北美大陆地区的气候，甚至对整个北半球的环流异常、持续、气候突变以及全球海洋和陆地生态都有重要影响。对中国而言，秋季长江下游降水量与 9 个月之前冬季北太平洋涛动呈正相关。

4.1.3.4　东亚—太平洋型遥相关（EAP）

20 世纪 80 年代起，日本和中国科学家先后发现东亚地区夏季存在从热带到中高纬度的波列，当西太平洋暖池区海温偏高时，对流活跃，上空 500 百帕高度偏低，其北侧的江淮到日本南部一带 500 百帕高度偏高，波列甚至可以从西向东延伸到北美地区。这一遥相关也被称为太平洋—日本遥相关（PJ 波列）。EAP 遥相关波列会显著制约东亚地区夏季气候，并在气候预测中得到广泛应用，例如，2016 年汛期预报中基于 EAP 波列成功预测夏季鄂霍次克海阻塞高压强，并进而预报长江流域多雨。

另外，热带东太平洋和热带印度洋气压场跷跷板式的反位相变化振荡被称为南方涛动（SO），这是热带环流年际变化最突出、最重要的一个现象，它与厄尔尼诺以及拉尼娜现象密切相关，进而影响中国，这在 4.2 节将详细介绍。

4.1.4　阻塞高压

阻塞高压是中高纬度地区（通常集中在 45°～70°N）大气对流层中部和上部深厚的暖高压。中高纬对流层中高层盛行西风时，其中的大气长波槽脊发展过程中，脊不断向北伸展，并在脊的北部出现闭合环流，与其南侧暖空气的联系被冷空气切断，形成暖高压，即阻塞高压。阻塞高压阻挡了上游波动向下游传播，使西风带天气系统，如地面上气旋和反气旋的移动受到阻挡，这种环流形势又称为阻塞形势。阻塞高压一般可维持 20 天左右，多数情况下也可以维持 5 天以上。因此，阻塞形势作为一种典型的大气环流持续性异常，在中高纬地区的大气环流异常中占有非常重要的地位，对中国天气气候异常和极端事件都有重要影响。

在欧亚地区，阻塞高压主要有 5 个高发区：40°E 以西的欧洲地区、40°～70°E 的乌拉尔山地区、90°～110°E 的贝加尔湖以西地区、110°～140°E 贝加尔湖以东地区和 140°E 以东的鄂霍次克海地区。其中乌拉尔山、贝加尔湖东部和鄂霍次克海是阻塞高压发生频次较高的地区，对中国冬、夏季的降水、气温和旱涝影响较大。例如，冬季乌拉尔山阻塞高压的建立与崩溃是东亚地区大范围寒潮爆发的重要影响因子；夏季东亚地区出现阻塞高压，对中国夏季旱涝影响最大，阻塞形势的出现和维持，常常导致中纬度西风分支，南侧的分支向南压，使得副热带高压位置偏南，往往有利于中国夏季主要雨带位置偏南，江淮流域多雨；而盛夏北方地区高温的出现与亚洲中高纬阻塞形势联系密切。

阻塞高压的形成是一个典型的混沌现象，目前有多种理论对其描述，虽然能不同程度地对阻塞高压现象给以解释，但由于大气运动的复杂多样性，还没有一种理论能概括所有的阻塞高压形成和维持机理。阻塞高压也成为影响中国气候持续性异常最为重要、最难以预测的因子。

4.1.5 MJO

20 世纪 70 年代初，马登（Madden）和朱利安（Julian）两位科学家首先发现了一种赤道附近大气中存在的 45 天左右的准周期振荡现象。其后的研究表明，整个热带大气乃至全球大气都存在着 30～60 天的准周期振荡，被视为重要的大气环流系统之一，称之为大气季节内振荡，而将赤道附近的大气季节内振荡专门称为 MJO（Madden-Julian Oscillation）。

MJO 主体对应着热带地区行星尺度对流云团，伴随强烈的上升运动和高低空反向的西风和东风异常（图 4.3）。这些对流云团通常在热带印度洋上孕育壮大，绵延数千千米，且以 5 米/秒左右的平均速度缓慢向东移动，跨过热带海洋大陆后，逐渐在热带西太平洋减弱，1～2 个月可以绕赤道一周，之后又在印度洋“东山再起”。根据对流中心在赤道上的不同位置，MJO 被划分为了 8 个不同的位相：1 位相对应非洲大陆、2 位相对应阿拉伯海、3 位相对应孟加拉湾、4 位相对应南海、5 位相对应菲律宾海、6 位相对应西太平洋、7 位相对应中东太平洋、8 位相对应大西洋。

MJO 活动对东亚气候存在重要影响，是次季节至季节时间尺度预报的最主要的可预报性来源。MJO 对西北太平洋台风生成的频数有重要的调制作用，随着 MJO 强对流中心的移动而变化。在 MJO 的活跃期第 2、3 位相（MJO 对流

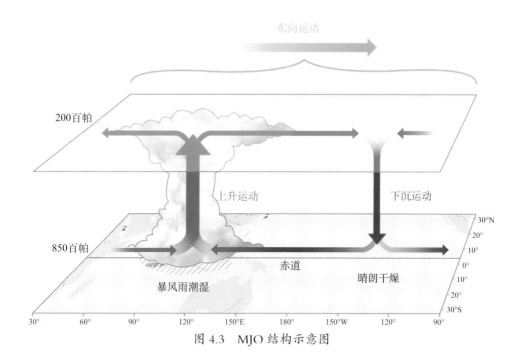

图 4.3　MJO 结构示意图

中心在赤道印度洋）生成的台风数偏少，在第 5、6 位相（MJO 对流中心在赤道西太平洋）生成的台风数偏多。发生在较强 MJO 位相中的台风数和发生在较弱（非）MJO 位相的台风数的比例约为 2:1。

　　对应 MJO 的不同活动位相，无论春季、夏季或冬季，中国东部的降水都将出现特殊的异常形势。春季，MJO 的第 2、3 位相有利于中国东部长江中下游地区多雨，华南地区少雨；MJO 的第 4、5 位相有利于中国华南地区多雨，长江中下游地区少雨；在 MJO 的其他位相，中国东部地区降水都易偏少。夏季，MJO 对流中心位于印度洋时，可以通过低层西风急流的波导效应影响中国东南部地区，造成该地区降水偏多；而当 MJO 中心位于西太平洋地区时，会造成经向环流的上升支向北偏移，导致西北太平洋副高东撤，中国东南部地区水汽输送减弱，降水减少。冬季，对应 MJO 的第 1～3 位相（特别是第 2、3 位相），中国华南降水偏多；对应 MJO 的第 6～8 位相（特别是第 6、7 位相），中国华南降水偏少。

4.2　海洋

　　地球表面约 70% 的面积被海洋所覆盖，到达地球的大部分太阳辐射被海洋吸收。与大气相比，海洋的质量和比热容很大，物理上称为热惯性大，使得海洋成了一个巨大的能量存储器。海洋巨大的热惯性也使得海面温度的变化比大气和陆面温度的变化小得多，因而海洋对大气温度的变化起着缓冲器和调节器的作用。

海洋中存在着众多的洋流，构成了海洋环流，海洋环流把存储的能量从热带输送到较冷的中高纬度地区。与大气相比，海水运动和海洋环流变化相对缓慢，时间尺度在数月、数年、十几年、几十年甚至上百年。海洋以感热（海洋表面直接加热）和潜热（海水蒸发形成对流和降水所释放的热量）两种形式向大气释放能量，并向大气提供大量的水汽。因此，海洋在调节大气环流和气候变化中起着非常重要的作用。

4.2.1 太平洋

太平洋中有两个气候现象对全球气候有着重要影响。一个是在年际时间尺度上的厄尔尼诺现象（在大气中对应的叫南方涛动，因为这两个分别发生在海洋和大气中的现象，实际上是海洋和大气相互作用所产生的，通常被合称为 ENSO 现象），另一个是太平洋年代际振荡（PDO）。

4.2.1.1 ENSO

ENSO 虽然发生在热带太平洋，但它却影响了世界上许多地方的天气气候状况，是年际变化中最强的自然气候振荡。ENSO 通过大气环流以遥相关的形式影响东亚季风系统的每个关键成员，并由此间接影响中国的气候异常。

一百多年前，秘鲁和厄瓜多尔一带的渔民就使用"厄尔尼诺"（El Niño；源自西班牙语，意为"男孩"或"圣婴"）一词来描述圣诞节前后秘鲁沿岸海水的变暖。20 世纪 50—60 年代，人们认识到厄尔尼诺现象并不仅限于秘鲁和厄瓜多尔沿岸，而是波及更大海域。现在厄尔尼诺用来描述横跨赤道中东太平洋表层海洋、持续 3 个季节或更长时间的大范围海洋异常增暖现象。与异常增暖相反，赤道中东太平洋表层海水也常常出现异常变冷的现象，被称为拉尼娜（La Niña）。

正常情况下，在热带太平洋上的低层大气中盛行偏东信风，信风把表层相对较暖的海水向西吹送，在赤道西太平洋区域堆积，加深了西太平洋的温跃层，也形成庞大的西太平洋暖池，并加热海面的空气上升，导致旺盛的对流和降水，同时在高层大气，气流返回到赤道东太平洋上空下沉，从而完成一个循环，叫作沃克环流（图 4.4a）。

厄尔尼诺出现时（图 4.4b），信风减弱，赤道西太平洋的对流中心和降水区东移，温跃层的倾斜度减小，赤道中东太平洋海表温度异常升高（暖位相），对应其上的大气呈现异常上升运动，对流旺盛，降水偏多，而赤道西太平洋呈现下沉运动，气候上的沃克环流被削弱；拉尼娜出现时（图 4.4c），信风增强，持续推动表层海水更强地向西流动，加深了西太平洋的温跃层，却引起东太平洋秘鲁沿岸的深层冷水上涌，温跃层上升到海洋表面，使得赤道中东太平洋海表温度异常降低（冷位相），对应其上大气呈现异常下沉运动，而西太平洋呈现异常上升运动，进而加强了沃克环流。

这种热带太平洋区域东西部大气运动的"跷跷板"式振荡变化特征，最早被英国气象学家沃克（Walker）在 20 世纪 20—30 年代发现，并将其命名为南方涛动 (Southern Oscillation, SO)。20 世纪 60 年代，挪威气象学家皮叶克尼斯（J.Bjerknes）首先指出，厄尔尼诺/拉尼娜现象与南方涛动是紧密联系的，它们是热带海洋和大气年际变化的同一事件的两个不同侧面（一个是从海洋变化的角度提出的，另一个则是从大气变化的角度提出的），因而将其统称为厄尔尼诺—南方涛动（ENSO）现象。在厄尔尼诺期间，赤道中东太平洋暖、西太平洋冷，印度尼西亚和澳大利亚一带的气压升高，而东太平洋大部分地区的气压降低，即南方涛动指数（SOI）为负；拉尼娜期间刚好相反，赤道中东太平洋冷、西太平洋暖，同时出现正 SOI。ENSO 就在暖位相（厄尔尼诺，负 SOI）与冷位相（拉尼娜，正 SOI）两种状态之间振荡转化，构成了 ENSO 循环，一般 2~7 年完成一次循环。ENSO 不同的状态对全球气候会带来不同的影响。

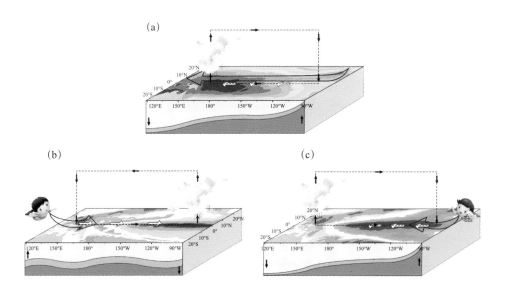

图 4.4 热带太平洋海洋大气状态示意图

（a）正常状态；（b）厄尔尼诺；（c）拉尼娜

由于 ENSO 本身的复杂性，其对全球气候的影响也非常复杂。ENSO 对于中国气候的影响通常表现为：厄尔尼诺事件发生时，青藏高原冬、春季容易多雪；西北太平洋副热带高压增强，夏季位置偏南；中国夏季主要雨带位置偏南，华北雨季偏弱，秋、冬季降水北少南多，春季则大范围多雨；温度变化表现为暖冬凉夏；台风和沙尘偏少。而拉尼娜事件发生时，青藏高原冬、春季容易少雪；西北太平洋副热带高压减弱，夏季位置偏北；中国夏季主要雨带位置偏北，华北雨季偏强，秋、冬季降水北多南少，春季则大范围少雨；温度变化表现为冬冷夏热；台风和沙尘偏多。

ENSO 对中国气候的影响，不仅依赖于 ENSO 循环的位相（厄尔尼诺或拉尼娜）和强度，还与 ENSO 的演变密切联系。研究表明，通常强厄尔尼诺或拉尼娜事件的影响大而且显著，弱事件的影响较小；拉尼娜事件的影响程度不如厄尔尼诺强。研究还发现，厄尔尼诺发展年的夏季，华南和华北降水偏少，而江淮流域降水偏多；厄尔尼诺衰减年的夏季，南方和东北易出现降水异常偏多的现象。

例如，历史上三次超强厄尔尼诺事件（1982—1983 年、1997—1998 年和2015—2016 年）对中国气候都造成了严重影响，特别是当厄尔尼诺冬季达到峰值之后，其衰减的次年夏季，长江流域都发生了严重的洪涝灾害。1983 年 6—7月长江中下游地区出现暴雨，长江水位许多测站达历史最高；1998 年夏季长江中下游及华南部分地区连续暴雨和特大暴雨，长江发生全流域性特大洪水；2016 年夏季长江流域降水明显偏多，中下游出现严重汛情，部分地区洪涝灾害极为严重。

而受拉尼娜事件影响，1999/2000 年冬季，东北、华北地区气温与前几年相比明显下降，部分地区出现了少见的严寒；2008 年初中国南方发生了大范围低温雨雪灾害。

最近研究发现，不仅 ENSO 自身的典型模态对中国气候有重要影响，ENSO还通过非线性作用所产生的组合模态影响中国。前述厄尔尼诺事件出现后，次年春季从中国华南延伸到东北出现的大范围异常多雨，主要是 ENSO 组合模态的贡献（李海燕 等，2016）。

当然，ENSO 仅是影响中国气候异常的强信号之一，不能简单地把任何气候异常都归结为 ENSO 的影响。

4.2.1.2 太平洋年代际振荡

太平洋海温除了由 ENSO 控制的年际变率以外，还存在着周期更长的变率，并且影响的范围更广，这就是太平洋海温年代际振荡（Pacific Decadal Oscillation,

PDO）（杨修群 等，2004）。PDO 常被描述为一种类似于 ENSO 型的具有年代尺度生命史的太平洋海气相互作用现象，表现为冷、暖位相两种状态间的相互转换。在海洋中，PDO 暖位相（或正位相）期间，北太平洋沿北美西岸海温偏暖，北太平洋中部偏冷，而热带中东太平洋偏暖；PDO 冷位相（或负位相）时，上述区域的海温冷、暖分布则相反。PDO 在大气方面对应北太平洋涛动（NPO），在 PDO 暖位相，阿留申低压异常降低，而北美西部和副热带太平洋地区气压异常升高；PDO 冷位相时，上述区域的气压分布则相反。PDO 与 ENSO 同为发生在太平洋地区的海气相互作用现象，其区别主要在于：两种现象的时间尺度不同，PDO 具有多重时间尺度性，主要表现为准 20 年周期和准 50 年周期，典型 PDO 事件持续时间远比 ENSO 事件长；PDO 主信号在北太平洋，次信号在热带太平洋，而 ENSO 事件恰恰相反。

20 世纪以来，PDO 冷、暖位相的变化已经完成了两次完整的循环，即 1890—1924 年和 1947—1976 年为冷位相时期，1925—1946 年和 1977—1998 年，为暖位相时期。1999 年以来，PDO 正处在又一次新循环的冷位相时期（朱益民 等，2003；张庆云 等，2007；邓伟涛 等，2009；裴琳 等，2015）。

大尺度环流及其影响下的中国气候的年代际变化都与 PDO 有明显联系。在过去一百多年内，北半球冬季主要大气活动中心出现了三次气候突变，突变时间和 PDO 位相转换基本一致。1958—1975 年东亚夏季风总体偏强，1976—1998 年东亚夏季风偏弱，1999 年之后再次逐渐转强，东亚夏季风强弱的年代际变化与 PDO 位相转换基本一致。与夏季风对应的中国夏季主要雨带的位置也呈现年代际的南北移动，20 世纪 70 年代末之前，中国夏季主要雨带偏北，华北地区降水偏多，长江流域偏少；80—90 年代，夏季主要雨带偏南，华北地区降水偏少，长江流域偏多；2000 年以来，夏季主要雨带又不断北移。PDO 不但与中国气候的年代际变化有密切联系，它还能通过对 ENSO 等年际变化的调制作用，影响中国气候的年际变化。

4.2.2 印度洋

尽管从范围上看，印度洋要明显小于太平洋，但由于特殊的地理位置，热带印度洋与其以北的青藏高原和南亚大陆，共同构成了全球活动性最强的南亚季风区，使得热带印度洋的海温和洋流变化深受季风影响，同时也通过水汽和能量的输送，直接影响东亚季风和中国气候。热带印度洋海温变化主要有两个模态：全区海温一致模（IOBW）和热带印度洋偶极子（IOD）。

4.2.2.1 全区海温一致模

主要指热带印度洋海温异常所呈现的整个海盆尺度一致变化的特征，是印度洋海温变化最主要模态，没有特别显著的季节变化特征，但经常在 ENSO 事件成熟后的一个季度达到峰值。正因如此，有研究认为它对 ENSO 衰减年起着重要的"充电器"作用，通过改变热带对流活动和 Walker 环流异常等，像"充电器"一样延续了 ENSO 对大气环流和气候异常的影响。例如，在厄尔尼诺衰减年的春季和夏季，尽管热带太平洋海温已接近正常，但西北太平洋副热带高压可能仍然持续较常年偏强的特征，其中就受到了印度洋海温持续增暖的"充电器"影响。

印度洋全区海温一致模也表现出显著的年代际增暖趋势，在 1980 年以前，热带印度洋海温较常年偏低，之后以偏高为主。其对东亚夏季气候的影响也存在着明显的年代际变化（黄刚 等，2016）。

4.2.2.2 热带印度洋偶极子

热带印度洋海温异常表现出的一种西印度洋和东南印度洋"跷跷板"式反向变化的偶极型分布，称为热带印度洋偶极子。它常在春末夏初开始出现，秋季达到盛期，冬季快速衰亡。

热带印度洋偶极子的发生会引起印度洋周边地区（如东非和印度尼西亚）的降水异常，也会通过大气遥相关波列影响东亚夏季风强弱，并导致东亚季风区的天气气候异常。例如，当偶极子正位相（西印度洋偏暖，东南印度洋偏冷）发生时，中国南方地区夏季和秋季降水易偏多。偶极子正（负）位相常发生在厄尔尼诺（拉尼娜）发生年的秋季，使得偶极子对印度洋周边地区及其他区域的气候影响在很大程度上被认为是 ENSO 的作用。但实际上，在某些年份，印度洋偶极子与 ENSO 是相互独立的，而在另一些年份，两者经常同时发生。

1997 年初夏热带东太平洋发生了一次强厄尔尼诺事件，在全球许多地方引起了严重的气候异常。如果按照一般的厄尔尼诺的影响，印度地区当年也应该出现弱夏季风和干旱，但恰恰相反，1997 年夏季印度的平均降水量却为正常，部分地区甚至略微偏多，东非地区也明显多雨。观测发现，1997 年厄尔尼诺期间，印度洋偶极子出现了强的正位相，西印度洋增暖，东印度洋变冷，苏门答腊附近海水大幅降温，这种异常的海温型从夏季一直维持到冬季。东印度洋变冷的海温甚至反转了赤道印度洋气候态的海温梯度，海温异常强度高达 2 ℃以上，为历史上所少见。

ENSO 会影响印度洋偶极子的强弱，而偶极子也会反过来影响 ENSO 事件在其发展阶段的强度（李崇银 等，2001）。

4.2.3 暖池

热带西太平洋及印度洋东部多年平均海表温度在 28 ℃以上的暖海区就是暖池，也称为印度洋—西太平洋暖池（印太暖池）。西太平洋暖池范围为（30°S～30°N，120°E～180°），印度洋暖池范围为（8°S～30°N，41°～98°E）与（8°～30°S，41°～120°E）。暖池的总面积约占热带海洋面积的 26.2%，占全球海洋面积的 11.7%。暖池区是全球空气对流最强烈的地区，且活动持久，是气候异常的源地之一。印太暖池的中心区域在西太平洋，深度为 60～100 米，是全球赤道及其附近大气加热最强的地区，通过卫星资料发现，最大对流中心、最大降水中心（年降水量达 5000 毫米）、对流层绝热加热高中心都几乎与印太暖池中心的位置重合，它也是全球热带风暴、台风形成最多的地区。暖池的变化制约着亚洲、印度洋、太平洋区域甚至全球气候的变化和重大自然灾害的形成与变化。

夏季，暖池海温和热状况发生异常时，能够激发出类似于东亚—太平洋（EAP）遥相关型的经向波列，导致西太平洋与东亚（日本）上空的对流活动和中低层大气高度场发生反相变化，并进一步对中国东部夏季降水产生显著影响。当暖池附近海域海温偏暖，导致对流活动增强时，西北太平洋副热带高压可能向北异常移动，南海夏季风可能提前爆发，同时也易导致中国长江和淮河流域以及韩国、日本夏季降水偏少；相反，当暖池附近海温偏冷，对流活动偏弱时，西北太平洋副热带高压偏南偏西，南海夏季风爆发偏晚，长江流域和淮河流域以及韩国、日本等地的夏季降水偏多。暖池还能够侵袭中国台风的发源地，暖池次表层海温与生成的台风个数具有显著相关：当暖池处于热状态时，台风偏少，生成热带风暴的位置偏向于靠近大陆的西北侧，且以西行路径为主，因此对中国的影响较为频繁；而暖池处于冷状态时，生成于西北太平洋东南侧的台风较为频繁。

4.2.4 北大西洋

北大西洋位于北美大陆和欧亚大陆之间，北部与极地海洋相连。北大西洋区域的海温变化，对邻近的北美、欧洲、北非和格陵兰岛均存在非常重要的影响，并通过海洋与大气之间的相互作用，引起欧亚上空环流异常和上下游大气波能量的频散，影响东亚季风区环流和气候。

北大西洋海温年际变率的主导模态呈三极子型分布。当其处于正位相时，在南北向上北大西洋海温异常，呈"－＋－"型分布，其中热带和副极地大洋海温偏低，而中纬度大洋西部海温偏高；当其处于负位相时，北大西洋海温异常，呈现相反的"＋－＋"型分布。这种三极型海温异常的形成，与北大西洋涛动（NAO）的环流异常有关。当NAO处于正位相时，亚速尔高压增强，对应着北大西洋中纬度地区反气旋式的环流异常；同时冰岛低压也加深，对应着该区域气旋式的环流异常。这种环流异常的配置，使得北大西洋信风和高纬度地区的西风均增强，有利于海洋向大气的热量输送，进而引起热带和副极地北大西洋海温的降低，而反气旋异常的西侧为偏南风控制，有利于海表暖水的向北输送，引起中纬度北大西洋西部海温升高。当NAO处于负位相时，亚速尔高压和冰岛低压均减弱，对应着北大西洋"＋－＋"型的海温异常分布。

受北大西洋"＋－＋"海温三极子型的影响，夏季乌拉尔山和鄂霍次克海阻塞高压活动偏弱，南下的冷空气活动偏弱，东亚夏季风偏强，长江中下游地区降水易于偏少。

此外，热带大西洋的海温异常也可以通过低纬度地区的环流变化，进而引起下游西北太平洋（尤其是西太副高）和中国南方气候的变化。

4.2.5 北极海冰

北极海冰是极地地区最重要的气候因子之一，因其独特性一直被认为是气候变化的放大器和指示器。北极海冰的变化及其反馈作用，对区域以及全球气候都有着不可忽视的影响。一方面，海冰的存在显著地改变了海洋与大气之间的热量、动量以及物质交换。大范围的海冰覆盖，大大抑制了海洋的蒸发，减少了海洋的热损失，相应大气从海洋获得的热量也减少，使得大气低层云系的形成受到抑制。另一方面，海冰的高反照率大大减少了极地对太阳辐射的吸收，使得极地成为全球气候系统的冷源以及冷空气的源地。此外，海冰的生成和融化还可以改变海洋上层海水垂直结构。海冰的这些局地效应，可以通过大气环流的作用对遥远地区气候产生影响。

在全球变化的背景下，近几十年来北极海冰呈快速减少的趋势，其气候影响受到了越来越广泛的关注。尤其是近几年来的冬季，欧亚大陆连续受到严寒、暴雪等极端天气气候事件的影响。例如，2008年1月，中国南方地区发生了历史罕见的低温雨雪冰冻灾害；2009/2010年冬季，极端低温/暴雪事件侵袭了包括欧亚大陆及美国东部在内的北半球大部分国家和地区；2011/2012年以及2012/2013年冬季，严寒再次席卷了欧亚大陆大部分地区。观测分析和数值模拟结果显示，北半球这些冷冬事件的频繁发生可能与前期秋季北极海冰的减少密切相关。秋季，北极欧亚大陆边缘海域海冰偏少，可以导致冬季西伯利亚高压加强，也可以通过影响冬季北极—亚洲遥相关型，造成东亚冬季风偏强，冷空气影响频繁。

4.3 陆面过程

陆地表面约占地表面积的 1/3，其构成极其复杂，包括大约 1/4 的森林、1/4 的草地、1/4 的沙漠、1/8 的城市和农用地，其余 1/8 为其他类型的地面。不同类型陆面的性质还会随季节发生变化，如冬季中高纬度地区可能为大面积的积雪所覆盖，高海拔地区土壤可能发生冻结等。在这些类型复杂、性质多变的陆地表面上存在一系列复杂的热力、动力、水文以及生物物理化学过程，形成陆面与大气或海洋之间的热量、水分、二氧化碳等物质和能量的交换，这些过程被称为陆面过程。

陆面过程包括多种时空尺度的变化。从时间尺度看，可以从小到数秒至数小时的快速生物物理和生物地球化学过程，到数天至数月的土壤水分含量变化、积雪变化、碳分配变化及植被生物气候学过程，甚至数年至数世纪的植被结构和土地覆盖变化等过程。从空间尺度看，陆面景观具有很大的空间变化，有些积雪、沙漠、草原等绵延成百上千千米，而有些很小区域内就有树木、岩石、湿地、城市等不同陆面类型。这些都使得反照率、粗糙度等关键陆面性质参数存在巨大的差异和变化，也使陆面过程对局地、区域和全球的气候起着重要作用。

影响中国气候的陆面过程有多个方面，其中主要包括地表反照率、土壤温度、土壤湿度、积雪、植被等五个方面。

4.3.1 地表反照率

地表物体向各个方向反射太阳辐射通量与到达该物体表面上的总辐射通量之比，是陆面最重要的特性之一，反映了陆地表面通过影响大气与地表之间能量平衡直接对大气产生作用的能力。土壤、植被、积雪等陆面状况的异常变化，均能引起地表反照率的异常变化，进而对局地及邻近地区的大气环流和天气气候产生重要影响。通常反射率增加将造成地面吸收的净辐射减少，净的对流云和降水减少，植物生长变缓。

研究表明，青藏高原地表反射率的异常变化对东亚大气环流、东亚夏季风和中国降水都有重要的影响。当青藏高原因积雪覆盖出现大范围地表反射率增大时，将引起东亚陆地上的海平面气压升高，从春到夏地面南风北上缓慢，对流层上层东风急流建立推迟，造成东亚夏季风减弱，最终导致中国东部季风降水减少。

4.3.2 土壤温度

土壤温度也称地温，是地表热状况的直接反映。土壤的热容量远大于空气，因此，土壤温度的异常，尤其是深层土壤温度的异常具有很强的持续性。这种持续的异常可以直接影响大气与陆面之间的辐射与热量交换，对大气环流和气候均产生重要的影响。

科学家比较早就注意到地温与中国降水有一定的关系，不同深度的土壤温度与该区域或邻近地区后期降水有显著的统计相关性，前期地温偏高，则后期降水偏多，反之亦然，且层次越深，滞后时间也越长。冬季 0.8 米地温（距离地表 0.8 米深度的土壤温度）与春季（3—5 月）的降水相关最好，而 1.6 米处的地温与汛期（4—9 月）降水的相关最为显著。地温也成为短期气候预测的重要因子。

4.3.2 土壤湿度

土壤湿度是陆气相互作用的一个关键参数。由于降水、冰雪融化等引起的土壤湿度异常，能持续几天到几个月，通过影响地表蒸发、改变地表对大气的加热等过程对大气环流和气候产生显著影响。通常，土壤湿度偏低，会使地面温度增加，逸出长波辐射增加；而比较干的土壤，其反射率较大，导致地面吸收的太阳辐射减小，使得地面失去更多的热量，地面温度将降低。土壤湿度直接联系着蒸发，较湿润的土壤有利于增加大气的含水量，而且使大气稳定度降低，有利于降水产生。

中国东部春季土壤湿度与夏季降水有很好的相关性，土壤湿度异常可影响降水的相关物理过程。春季从长江中下游到华北的土壤偏湿，使得中国大陆东部地表温度降低，减小了海陆温差，造成东亚夏季风减弱，西北太平洋副热带高压发展西伸，从而阻挡了东亚夏季风的北上，使得中国夏季雨带偏南，长江流域降水偏多，华北和南方降水偏少。区域土壤湿度异常对气候的影响在一个月之内较明显，有时影响可持续至以后的几个月，但强度逐渐减弱；区域土壤湿度异常的影响也不仅仅局限于异常区域内部，可以通过大气环流影响到其他区域的降水、温度等变化。

4.3.4 积雪

积雪是陆面冰冻圈的重要组成部分，是联系冰冻圈各组成要素的重要纽带，是影响全球气候系统的关键因素，被称为气候变化的指示器（Armstrong et al.，2008）。在高纬度和高海拔地区存在季节性或者持续多年的积雪，南极大陆、格陵兰岛则终年积雪，形成大面积的冰盖，海拔超过一定高度的山峰上也存在终年积雪并形成冰川。大约98%的季节性积雪存在于北半球，季节性积雪一般在秋、冬季开始累积，有些地区积雪可以维持到第二年春季。

积雪的气候效应主要体现在高反照率、低传导率和积雪水分效应三个方面，对地表水分循环和能量平衡均有十分重要的作用。新降雪的反照率高达0.8～0.9，比裸露地表吸收的太阳辐射显著偏少，因而积雪覆盖地区温度较低，雪盖向上的长波辐射较小，对上空大气有冷却作用，称之为积雪的辐射效应。一旦气温升高导致积雪融化，将会引起反照率降低和积雪覆盖面积减小，导致地面接收太阳辐射增大，近地面气温进一步升高，形成一种正反馈，加快积雪融化。因此，积雪对地表辐射的影响在春季积雪未化而太阳辐射较强的时候最显著。

积雪层的导热率大约只有冰或湿润土壤的1/10甚至更低，它将地表与冷空气"隔离"开，因此，寒冷季节的积雪覆盖对地表具有保温作用。

融雪的水分会增大土壤湿度，也会增大表面径流。中国北方农谚"瑞雪兆丰年"就总结了冬季积雪利于冬小麦幼苗保温越冬、春季融雪水利于拔苗期的小麦苗生长的规律。在相对干旱的中亚、北美西部等地区，融雪水是日常生活甚至工农业生产用水的主要来源。

影响中国气候的积雪覆盖关键区是欧亚大陆高纬度地区和青藏高原。研究表明，如果早春（3—4月）欧亚大陆高纬度地区积雪急剧减少，则少雪地区的地面温度和气温均明显升高，经向温度梯度和高纬度地区纬向平均风速减小，随后夏季（6—8月）土壤湿度明显减小，冬季或早春过早的融雪可能造成高纬度地区夏季的干旱（Yeh et al.，1983）。如果春季欧亚大陆积雪偏多，6月整个欧亚大陆尤其是欧亚大陆北部和青藏高原附近地区的海平面气压明显偏高，初夏大陆热低压强度偏弱，导致东南亚季风减弱；少积雪情况，则出现强季风（Barnett et al.，1988）。

研究还表明，冬季积雪面积异常与同期大气环流异常具有密切联系：冬季欧亚大陆中高纬地区积雪面积偏大，西伯利亚反气旋加强，东亚大槽加深，东亚冬季风活动偏强，中国冬季气温明显偏低，反之亦然。同时，欧亚大陆积雪对中国夏季降水异常的分布也有很大影响：欧亚冬季积雪偏多，则华南、华北夏季降水可能偏多，而中国西部、华中、东北夏季降水偏少。

青藏高原冬、春积雪和东亚夏季风呈显著负相关，高原多雪年份，东亚夏季风推迟或者强度弱，高原少雪年份则相反，东亚夏季风来得早或强度偏强。这主要与积雪的辐射效应（高反照率）和水文效应有关：冬、春季节高原积雪偏多，则地表反照率增大，地表吸收太阳辐射减弱，积雪融化要吸收大量热量，两种因素导致高原地表温度偏低，对近地层大气的加热减弱；另外，融雪增大了高原土壤湿度，土壤湿度具有较长的"记忆力"，可以将冬、春积雪偏多的异常信号维持到夏季，即高原上空对流层加热偏弱，对流层温度偏低，不利于印度低压发展，而高原南侧南北温度对比偏弱，导致亚洲夏季风偏弱，容易造成夏季长江流域降水偏多而华北地区降水偏少。

4.3.5 植被

植被一方面受气候环境条件（如温度、降水、光照）影响，另一方面又可以通过生物物理过程和生物地球化学过程改变地气之间的能量和物质交换，从而对区域乃至全球气候产生重要的反馈作用。

植被影响气候的基本生物物理化学过程主要包括三个方面。

（1）包括水分和二氧化碳（CO_2）在内的物质交换。植被冠层截留降水，减少入渗到土壤里的水分，植被根系吸收土壤中的水分，通过植物体内输送和叶片气孔的蒸散，加上冠层截留水分的蒸发将水分扩散到大气中，形成局地的水循环，对地表水分收支产生影响。植被叶片通过光合作用吸收大气中的 CO_2 转化成碳水化合物，同时通过呼吸作用向大气中排放 CO_2。植被凋落物进入土壤，经过微生物分解向大气中排放 CO_2（即土壤异氧呼吸），构成陆地碳循环。在一段时间内（通常是一年），当某区域植被吸收 CO_2 的量超过植被和土壤呼吸排放的 CO_2 时，称该区域为陆地碳汇，反之则为陆地碳源。

（2）动量交换。植被的粗糙度要大于平坦地面，因而会增大地面与大气之间的湍流动能交换。

（3）能量交换。一般而言，绿色植被叶片的反照率小于裸露地表，尤其是浅色的土壤和沙漠。植被冠层空隙导致的多次反射也会减小植被覆盖地区的反照率，导致植被覆盖地区比裸露地表吸收更多的太阳辐射。另外，植被蒸散加上粗糙度增大导致的湍流交换增强使得植被覆盖地区的潜热输送比裸露地表更强。

植被覆盖变化通过改变反照率、粗糙度及土壤湿度等地表属性在不同的时空尺度上对气候产生作用，是区域及全球气候变化的重要影响因素之一。在日变化尺度，植被通过蒸散降低白天气温，减少昼夜温差；在季节尺度，落叶植被、草地叶面积的季节性增长/凋落可以通过蒸散调控冠层温度，进而调控气温的季节变化，减少气温的年较差；在年际时间尺度，植被长势好坏对局地降水存在一种正反馈；在年代际尺度，气候环境变化或者人类活动导致的植被优势物种分布变化，反过来也会对局地乃至更大区域气候产生影响。

植被变化对中国区域地面温度、降水具有重要的影响。如河套地区植被年际变化与局地降水之间存在正反馈，即植被长势好的年份，植被覆盖度高，叶面积指数偏大，反照率降低导致下垫面吸收更多的太阳辐射，气温降低使得陆面加热减弱，而增强的蒸散导致云量增多、降水增多，而土壤水分的增加又有利于植被生长。内蒙古地区土地荒漠化可导致中国北方大部分地区降水减少，加剧华北、西北地区的干旱；西北地区绿化有利于黄河流域降水增加，而长江流域和江南地区降水有不同程度的减少。近年来，卫星观测资料为植被—气候相互作用的研究提供了新的证据。研究发现，欧亚大陆春季植被状况与东亚夏季大气环流具有密切联系，当贝加尔湖以西区域春季植被指数偏高时，东亚夏季风偏弱，夏季主要雨带偏南，华南降水偏多，东南以及青藏高原东南部温度偏低，而华南以北大部分地区降水偏少，中国北方以及江淮流域温度偏高。

4.4　青藏高原

青藏高原矗立于亚洲大陆南部，其高海拔和独特地理位置，不但造就了自身独特的气候特征，也对中国、亚洲乃至全球气候产生重要影响。作为中国天气气候变化的"上游区"和"启动区"、全球气候变化的敏感区、影响亚洲季风系统及中国气候异常和变化的关键区，青藏高原对区域和全球的气候变化、水循环、生态环境产生至关重要的影响。

青藏高原通过动力和热力作用影响着中国的天气和气候。对流层中低层的气流遇到青藏高原之后会受阻从而爬流或绕流，这是青藏高原的机械作用。此外，青藏高原地表的摩擦会使高原表面边界层内西风明显减速，青藏高原侧边界的摩擦使接近侧边界的气流速度减小，但距离侧边界较远的自由大气流速不发生变化，从而形成侧边界附近气流的水平切变，产生涡度，这是青藏高原的摩擦作用。青藏高原的机械作用和摩擦作用统称为动力作用。由于青藏高原的高海拔，其地表面的加热可以直接作用于对流层中层大气，使青藏高原上空大气的热力状况明显不同于周边地区，进而影响青藏高原及邻近地区大气的运动，青藏高原通过这种加热对大气的影响称为青藏高原的热力作用。

4.4.1 动力作用

青藏高原作为天然的屏障，直接阻挡对流层中下部高纬与热带之间冷暖气流的交换。冬季，冬季风阻滞于高原以北，使中国西北内陆冷高压势力更强；冷空气南下的路径偏东。夏季，青藏高原阻挡了西南季风深入北上，使大量来自印度洋热带洋面上的暖湿气流只能停留在南亚的东北部和青藏高原的东南一隅，一部分掠过高原东南边缘的西南暖湿气流进入中国的西南、华中、华东地区，加强了这些地区的降水过程。而中国西北地区则由于青藏高原的屏障作用干旱少雨。此外，青藏高原地形动力强迫使来自南海与孟加拉湾的季风水汽流和西北太平洋副热带高压西侧的东南水汽流转向到达长江流域，成为夏季长江流域地区主要的水汽来源，因而青藏高原对来自低纬海洋远距离输送到长江流域的水汽有"转运站"作用。

冬半年，北半球西风带位置偏南，青藏高原使对流层中下层的西风气流分成南、北两支。北支在高原西北部形成西南气流，给高原北侧、新疆中部的天山地区带来一定的湿度。这支气流绕过新疆北部与南下的极地大陆气团汇合，转为强劲的西北气流，使中国冬季风的势力增强，并向南伸展得很远。南支气流在高原的西南部形成西北气流，绕过高原南侧后，又转为西南气流，掠过中国的云贵高原以后，继续向东北方向运动，直至长江中下游地区。其中，南支为暖湿气流，北支为干冷气流，它们绕过青藏高原之后在中国中东部地区汇合。这两支气流在中国中东部冬半年气候形成和变化中起着重要的作用。夏半年，西风急流北移，西风带位置偏北，高原的分支作用减弱。

青藏高原东侧的四川盆地和汉中一带，恰在南、北两支气流之间，风力微弱，空气稳定，成为"死水区"，多云雾天气。南、北支气流在高原以东中国中南部地区对流层低层形成的辐合，以及西风气流经过高原上空受地表摩擦在对流层中层形成的辐散，在中国中南部地区对流层中下层造成稳定的上升运动，导致这些地区成为全球层状云的最大值中心。春季，南、北支气流在江南地区形成的冷、暖空气交汇是中国江南春雨形成的最重要条件。

受高原主体和四周局地山系的地形强迫，低层的西风急流在高原西侧分支，从南、北两侧绕流，结果在高原南（北）侧形成定常的正（负）涡度带，有利于形成高原北侧的南疆和河西高压及高原东侧的西南涡。夏季、青藏高原南侧的南亚西南季风气流绕过高原东南的横断山脉并进入四川盆地，是夏季西南涡形成的主要原因之一。西南涡在四川盆地的强烈发展常造成四川盆地的暴雨天气，其东移出盆地后也能造成中国东部广大地区的暴雨天气。在特定的环流背景下，高原绕流还容易在高原东侧形成西南风低空急流和河西走廊的西北风低空急流。

4.4.2　热力作用

青藏高原上空大气厚度约只有平原地区的一半，因而阳光在穿透大气层到达地表的过程中，因被吸收和反射而损失的太阳辐射低于地球的其他地区。受云对太阳辐射折射的影响，有时到达高原地表面的太阳辐射比大气顶还高。强烈的太阳辐射使青藏高原地表与大气间存在非常大的温差，特别是在青藏高原西部的干旱地区。青藏高原地表相对大气而言是个加热器，不断使高原上空大气升温。地表主要加热其上空 1~3 千米的大气。高原西部地区加热大于东部地区，春季最大，冬季最小。

青藏高原上大气中的水汽凝结成水主要发生在大气中上层，因此，通过水蒸气凝结而释放的热量主要加热大气中上层。在大气中上层凝结的水滴在到达地表之前，会因蒸发而吸收下层大气的热量，从而使大气下层变冷，但是这部分热量相对较少。所以，大气因凝结降水加热的大小与降水量基本是对应的，表现为高原东部大、西北部小，并且主要发生在夏半年。

地气系统通过红外辐射损失的能量与其绝对温度成正比例：温度越低（高），红外辐射损失的能量越少（多）。青藏高原地表和大气的温度比周边地区的温度要低得多，并且高原的积云又多又高（云顶越高，云顶温度越低），这两个因素都导致高原地气系统通过红外辐射损失的能量比周边地区少，且损失的热量在夏季少，冬季多。

总体而言，青藏高原大气 3—9 月是净得到能量，因此是大气热源；其他月份是大气冷源。大气热源 7 月最强，冷源 12 月最强。夏季，青藏高原大气热源东部大于西部，南部大于北部，最强热源中心位于青藏高原东南角。

夏季，青藏高原地表加热的抽吸作用使青藏高原地区成为同纬度和同高度上湿度的大值中心。高原上空的湿空气一方面有利于高原对流云的发展，另一方面通过西风气流输送到中国东部上空，有利于这些区域降水的增多。

夏季，青藏高原上大气低层常出现低气压结构的气旋式环流系统；而高层则形成高气压的反气旋式环流（高空为南亚高压），这些系统的变化不仅影响高原自身天气气候，而且可以通过移动影响周边地区。青藏高原近地面 2～3 千米，常可观测到高原低涡、高原切变线、西南低涡等低压系统，它们的东移往往造成中国中东部地区的暴雨天气。此外，青藏高原热力作用产生的热力对流能使高原上空的云泡汇集，成为云团、云区或云带，它们在西风急流的吹送下移出高原，造成中国东部地区的大量降雨。例如，1998 年长江流域的降水过程就与高原天气系统和对流云团的频繁东移有关。

青藏高原的热力变化可引起北半球对流层中层最大高压系统——南亚高压中心位置的变化。南亚高压中心会在青藏高原与伊朗高原之间运动，来回一次的时间大约是两周，南亚高压中心的这种运动特征被称为南亚高压中心的东西振荡，它与高原热源变化密切相关。南亚高压中心出现在伊朗高原上空时，中国东部少雨，青藏高原南部多雨；南亚高压中心出现在青藏高原上空时，青藏高原南部少雨，中国东部多雨。由高原热源变化引起的南亚高压中心的东西振荡可导致中国夏季一段时间多雨，而另一段时间少雨。

冬季，青藏高原上的大气层相对于同高度自由大气是冷源，因而在高原上形成一个冷高压，高原上盛行反气旋性环流；夏季，青藏高原上的大气相对于同高度自由大气是热源，在近地面形成强大的热低压，高原上盛行气旋性环流。这种环流的变化，使围绕高原存在冬、夏盛行风向相反的季风层，该季风层称为青藏高原季风。高原季风的厚度在高原中部最高，向四周逐渐降低。青藏高原季风是亚洲对流层季风和对流层高层行星风系之间的纽带，它增厚了中国冬、夏对流层低层季风。

由于青藏高原热力作用会影响东亚季风和高原天气系统的活动，而它们的变化又直接影响中国降水，因而青藏高原热力异常往往影响着中国夏季旱涝气候的变化。就不同年份间降水的异常而言，青藏高原夏季大气热源强时，长江流域降水偏多，而其南北侧的中国中东部地区降水偏少。在全球变暖背景下，20 世纪80 年代至 20 世纪末青藏高原的热力作用逐年减弱，中国东部雨带逐渐向南方移动，南涝北旱；自 20 世纪 90 年代末至 21 世纪初，夏季青藏高原热力作用逐渐增强，夏季中国东部的雨带也逐渐北抬。

青藏高原的雪盖、冻土、冰川和植被等地表覆盖物的变化可通过影响地表反照率来影响高原地区地气系统的辐射收支、地表向大气中的水分蒸发等，进而影响高原大气热源的变化。例如，当高原积雪覆盖面积偏大时，会使到达地表的太阳辐射更多的反射回太空，地表接收到的太阳辐射减少，导致地表气温下降，进而地表对大气的加热能力减弱，高原大气热源偏弱。在影响青藏高原大气热源的地表覆盖物中，由于积雪的时间和空间变化非常大，并且高原积雪融化后的雪水可通过影响大气土壤湿度的变化进一步影响大气热源，因此，高原积雪被认为是影响中国气候变化的重要因子之一（陈烈庭，1998；张顺利 等，2001）。

　　青藏高原由于环境恶劣，特别是西部地区仅有少量的地面气象观测资料。因而，当前对青藏高原影响中国气候的认识主要是基于高原中东部有限的气象观测资料。随着对高原研究的深入，研究者们发现高原地区的观测资料远远不能满足研究需求。当前对高原地区大气及其与陆地、湖泊、冰川相互作用的认识还非常有限。进一步加强和完善对青藏高原大气和陆面等的观测，是深入认识青藏高原影响中国气候的基础。

第 5 章 气候资源

CHAPTER FIVE

5.1 气候资源概述

5.1.1 气候资源的内涵

气候资源是一种宝贵的自然资源，是指大气圈中光、热、水、风能和空气中的氧、氮以及负离子等可以通过开发利用转化为人类具有使用价值的气候资源。气候资源与其他自然资源一样，能够为人类生产与生活提供不可缺少的能量和物质（孙卫国，2008）。

气候资源是基于环境本身在自然界中长期形成的特殊自然资源，涉及能源、水利、农业等行业或部门开发利用。气候资源的成分多种多样，表现形式也各不相同，其中主要包括风能资源、太阳能资源、降水资源、热量资源及其综合形成的农业气候资源、旅游资源等。

5.1.2 气候资源的主要特征

与其他类型资源相比，气候资源是普遍存在的，但也有着一定的特殊性。气候资源主要关心的是其数量多少以及分布等问题。气候资源的形成受到诸多因素的影响，最为直观的影响因子可以表现为大气环流、当地地形、日照条件、水汽条件等。

研究显示，气候资源在空间分布上具有普遍性和不均匀性，在时间分布上它具有连续性和不稳定性。以太阳能资源为例，其在中国的分布有着显著的地域性差异，从总体上说可以概括为西部多于东部，干燥地区多于湿润地区，高原地区多于平原地区；从季节上看，夏季比冬季更加丰富。再从降水资源来看，中国降水分布在时间上和空间上的差异更为明显：空间分布不均匀，东南多，西北少，从沿海到内陆递减；时间尺度上存在年变化，降水多集中于夏季，冬季偏少。需要注意的是，各种气候要素之间既相互联系，又相互制约，共同构成一个气候资源体系，其中任意一个要素的变化，都会引起其他气候要素的变化，同时对气候资源的利用程度和功能产生影响。

（1）气候资源是清洁的资源。相比于传统的矿物资源而言，有着得天独厚的优势（一定程度上说，矿物资源也是气候资源的衍生物，由自然资源长期演变而成），在于它的清洁性与廉价性。合理利用光能资源、风能资源、云水资源等，又避免了对自然环境的污染，可谓一举两得。得到保护的自然环境又能促使气候资源的进一步自我发展，这种双向反馈"互利"模式，将可能成为未来发展的主要方向。

（2）气候资源是可以再生的资源。气候资源之中很大一部分是可以再生的资源，这种意义上的再生并不同于传统意义上的用完了还有，而是体现在气候资源的使用之中，如果利用得当，这种气候资源便是取之不尽，用之无竭，然而一旦利用不当，就会造成资源的损失，这或将是永久性的损失。从长期来看，大部分的气候资源是年复一年循环着的，存在一定周期性，其总量基本维持不变。但是对于某个特定区域，每年的辐射量、热量、降水量是有限的，而且不尽相同。

（3）开发利用气候资源的风险与挑战。气候资源有着诸多优点，但在对其的开发利用中，也伴随着隐藏的风险与隐患，即气候资源遭损毁或过度开发所引发的灾害。所以，在开发利用气候资源的过程中必须要考虑到防灾减灾，这是相当重要的前提条件。

（4）气候资源的保护与可持续发展。在时代发展的进程中，可持续发展的理念贯穿整个前进的道路，在资源的利用方面，则更需要注重资源的可持续发展。可持续发展的战略强调社会经济与生态环境相结合，依靠科技进步，促使社会、生态、资源的协调发展。气候资源是一种可以受到人工影响的资源，利用人工降雨技术，在旱季为干旱地区带来一定程度的降水资源的补充，这有利于农业发展、生态发展、社会和谐稳定。另一方面，有时人为的影响剧烈，会对气候资源造成难以想象的破坏。大规模开垦土地、城市建设迅速发展，以及过度滥伐引起生态系统的平衡被打破，造成气候变化，进而引发旱涝、沙漠化等严重的自然灾害，对人类社会和生态环境均造成巨大的损失。所以，在气候资源的开发利用过程中，争取做到气候资源的合理利用和适度开发，同时注意自然环境的保护，利用气候资源的可再生性，达到可持续发展的目的。

气候资源自身存在一定的特殊性，从某种意义上来说也有一定的局限性。为了更好地深入了解气候资源和利用气候资源，需要进一步对气候资源进行研究，才能为未来发展提供最为坚实的保障。

5.1.3 中国气候资源的主要特点

中国气候资源丰富多样。中国各地经纬度分布、地形地貌地势以及距离大海的远近不同，大气环流对不同地区影响不同，导致中国各地气候差异很大，从而使中国气候资源及类型呈多样性，按纬度位置从南到北可分为赤道带、热带、亚热带、暖温带、温带和寒温带六个热量带。按水分条件，全国自东南向西北可分为湿润、半湿润、半干旱和干旱四个类型。此外，山区气候的垂直分布差异也很明显。虽然中国气候类型多样，但决定中国气候基本格局的是温带大陆性季风气候。冬季，中国大部分地区为冷高压控制，风向偏北，气温低，降水少，多晴冷天气；夏季，受夏季风影响，气温较高，降水充沛（丁一汇，2013；王绍武 等，2005）。

中国陆地下垫面复杂多样，造成了气候资源的再分配。中国山地丘陵约占全国面积的 2/3。境内地形复杂，受大山脉的走向、地形起伏、离海远近等因素的影响，造成了光、热、水资源的重新分配与组合，使得有些地区非地带性的影响超过地带性影响，出现"十里不同天"等现象。

5.2 风能资源

风能资源属于清洁可再生能源，是大气运动所产生的动能，具有蕴量巨大、可以再生、分布广泛、没有污染等优点。现有的风能利用技术主要是利用距地面 30～200 米高度上的风能资源，这个高度上的风能是大气边界层气流运动与地表相互作用的结果，天气系统的发展和运动、地表吸收太阳辐射产生的热力作用和地形起伏产生的湍流动力作用都对近地层风速的影响很大。因此，风能资源具有水平分布不均匀和不稳定、间歇性等特点。

5.2.1 全球风能资源概况

由于地球表面接收太阳辐射不均匀，如赤道多于极地、陆地与海面对太阳辐射吸收有差异，此外还有地球自转产生的科氏力作用于大气运动，因此全球年平均风速分布具有复杂多变的特征。赤道附近低纬度地区的平均风速明显比中高纬度地区的平均风速低，例如，非洲大陆中部、南美洲中北部、亚洲、大洋洲、赤道太平洋地区和印度洋群岛。动力作用使高原顶部产生气流加速，形成较大的风速分布，例如，亚洲的青藏高原、蒙古高原、德干高原、伊朗高原和中西伯利亚高原，非洲的东非高原和提贝斯提高原，北美的拉布拉多高原和南美巴塔哥尼亚高原；有些下坡风风速也很大，如美国落基山脉东侧。沿海地区在海气动力交换的作用下也会形成较大的风速分布，低纬度是东南和东北信风区，较大的风速分布在大陆东部沿海，如非洲索马里半岛、亚洲越南东部沿海、南美布朗库角；中纬度地区盛行西风，较大的风速分布在大陆西部沿海，如印度半岛东部、澳大利亚东南部沿海、北美阿拉斯加半岛和加拿大西海岸、欧洲大陆东部。地表摩擦作用也影响风速分布，例如，格陵兰岛被冰雪覆盖，地表摩擦速度小，平均风速明显增大。

据估计，全球的风能约为 2.74×10^{12} 千瓦，其中具有开发潜力的风能约

为 2.00×10^{10} 千瓦，比地球上可开发利用的水能资源总量还要大 10 倍（IPCC，2012）。风力发电这一风能利用形式近几十年来随着社会经济发展，越来越受到世界各国的重视。

5.2.2 中国可利用的风能资源

风能资源分布具有不均匀性，对全国可利用的风能资源进行区划，可以为决策者制定风电发展战略和规划提供科学依据。20 世纪 70 年代末，气象部门根据全国 600 多个气象台站实测资料，首次做出中国风能资源的计算和区划；80 年代末和 2006 年又分别采用全国 900 多个和 2384 个气象台站实测资料，重新进行了第二次和第三次风能资源普查，较为完整地评估了各省（自治区、直辖市）及全国离地面 10 米高度层上的风能资源量，给出了更详细的风能资源区划图。2008—2012 年采用数值模拟技术，同时在全国设立了 400 座测风塔进行同步观测，从而得到了水平分辨率 1 千米 ×1 千米、垂直分辨率 10 米的全国风能资源精细化图谱（中国气象局，2012）。

从全国陆上 80 米高度 30 年平均风速分布（图 5.1）可以看出，年平均风速大于 8 米 / 秒的地区主要分布在西北、华北、东北、东南沿海、青藏高原和云贵高原；年平均风速低于 5 米 / 秒的地区主要分布在新疆塔里木盆地和准格尔盆地、四川盆地、西藏林芝南部、河北燕山和太行山东侧、秦岭和大巴山东端的河南和湖北平原地区、安徽大别山区经湖北东部到江西九岭山西部地区以及浙闽丘陵地区。

中国年平均风速的时空分布特征与季风气候和地形作用密切相关。隆起的高原使其顶部产生较大的风速，如内蒙古高原、青藏高原、云贵高原；高原上风速时间变化基本一致，5 月风速开始下降，7～8 月达到最小，10 月风速迅速回升，青藏高原年内的风速变化幅度最大。"三北"地区省份如新疆、甘肃、宁夏、内蒙古、河北、黑龙江、吉林和辽宁，其月平均风速变化趋势和幅度非常一致，6 月风速开始下降，7～8 月达到最小，10 月风速迅速回升。东南沿海在海陆季风的作用下形成了较高的风速，冬季风速明显大于夏季。新疆塔里木盆地和准格尔盆地位于蒙古高原和青藏高原西侧，地势较低，低层偏西气流在此处于爬坡运动状态，因此常年风速偏低。四川盆地和林芝南部均处于青藏高原东侧的背风区中，也常年风速偏低，四川盆地地势较低，是中国年平均风速最低的地区。

在全国风速数值模拟结果的基础上，选择 2014—2015 年主流风电机组和低风速机组的发电功率曲线，得到全国风电理论可利用小时数。通过地理信息系统（GIS）对全国土地利用进行空间分析，扣除自然保护区、水体、城市等不可开发风电的区域，部分可利用的区域有农田（25%）、草地（80%）、灌木（65%）、森林（20%）以及坡度 0°～30° 地形可利用 100%～30%。综合考虑风电理论可利用小时数和土地可利用率，将风能资源可利用区域划分为一般区、较丰富区、丰富区、非常丰富区和低风速开发区（表 5.1）。

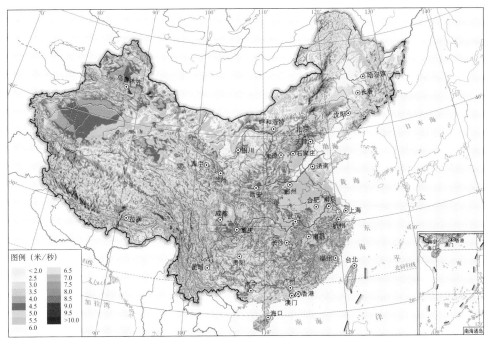

图 5.1　中国陆上 80 米高度 30 年平均风速分布图

表 5.1　可利用风能资源等级划分标准

可利用面积比	80 米高度主流机组理论可利用小时数（小时）				90 米高度低风速机组理论可利用小时数≥1800 小时 5 米/秒≤风速<6 米/秒
	>3000	2500～3000	2200～2500	1800～2200	
0.8<R≤1.0	4	4	3	3	D
0.6<R≤0.8	4	3	2	2	D
0.4<R≤0.6	3	2	2	1	D
0.2<R≤0.4	2	1	1	1	D
0.0<R≤0.2	1				

注：1表示一般；2表示较丰富；3表示丰富；4表示非常丰富；D表示低风速开发

图 5.2 为中国陆上 80 米高度风能资源地理区划，图中有颜色的区域均为可

利用风能资源分布区。四级可利用风能资源表示风能资源非常丰富且土地面积可开发利用率很高。四级可利用风能资源主要分布于新疆阿勒泰地区的额尔齐斯河河谷和哈密地区西北部；甘肃酒泉市马鬃山北部和玉门、瓜州地区；内蒙古自治区的巴音淖尔市北部、包头市北部、乌兰察布市中部、锡林郭勒盟南部和东部、赤峰市东南部、通辽市南部和呼伦贝尔市巴尔虎旗地区；吉林白城地区；黑龙江大庆市南部地区、河北省张家口和承德北部地区。此外，还零星地分布于青海、西藏、宁夏西部和陕北地区等。

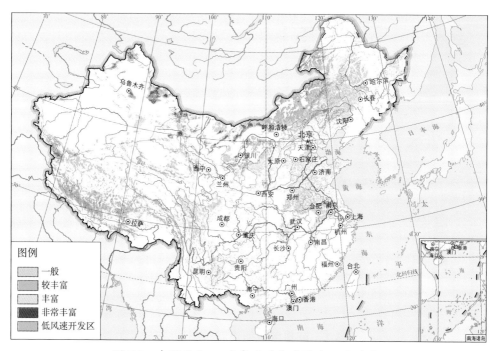

图 5.2　中国陆上 80 米高度风能资源地理区划图

二级和三级可利用风能资源表示风能资源比较丰富且土地面积可开发利用率较高，主要分布于新疆哈密、甘肃酒泉、内蒙古阿拉善盟、鄂尔多斯市、锡林郭勒盟、呼伦贝尔市、青海柴达木河和青海湖地区。风能资源较丰富区主要分布在内蒙古大兴安岭东侧地区和赤峰市南部、宁夏中部、陕西靖边地区、山西北部、河北张北地区、从河南兰考县到山东东营市的沿黄河以北地区、山东半岛沿海及潍坊市东部地区、江苏沿海地区、福建、广东和广西沿海地区、海南岛东部沿海、云南昆明市北部和曲靖市、四川西部、西藏南部。此外，还零星地分布于青海、贵州、广西内陆、辽宁和黑龙江省。

一级可利用风能资源表示风能资源达到了可开发利用标准，但土地面积可开发利用率较低。一级可利用风能资源几乎分布于中国每个省份，其中连片分布且覆盖面积较大风能资源位于黑龙江、吉林和辽宁。

低风速开发区是指其风能资源采用低风速风电机组可开发但达不到主流风电机组的盈利要求，一般 90 米高度上年平均风速为 5～6 米/秒。由于"三北"地区风能资源丰富，西部地区远离电力负荷中心，因此，中国中、东和南部地区是低风速资源开发的重点。低风速风能资源较集中地分布在河北南部、山东、河南中东部、安徽北部、江苏、湖北中部地区和陕西北部。

中国近海风能资源丰富，沿海海域的风能资源等级都在三级以上，满足建设并网型风电场对风能资源的要求。风能资源最丰富的近海海域是福建、浙江南部和广东东部沿海，其次是广东西部、海南、广西北部湾、浙江北部和渤海湾的近海海域，江苏、山东东部和南部近海海域的风能资源等级均为三级。满足近海 25 米水深风能开发条件的区域主要分布在江苏、渤海湾和北部湾的近海海域。

5.2.3 中国风能资源技术开发量

风能资源技术开发量可用来定量评估某一区域范围内的风能资源开发潜力，它不仅仅与当地的风能资源丰富程度有关，还与风电利用技术的发展和自然地理条件对风电开发的影响有关。

在风能资源非常丰富、丰富、较丰富和一般区内，根据采用叶轮直径 99 米、额定功率 2 兆瓦的主流风电机组，按照顺风向距离 10 倍叶轮直径、横风向距离 5 倍叶轮直径的布机方式，同时考虑风电开发可利用面积的 GIS 空间分析结果，最终得到全国风能资源技术开发量。同样的方式，采用叶轮直径 121 米、额定功率 2 兆瓦的低风速风电机组，可以得到低风速风能资源技术开发量。

全国 80 米高度风能资源技术开发总量为 35 亿千瓦，此外，距离电力负荷中心较近的 19 个省（自治区、直辖市）另有 7 亿千瓦低风速风能资源，如河北、河南、山东、安徽、江苏、浙江、福建、江西、广东、广西、海南、云南、贵州、湖南、湖北、四川、重庆、陕西、山西。风能资源非常丰富区的技术开发量占全国风能资源技术开发总量的 14.8%；丰富区技术开发量占 19.3%；较丰富区占 10.9%；一般区占 38.3%；低风速区占 16.7%。可见，在中国广大的丘陵山地中零散分布着可观的风能资源，但是风电场建设施工条件较差。中国的风能资源有一半以上分布在"三北"地区，新疆、青海、甘肃、宁夏、内蒙古、河北张北、黑龙江、吉林、辽宁的风能资源技术开发量总和占全国风能资源技术开发总量的 64.3%，其中仅内蒙古的风能资源技术开发量就占了 38.3%（表 5.2）。

表5.2　不同等级风能资源的覆盖面积和技术开发量

	非常丰富	丰富	较丰富	一般	低风速区
面积（万平方千米）	30.9	40.0	22.7	79.7	87.1
风能资源技术开发量占比（％）	14.8	19.3	10.9	38.3	16.7

另外，中国近海5～25米水深范围内风能资源潜在开发量约为2亿千瓦，25～50米水深范围内风能资源潜在开发量为3亿千瓦。

风能资源的开发与利用

　　风能资源是空气沿地球表面流动而产生的动能资源。风能是由空气流动所产生的动能，是清洁可再生能源，具有蕴量巨大、可以再生、分布广泛、没有污染等优点，同时它具有能量密度低、不稳定和分布不均匀等特点。风力发电机组在水平风的推动下运转，将风能转换成电能。目前主流风机在风速达到3米/秒时即可以发电；风速达到10米/秒左右时，发电达到额定功率，如2兆瓦、2.5兆瓦等；风速达到25米/秒时，风电机组停机以防被强风摧毁。因此，风能资源丰歉的本身是由平均风速大小决定的，但是可利用风能资源量就不仅与风能资源本身有关，还与风电利用技术的发展有关，随着风电机组技术的进步，越来越多的风能资源可以得到利用。

5.3 太阳能资源

5.3.1 太阳能资源特征

　　太阳能资源是指以电磁波的形式投射到地球，可转化成热能、电能、化学能等以供人类利用的太阳辐射能（石广玉，2007）。从广义上而言，地球上绝大部分能量都来自于太阳，如传统化石能源、风能、生物质能等。这里的"太阳能资源"仅从狭义而言。太阳能资源属于可再生能源，它可以在自然界不断生成并有规律地得到补充。同时，作为气候要素的重要组成部分，太阳能资源也属于气候资源，为人类的生产和生活提供能量。

　　太阳辐射经过大气层到达地面的过程中，会受到云、气溶胶以及各类大气气体成分的影响。根据IPCC报告（IPCC，2007），大气层顶平均的入射太阳辐照度为 342 瓦/米^2，在辐射传输过程中，云、气溶胶和大气成分的反射作用会削弱大约 77 瓦/米^2 的太阳辐射，大气层的吸收作用会削弱大约 67 瓦/米^2，能够到达地面的太阳辐射约 198 瓦/米^2，其中 30 瓦/米^2 会被地球表面反射回外太空。由此，地球表面可以利用的太阳能资源约为 168 瓦/米^2，占大气层顶的 49%；如果反射回外太空的 30 瓦/米^2 也能被捕获利用，则可占大气层顶的 58%。

太阳能资源的主要特点包括：

（1）总量巨大。到达地球大气层上界的太阳辐射功率为 1.73×10^{11} 兆瓦，约为 2010 年全世界消耗功率的 1 万倍。

（2）取之不尽、用之不竭。根据目前太阳产生核能的速率估算，其产生的能量足够维持上百亿年，而地球的寿命为几十亿年，从这个意义上讲，可以说太阳的能量是用之不竭的。

（3）清洁无污染。相比于传统化石能源，太阳能资源的利用不产生任何污染物和温室气体的排放。

（4）分布广泛。太阳光普照大地，无论陆地或海洋，还是高山或岛屿，处处皆有，可直接开发和利用，且无须开采和运输。

（5）能量分散，密度较低。例如，中国中纬度地区到达地表面的年平均总辐射辐照度仅为 200 瓦/米^2 左右，因此，在利用太阳能时，要想得到一定的转换功率，往往需要面积相当大的一套收集和转换设备，造价和成本都较高。

（6）能量不稳定。由于昼夜、季节、地理纬度和海拔高度等自然条件的限制以及云、气溶胶、大气成分等气象因素的影响，到达某一地面的太阳能资源既是间断的又是极不稳定的，存在着较大的年际变化、年变化和日变化，这些变化既有规律性，又有随机性（申彦波 等，2008）。

5.3.2 太阳能资源总量

从全球范围来看，每年到达地球表面（包括陆地和海洋）的太阳辐射总能量约为 7.42×10^{17} 千瓦时，太阳辐射总功率约为 8.47×10^{10} 兆瓦，单位面积平均辐照度约为 168 瓦/米^2，约占大气上界太阳辐照度的 49%。如果将海洋扣除，则每年到达地球陆地表面的太阳辐射总能量约为 2.15×10^{17} 千瓦时，太阳辐射总功率约为 2.46×10^{10} 兆瓦，大约相当于全世界 2010 年一次能源消费总量的 1500 倍。

从中国区域来看，每年到达中国陆地表面的太阳辐射总能量约为 1.47×10^{16} 千瓦时，太阳辐射总功率约为 1.68×10^{9} 兆瓦，约占全球陆地表面太阳能资源的 6.8%，大约相当于全国 2010 年一次能源消费总量的 540 倍。全国单位面积平均辐照度约为 175 瓦/米^2，比全球平均值高约 5.4%（王炳忠 等，1980）。

5.3.3 太阳能资源分布

太阳辐射以传输方式的不同分为直接辐射和散射辐射，水平面上接收到的直接辐射与散射辐射之和称为水平面总辐射（申彦波，2017）。平板式太阳能热水器和平板式光伏发电利用的是倾斜面上所接收到的总辐射（简称"倾斜面总辐射"）。聚光式太阳能热水器、光热发电和聚光式光伏发电利用的是法向直接辐射。

水平面总辐射太阳能资源基本分布特征。根据水平面总辐射年辐照量的多少，可将全国太阳能资源划分为最丰富区、很丰富区、丰富区和一般区。如图 5.3 和表 5.3 所示，青藏高原及内蒙古西部是中国太阳总辐射资源"最丰富区"（大于 1750 千瓦时/米^2），占国土面积的 22.8%；以内蒙古高原至川西南一线为界，其以西、以北的广大地区是资源"很丰富区"，普遍有 1400～1750 千瓦时/米^2，占国土面积的 44.0%；东部的大部分地区，资源量一般有 1050～1400 千瓦时/米^2，属于资源"丰富区"，占国土面积的 29.9%；四川盆地由于海拔较低且全年多云雾，一般不足 1050 千瓦时/米^2，是资源"一般区"，占国土面积的 3.3%。

知识窗

太阳能资源的开发与利用

人类对太阳能的利用有着悠久的历史。中国早在两千多年前的战国时期就知道利用铜制四面镜聚焦太阳光来点火（史称阳燧），利用太阳能来干燥农副产品。1945 年，美国贝尔实验室研制成实用型硅太阳电池，以及其后的太阳选择性涂层和硅太阳电池等，完成了技术上的重大突破，平板集热器技术逐渐成熟，为大规模利用太阳能奠定了基础；20 世纪 70 年代初，世界上出现开发利用太阳能热潮，研究领域不断扩大，研究工作日益深入，取得一批较大成果，如太阳能真空集热管、非晶硅太阳电池、光解水制氢、太阳能热发电等。目前从能源供应安全和清洁利用的角度出发，世界各国正把太阳能的商业化开发和利用作为重要的发展趋势。欧盟、日本和美国把 2030 年以后能源供应安全的重点放在太阳能等可再生能源方面。预计到 2030 年太阳能发电将占世界电力供应的 10% 以上，2050 年达到 20% 以上。

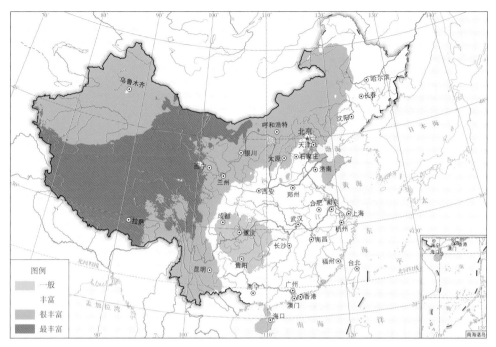

图 5.3　中国陆上太阳能资源基本分布特征

表 5.3　中国陆上太阳能资源分布区域

名称	主要分布地区	占陆地面积
最丰富区	内蒙古阿拉善盟西部、甘肃酒泉以西、青海大部、西藏中西部、新疆东部边缘地区、四川甘孜部分地区	约 22.8%
很丰富区	新疆大部、内蒙古阿拉善盟以东呼伦贝尔以南、黑龙江西部、吉林西部、辽宁西部、河北大部、北京、天津、山东东部、山西大部、陕西北部、宁夏、甘肃酒泉以东大部、青海东部边缘、西藏西部、四川中西部、云南大部、海南	约 44.0%
丰富区	内蒙古呼伦贝尔、黑龙江大部、吉林中东部、辽宁中东部、山东中西部、山西南部、陕西中南部、甘肃东部边缘、四川中部、云南东部边缘、贵州南部、湖南大部、湖北大部、广西、广东、福建、台湾、江西、浙江、安徽、江苏、河南	约 29.9%
一般区	四川东部、重庆大部、贵州中北部、湖北西南部、湖南西北部	约 3.3%

　　光伏发电可利用太阳能资源以最佳斜面总辐射年总量来衡量。对固定式光伏发电而言，按照某一角度倾斜放置时全年接收到的辐照量最大，该角度即为最佳倾角，最佳倾角上接收到的太阳辐射称为最佳斜面总辐射。如图 5.4 所示，青藏

高原、"三北"以及云南的绝大部分地区，最佳斜面总辐射年总量在 1800 千瓦时/米^{2}以上，换算成光伏发电年利用小时数，超过 1400 小时，是中国光伏发电太阳能资源条件最好的区域；以四川盆地为中心的长江中游地区，最佳斜面总辐射年总量在 1200 千瓦时/米^{2}以下，换算成光伏发电年利用小时数，低于 1000 小时，是中国光伏发电太阳能资源条件最一般的区域；其余中东部地区，最佳斜面总辐射年总量为 1200～1800 千瓦时/米^2，是中国光伏发电太阳能资源条件较好的区域。

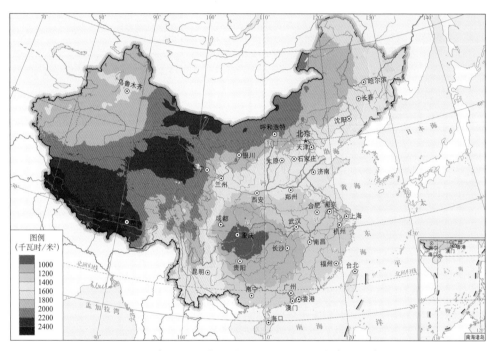

图 5.4　中国陆上光伏发电可利用太阳能资源分布

> ### 知识窗
>
> **辐射量的单位**
>
> 　　辐射量的单位在气象观测中为兆焦/米^2，在太阳能发电工程中通常采用千瓦时/米^2，两者换算关系为：1 千瓦时/米^2 = 3.6 兆焦/米^2。

　　光热发电可利用的太阳能资源以法向直接辐射年总量来衡量，如图 5.5 所示。中国法向直接辐射年辐射量自西向东的空间分布特征是：新疆绝大部分地区为 1200～1800 千瓦时/米^2，其中塔克拉玛干沙漠腹地低于 1200 千瓦时/米^2；内蒙古中西部、甘肃西部、青海中北部、西藏大部是中国法向直接辐射的高值区，年总量在 1600 千瓦时/米^{2}以上，其中西藏西部和南部高至 2000 千瓦时/米^{2}以上；四川东部、重庆、贵州、广西中北部、湖南西部是中国法向直接辐射的低值区，年总量在 600 千瓦时/米^{2}以下；河南、山东南部、安徽、江苏、上海、浙江、湖北大部、江西、福建、广东、广西南部等中国中南和南方地区为 600～1000 千瓦时/米^2；山西、河北、北京、天津、内蒙古东部等华北地区为 1000～1600 千瓦时/米^2；辽宁、吉林、黑龙江和内蒙古东北部大部分地区在 1400 千瓦时/米^{2}左右。

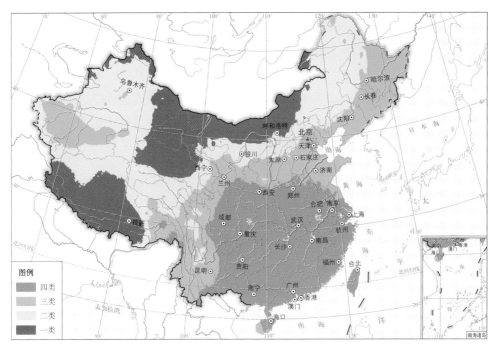

图 5.5　中国陆上光热发电可利用太阳能资源分布

5.4 云水资源

5.4.1 全球水循环

大气中的水物质包括水汽和水凝物两部分，其中水凝物按相态可分为液态和固态（《中国大百科全书》总编委会，2009）。地球中的水多数存在于大气层、地面、地下、湖泊、河流及海洋中。全球水循环是指地球上不同地方的水，通过吸收太阳能量，改变状态，转移到地球上另外一个地方的过程，如通过蒸发、降水、渗透、地表径流和地下径流等。

大气水循环和水平衡是气候系统的重要一环（刘国玮，1997），水循环是一对相变的过程。地面上液态或固态的水分蒸发，经过相变成为大气中的水汽，大气中的水汽在上升运动中通过抬升凝结的相变过程形成水凝物（冰、雪、云、雨），再通过云物理过程下落到地面形成降水，成为可利用新鲜水资源的唯一来源。这里，大气中的水汽如不经过第二次相变形成水凝物是不可能回到地面的。大气降水是人类可利用的陆地水资源的主要来源，它形成江河径流，补充湖泊、冰川、雪盖和地下水、土壤水等。相对于陆地水资源而言，空中水物质瞬时存量较小，但时空变化快，更新周期短。因此，空中水资源较为丰富，具有较大的开发利用潜力。大气中的水并非都是水资源，它取决于人类利用它的技术和能力。当前人工影响天气是开发利用空中水资源的主要技术，空中水物质中有一部分可能通过一定技术手段转化为降水，这部分是空中水资源。其中，水汽量在大气水物质中比例最大，但是从开发利用的角度来说，水汽必须通过直接冷却或抬升膨胀冷却的相变过程才能凝结成水，其经济技术代价太大，目前还缺乏具有实用前景的技术。大气中液态和固态的水凝物，在一定条件下，可采用人工增雨等技术促进它更多地转化降落到地表供人们利用，称为云水资源。

5.4.2 中国降水资源特征

降水是陆地一切水资源的来源。中国陆面多年平均降水量约为 630 毫米，小于亚洲陆面平均降水量（740 毫米）和全球陆面平均降水量（1000 毫米）。中国陆面降水资源量多年平均（1981—2010 年）约为 6.1×10^{12} 米^3，但中国人口众多，每年人均占有的降水资源量约为 4489.1 米^3，约为世界平均的 1/6，按照国际标准，中国属于水资源缺乏的国家（任国玉，2007）。中国降水的时空分布极不均匀，干旱灾害频繁发生且影响面积大，中国西北地区及大城市缺水严重。中国各省（自治区、直辖市）年降水资源量如表 5.4 所示。

表 5.4　中国各省（自治区、直辖市）年降水资源量

名称	人口（万）	面积 (10^4 千米^2）	降水量 （毫米）	降水资源量 （10^8 米^3）	人均占有降水量 （米^3/年）
黑龙江	3833.40	45.48	526.81	2395.95	6250.18
吉林	2746.60	18.74	613.97	1150.58	4189.11
辽宁	4374.90	14.59	647.32	944.44	2158.77
北京	1961.90	1.68	545.57	91.66	467.18
天津	1299.29	1.13	533.01	60.23	463.56
重庆	2884.62	8.23	1127.77	928.16	3217.61

名称	人口（万）	面积 (10⁴ 千米²)	降水量 （毫米）	降水资源量 (10⁸ 米³)	人均占有降水量 （米³/ 年）
上海	2302.66	0.63	1178.00	74.21	322.30
河北	7193.60	18.77	503.49	945.05	1313.74
山西	3574.11	15.63	474.90	742.27	2076.78
陕西	3735.23	20.56	633.88	1303.26	3489.11
甘肃	2559.98	45.44	401.92	1826.33	7134.16
宁夏	632.96	6.64	275.67	183.04	2891.89
新疆	2185.11	166.00	165.89	2753.72	12602.22
西藏	300.72	122.80	460.17	5650.94	187912.44
内蒙古	2472.18	118.30	318.97	3773.40	15263.44
青海	563.47	72.23	372.15	2688.01	47704.63
山东	9587.86	15.38	644.20	990.79	1033.37
河南	9405.47	16.70	745.25	1244.57	1323.24
江苏	7869.34	10.26	1020.62	1047.16	1330.68
浙江	5446.51	10.20	1494.87	1524.77	2799.54
安徽	5956.71	13.97	1216.45	1699.38	2852.89
湖南	6570.10	21.18	1410.28	2986.98	4546.32
湖北	5727.91	18.59	1204.06	2238.35	3907.80
江西	4462.25	16.70	1676.52	2799.79	6274.40
广西	4610.00	23.60	1533.95	3620.13	7852.77
广东	10440.96	18.00	1782.77	3208.99	3073.47
福建	3693.00	12.13	1649.62	2000.99	5418.34
云南	4601.60	38.33	1092.12	4186.10	9097.04
贵州	3478.94	17.60	1179.12	2075.25	5965.17
四川	8044.92	48.14	956.30	4603.64	5722.41
海南	868.55	3.40	1774.26	603.25	6945.46
台湾	2316.00	3.60	2474.06	890.66	3845.69
香港	706.80	0.11	2398.50	26.38	373.28
澳门	54.50	0.0025	2013.00	0.50	92.34
合计	136462.17	964.74	35045.48	61258.94	4489.08

注：人口、面积资料为 2010 年中国统计年鉴数据，降水量和降水资源量为 1981—2010 年平均值

5.4.3 云水资源概念

云水资源是指存在于空中，能够通过一定技术手段被人类开发利用的水凝物。云水资源的开发和利用必须首先对空中水凝物总量（云水总量）的分布演变

规律进行评估研究。

　　大气中的云有多种类别，不同类别的云含水量及垂直分布有很大差异，天气系统、海陆分布、地理纬度和地形（如青藏高原）、季节等是影响云类别和云含水量的主要因素。水汽含量和云含水量在垂直方向上的积分量分别称为水汽量和云水量。一定时间内，区域中的水汽量平均值或云水量平均值与平均降水强度的比值称为水汽更新周期或云水更新周期。

　　一定时段内，区域中初始时刻的水汽量、由区域各边界流入的水汽量、由地面蒸发进入空中的水汽量以及云水蒸发（升华）转变而成的水汽量的总和，称为水汽总量。一定时段内，区域中初始时刻的云水量，由区域各边界流入的云水量以及由水汽凝结的云水量总和，称为云水总量。其中，有一部分通过自然云降水过程降落到地面形成降水，降水与云水总量的比值称为云水的降水效率。剩下那部分留在空中的，为最大可能开发的云水资源量，称为云水资源总量。

5.4.4　中国大气中云水量的时空分布特征

　　2010 年起，我国开始云水资源评估的相关研究，提出了利用地面降水、大气温度、湿度、云等的遥感观测和诊断开展云水资源评估的方法，从云水的瞬时量、平流输送和云水资源总量等方面，研究给出云水资源的时空分布特征。

　　中国大气中云水量的空间分布十分不均匀。平均而言，中国大气中的云水量基本呈随纬度和地形增高而减小的趋势。东南区域大气中云水量较为丰沛，其中长江流域的云水量最大，可达 0.8 毫米。东北区域和青藏高原的云水量较小，年平均不到 0.1 毫米。大气中水汽量的空间分布特征与云水类似，也表现为随着纬度的增加而减少、随着地形的增高而减少的特点。但水汽量明显高于云水量，中国东南部地区水汽量比西北部地区大，水汽量的最大值位于中国南方沿海的海南、广东、广西等省（自治区），可达 50 毫米，最小值在青藏高原一带，包括其北侧中国降水最少的塔里木盆地和吐哈盆地，水汽量均不到 5 毫米。

　　大气中的云水量和水汽量有明显的季节性变化特点（张家诚，2010），夏季云水量和水汽量最为丰沛，春、秋季次之，冬季最少。

　　全球大气水汽更新一次平均只需 8 天，即一年中大气中的水汽可更新 45 次。2008—2010 年，中国的云水更新周期平均只需 7 小时，而水汽的更新周期平均为 10 天，可见云水的更新速率远远快于水汽等其他任何水体。云水和水汽的更新速率均表现为自西向东、自南向北、由东南沿海向西北内陆逐渐变小的趋势。夏季云水和水汽的更新周期最短，春季和秋季次之，冬季云水和水汽的更新周期最长。

5.4.5　中国云水输送的时空分布特征

云水输送是指大气中的云水由气流携带，从一个地区上空运输到另一个地区的过程。由于云水在时间和空间上都是不连续的，因此，云水的输送在各地、各季节有明显差异。2008—2010 年，从各边界流入中国的云水量年平均值约为9550 亿吨，流出量约为 9320 亿吨，云水的净流入量约为 230 亿吨。相同时段内，从各边界流入中国的水汽量年平均值约为 33.1 万亿吨，流出量约为 30.8 万亿吨，水汽的净流入量约为 2.3 万亿吨。

中国云水和水汽的平流输送分布有所差异。其中，东北和西北地区的云水和水汽的输入量大于输出量，而东南和中部地区的水凝物输入量小于输出量，最大值位于四川一带；水汽平流输送特征与之相反，输入量大于输出量，最大值位于中国南方沿海、四川东南部、新疆西部等地区，最小值在青藏高原东南部、云贵高原一带。

5.4.6　中国云水资源总量的时空分布特征

2008—2010 年，中国云水年总量的平均值约为 7.15 万亿吨，云水的降水效率约为 70%（图 5.6）。水汽年总量的平均值明显高于云水年总量，约为 36.9 万亿吨，但降水效率仅有 14%。由此可见，虽然云水在大气中的含量较低，但由于其更新周期快、降水效率高，对水循环和空中水资源开发十分重要。

由于云的分布特征在各地、各季节有明显差异，云水总量和降水效率也有其时空分布特征。中国东南区域的云水总量平均值最大，中部区域次之，西北和华北区域的云水总量平均值较小，结合各地的降水特性，东南和西南区域的云水降水效率也较高，约 70%；东北、西北和华北区域的云水降水效率较低，约 50%。

中国空中云水资源总量在东南沿海的浙江、西南地区的贵州等地最为丰沛，而北方的新疆、内蒙古等地云水资源总量相对较少，空间分布极不均匀。

5.4.7　云水资源的开发利用

人工增雨（雪）是开发云水资源的有效手段（郑国光 等，2005）。即在适当的云条件下，采用具有针对性的人工催化技术方法，改变云降水物理过程，提高云系降水效率，促使更多的云水转化为降水，从而达到增加局地降水的目的。现代人工增雨（雪）活动开始于 1946 年，目前全世界每年有 30 多个国家开展这项工作。世界气象组织指出：应把人工影响天气作为水资源综合管理战略的一部分，并建议在各国开展云、雾和降水气候学分析，加强新观测工具和数值模拟技术的应用，开展跨国外场试验和独立专家评估等。

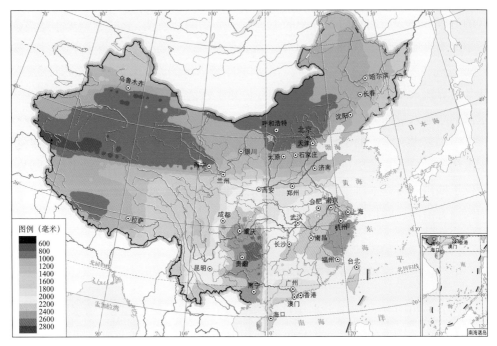

图 5.6　2008—2010 年中国云水资源总量平均分布

　　中国从 1958 年开始，在抗旱减灾的强烈需求推动下，进行了大量的人工增雨（雪）作业，取得了很大成绩，在技术上积累了丰富的经验。20 世纪 90 年代以来，形成了各级政府领导、气象主管机构管理的组织管理体系，队伍结构不断改善，逐步发展建立了各级人工影响天气业务体系作业技术，装备和能力都得到明显提高，人工影响天气作业规模居世界首位。近年来，全国年均增加降水量约 500 亿吨，极大地缓解了当地的旱情和水资源短缺的问题，许多地区人工增加的大气降水直接补充了当地的水库库容，增加了江河径流或补给了地下水。

　　云水资源的开发潜力受云系条件、各地需求和局地灾害等因素控制，这些因素在各地、各季节、不同云系均有较大差异，因此不同地区的云水资源开发潜力也有明显差别。

5.5 农业气候资源

　　农业气候资源是指能为农业生产所利用的气候要素中的物质和能量的总称（孙卫国，2008）。农业气候资源是农业自然资源的组成部分，也是农业生产的基本条件，由光能、热量、水分和大气组成。表达农业气候资源的多少通常有四种形式：一是累积量，常用一定时间内的总和表示，如积温、降水量、日照时数、太阳总辐射量等；二是持续时间，常用日数表示，如无霜期、可能生长季长度等；三是日期，如稳定通过界限温度的初日、终日等；四是强度，如平均温度、年极端温度等。

5.5.1 光能资源

　　光能资源主要包括太阳总辐射量、光合有效辐射量和日照时数等要素。太阳辐射是农作物通过光合作用形成生物量最基本的能量，在太阳总辐射中占41%～50% 的可见光部分为光合有效辐射，可以被农作物直接吸收。光能资源具有巨大潜力，地球上植物的光能利用率尚不到1%。日照时数的多少与光合时间长短和光周期有关。

　　中国太阳光合有效辐射量的分布具有明显的地域差异（图 5.7）。年光合有效辐射通常为 1450～3600 兆焦/米^2，高低相差幅度超过 2000 兆焦/米^2。总体而言，中国西北地区全年光合有效辐射量明显高于东北、中东部以及南方大部分地区。内蒙古中东部、西北、青藏高原大部、西南地区西部年光合有效辐射较多。西北及西南地区西部年光合有效辐射在 2400 兆焦/米^2 以上，东北及南方大部地区在 2400 兆焦/米^2 以下。光合有效辐射最高值仍主要位于青藏高原南部地区，全年总量达 3600 兆焦/米^2 以上；最低值主要位于四川东部、重庆、贵州、湖南大部、湖北南部，年总量在 2000 兆焦/米^2 以下。

　　中国年日照时数总体呈现出北多南少的分布格局。北方大部地区及西南地区西部年日照时数在 2200 小时以上，南方大部地区在 2000 小时以下。东北地区大部、华北、内蒙古、西北地区及青藏高原大部地区年日照时数为 2200～3200 小时，尤以内蒙古西部、新疆东部、青藏高原西部地区最为明显，达 3200 小时以上，年日照时数最长。西南地区东部及北部、长江中下游及华南大部、西藏东部年日照时数为 1000～2000 小时。四川东部、重庆西南部年日照时数最少，不足1000 小时。

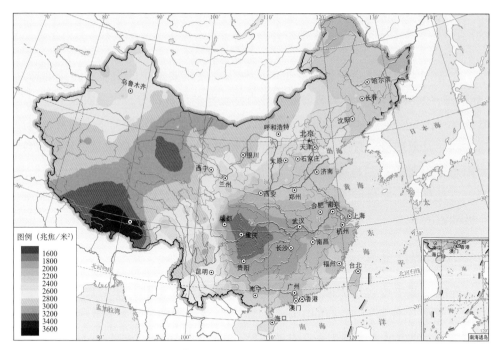

图 5.7　中国光合有效辐射年总量分布（1981—2010 年平均）

知识窗

光合有效辐射

　　太阳辐射是植物生长所需外部能量的重要来源，其中波长在 380～710 纳米范围内，可以被绿色植物的叶绿素所吸收并参与光化学反应的那部分太阳辐射，称为光合有效辐射 (photosynthestically active radiation, 简称 PAR)，单位为焦/米²。光合有效辐射是气候生产潜力的重要因素，是形成生物量的基本能源，直接影响植物的生长、发育、产量与产品品质。

　　光合有效辐射和日照时数对作物的生长发育有直接影响。光合有效辐射直接影响作物光合作用强度和干物质产量，日照长短则主要影响作物的光周期和发育进程。光合有效辐射较低的地区理论上作物生产潜力较小，应注意协调温度和降水条件，充分利用光能资源，或者选育优质高光效品种。光合有效辐射较高的地区如果配以适宜的水热条件则作物生产潜力较高，可以合理扩大种植。

　　中国光能资源丰富，绝大多数地区的光能能够满足农作物的生长发育和产量形成的需要。唯有水热资源较丰富的东部地区光能资源较少，而光能资源丰富的西部地区却水热资源不足。如果按照单产 3000～3750 千克/公顷计算，农田光能利用率仅有 0.4%～0.5%；即使按一季高产作物（小麦、玉米）单产 7500 千克/公顷计算，光能利用率也不超过 1%；中国南方三季稻高产田，单产 22500 千克/公顷，光能利用率也仅为 2%。因此，农田光能资源利用率有很大的提升潜力。

5.5.2　热量资源

热量资源是农作物生长发育和产量形成的基本条件之一，决定生长期的长短、种植制度的形式，影响作物的产量和品质。热量资源包括积温、生长期、无霜期等。

中国是世界上热量资源最丰富的国家，由南往北相继出现热带、南亚热带、中亚热带、北亚热带、南温带、中温带、北温带。青藏高原还有高原温带、高原亚寒带和高原寒带。中国东部主要农业区面积较大，其中亚热带和中、南温带约占全国陆地总面积的 42.5%，其热量与美国主要农业区相近似。中国热量资源的季节变化明显，农事活动气候依赖性强。中国东部与世界同纬度相比，冬季过冷，夏季偏热，而且纬度越高越明显，冬季比夏季突出。夏季偏热，一年生喜温作物（水稻、玉米等）可种植在纬度较高的东北地区，有利于扩大喜温作物种植面积和提高复种指数。冬季过冷，使越冬作物或多年生亚热带和热带经济果木林的种植北界偏南。这一热量特点也是形成中国种植制度多样性的原因之一。

平均气温。平均气温能够综合反映某地区的热量状况，其数值大小和分布特征是热量资源丰富程度和地区差异的具体表现。中国年平均气温大多在 0 ℃以上，南方大多在 15 ℃以上，热量条件总体较好，利于作物生长发育。年平均气温的分布总体呈现出由东南向东北、西北逐渐减少的趋势。年平均气温低值区主要位于西藏东北部、天山山脉、内蒙古东北部、黑龙江西北部地区，为 0 ℃以下，作物生长季短、产量低；0～10 ℃的区域包括青藏高原大部、东北、内蒙古和西北大部、华北北部和西部等，作物主要有春玉米、春大豆和一季稻；10～15 ℃的区域包括西北东南部、华北东部和南部、黄淮、江淮中北部、江汉北部及西南大部，主要作物有冬小麦、油菜、一季稻、夏玉米、棉花等；15～20 ℃的区域包括江南大部、江汉南部、四川盆地东部、华南北部、云南中部，华南中南部则达 20 ℃以上，包括云南、福建、广西、广东大部、海南全部地区，这些地区有利于双季稻、亚热带和热带经济林果的生长。

≥0 ℃积温。全年日平均气温稳定通过 0 ℃的积温反映地区农耕期内的热量资源。中国≥0 ℃积温总体上由东南向西北内陆逐渐减少（图 5.8）。≥0 ℃积温地区差异很大，总体为 1000～9000 ℃·d。青藏高原海拔高，积温最少，大多在 2000 ℃·d 以下，以草原畜牧为主；东北地区、内蒙古、西藏大部、青海北部和东部、新疆除盆地以外地区、甘南、四川西北部，积温为 2000～4000 ℃·d，以草原畜牧业、农牧过渡带为主，作物一年一熟；黄土高原区、华北平原东部、内蒙古西部、新疆盆地等地区积温在 4000～5000 ℃·d，作物两年三熟或一年两熟。海河、秦岭至长江流域北部一带以及西南部分地区积温为 5000～6000 ℃·d，长江流域以南至南岭之间，积温为 6000～8000 ℃·d，其中广东和广西沿海、海南、云南河谷在 8000 ℃·d 以上，作物一年两熟到一年三熟。

≥10 ℃积温。稳定通过≥10 ℃积温反映喜温作物生长期间的热量状况。其分布趋势与≥0 ℃积温基本一致。≥10 ℃积温总体为 0～9000 ℃·d，其中，最高值位于云南、广西、广东南部局部、海南岛全部地区，达 8000 ℃·d 以上，可以种植三季稻；云南、福建、江西南部、广西、广东大部地区≥10 ℃积温也较高，达 6000～8000 ℃·d，以双季稻为主，部分地区可以种植三季稻；长江中下游一带的积温为 5000～6000 ℃·d，可以种植一季稻或双季稻，5300 ℃·d 是

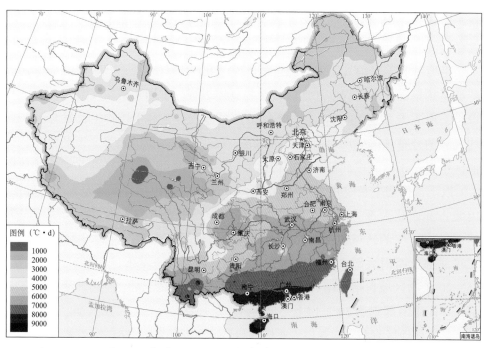

图 5.8　中国≥0 ℃积温分布（1981—2010 年平均）

双季稻的安全界限。在西藏、青海大部、四川西北部、甘肃东南部、内蒙古东北部、黑龙江西北部地区，积温低于 2000 ℃·d，作物以一年一熟为主。其余地区积温基本为 2000～5000 ℃·d，适合一年两熟，水分条件允许则可种植单季稻。

无霜期。中国无霜期的分布主要呈现出由东南向西北逐渐缩短的趋势。北方大部及西南地区西部无霜期较短，基本在 200 天以下；西南、华北平原大部及其以南地区无霜期较长，达 200 天以上。高值区主要位于四川东南部、云南、福建南部、广西、广东、海南全部地区，达 350～366 天；低值区主要位于青藏高原大部、新疆西北局部、内蒙古东北部、黑龙江西北部地区，无霜期短至 10～150天。其他地区无霜期主要介于 150～350 天。

中国热量资源总体呈东南、西南部较高的空间分布格局。温度过高会使高温热害增多，尤以长江中下游一季稻和华南早稻高温热害最为明显。黄淮海及长江中下游地区冬小麦也会发生高温逼熟，灌浆期缩短，产量下降。较高的温度也会使农业病虫害频发重发，其危害损失日益严重。

温度低的年份可能发生低温冷冻害。如北方冬麦区终霜冻日期偏晚会对冬小麦拔节生长和发育造成不利影响；在江南、华南双季稻种植区，早稻播栽期会发生倒春寒（春季低温），晚稻抽穗扬花期会发生寒露风（秋季低温）；东北地区热量资源相对不足，喜温作物比例又较大，夏季遭受低温冷害的风险（夏季低温）也较大。

5.5.3 水分资源

水分资源包括降水量、土壤储水量等。水分资源是决定农作物生长发育的基本条件之一，决定产量的高低、种植面积的多少等。中国年降水量空间分布情况（翟盘茂 等，2007）参见 2.2 节。

中国作物生长季内（≥0 ℃期间）年参考作物蒸散量总体呈现出南部及西北内陆偏多的分布格局。年参考作物蒸散量为 340～1800 毫米。其中，华南及西南南部、新疆中南大部、甘肃、青海、内蒙古、西藏西北部地区年参考作物蒸散量较高，在1000 毫米以上；其余大部分地区在 1000 毫米以下，其中青藏高原大部、内蒙古东北部、东北三省大部低于 800 毫米；新疆北部、西藏中南部、青海西北部、四川盆地以东、内蒙古中部以南、长江中下游及其以北地区基本介于 800～1000 毫米。

知识窗

参考作物蒸散量

参考作物蒸散量指生长一致，水分充足，作物高度 12 厘米，叶面阻力 70 米/秒，反射率 0.23，完全覆盖地面的绿色草丛植被（禾草或苜蓿）的蒸散量，由于对地表植物做了严格的定义，因此，它的变化只与气象因素有关。联合国粮食及农业组织（FAO）推荐 Penman-Montith 公式为计算参考作物蒸散量的标准方法。

中国年水分盈亏量从东南向西北总体呈现由盈余到亏缺的分布规律（图5.9）。四川盆地以东、秦岭—淮河以南的南方大部地区水分处于盈余状态，基本介于 0～1200 毫米，部分地区达 1200 毫米以上；东北、华北、西北、西南大部等地水分处于亏缺状态，其中内蒙古西部、西藏、青海、甘肃西北部、西藏东南部分地区、新疆大部地区水分亏缺超过 800～1600 毫米，尤以新疆东北部、内蒙古西部部分地区最为明显，水分亏缺量高达 1600 毫米。水分亏缺地区要注重

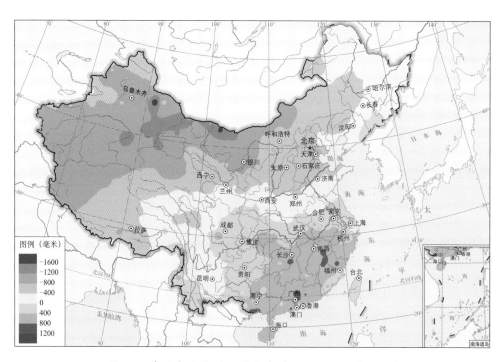

图5.9　中国年水分盈亏量分布（1981—2010 年平均）

干旱发生的频率和强度，推广旱作节水技术，增加农业防旱减灾综合能力，加大优良抗旱品种推广力度，提高良种覆盖度，以减轻降水资源不足带来的不利影响。

雨热同季，农业气候资源优势突出但不稳定。中国大部分地区气温与降水的季节变化基本同步，这是农业气候资源的一种优势。夏季温高雨多，光合有效辐射量大，为植物旺盛生长提供了十分有利的条件，气候生产潜力高。但由于冬、夏季风年际间进退时间、强度和影响范围的不同，导致中国温度、降水年际变化明显，热量资源和降水资源不稳定，各地不同程度存在干旱、洪涝、高温、低温冷害等农业气象灾害，需要加强气候规律和气候资源时空分布特征的研究，因地制宜，趋利避害。

✦|知识窗

水分盈亏量

水分盈亏量是一个地区某一时段降水量和参考作物蒸散量的差值。当水分盈亏量大于 0 时，水分有盈余；当其小于 0 时，水分处于亏缺状态。水分盈亏量的大小反映了水分盈亏程度及气候的干湿程度，是确定农田灌溉定额、规划农田用水等的重要指标。

5.5.4 农业气候区划

农业气候区划是在农业气候条件分析的基础上，以对农业地理分布有决定意义的农业气候指标为依据，遵循农业气候相似原理和地域分异规律，将一个地区划分为若干个具有不同农业意义的农业气候区域。其目的在于阐明地区农业气候资源和灾害的分布变化规律，为合理配置农业生产、改进耕作制度等提供气候依据。

基于全国 1981—2010 年的逐日气象资料，采用三级气候区划指标体系，把中国划分为 3 个农业气候大区、14 个农业气候带和 49 个农业气候区（廖要明 等，2014）。3 个农业气候大区分别为东部季风农业气候大区、西北干旱农业气候大区和青藏高寒农业气候大区。东部季风农业气候大区与西北干旱农业气候大区以年降水量 400 毫米作为主要划分指标，东部季风农业气候大区光、热、水匹配适宜于农业生产，而西北干旱农业气候大区水分不足限制光、热资源的利用，不利于农业生产，而以牧业为主。≥0 ℃积温 3000 ℃·d 和最热月平均气温

18 ℃为青藏高寒农业气候大区与东部季风农业气候大区、西北干旱农业气候大区的划分指标。与其他两个农业气候大区相比，青藏高原海拔高，热量资源低，为全国热量资源最少的区域，限制了农牧业对光、水资源的充分利用，区内主要为牧业，种植业主要集中在海拔较低的河谷地区。

农业气候带的划分指标主要考虑具有明显地带性的热量带和能够反映农业生产的熟制、不同种类经济林木和作物地域分布、越冬状况和产量等方面的热量特征值，以便提供生产规划部门调整种植制度、安排茬口等。因 3 个农业气候大区的农业热量条件各具特点，所以选择的指标并不完全一致。主要以≥0 ℃积温和年极端最低气温多年平均值为主要指标，最热月平均气温和最冷月平均气温为辅助指标（李世奎 等，1988）。

农业气候区的划分着重考虑反映非地带性的农业气候类型和影响各地区农业生产的主要农业气候问题（王连喜 等，2010）。划分指标有较大的灵活性，往往因带而异，主要采用≥0 ℃积温、年降水量、最热月平均气温及 4—10 月干燥度等。

5.6 旅游气候资源

5.6.1 旅游气候资源特征

旅游气候资源是指直接或间接形成的具有观赏功能或激发旅游动机功能的气候资源（吴宜进，2009）。首先，气候本身就是一项旅游资源，有直接造景的旅游功能。气候还兼具间接育景的旅游功能，是形成旅游景观的重要因素，不同的气候带有不同的风光美景。旅游气候资源的分布既具有地带性、特定性，又具有普遍性。具体来看，旅游气候资源有持续性和有限性、季节性和地域性、整体性和脆弱性等特点。

由于中国各地纬度分布、距海远近、地形地势以及在大气环流中所处位置不同，中国各地气候差异很大，从而成为世界上气候旅游资源最为丰富多彩的国家之一。

季风气候造成雨热同季。特殊的地理位置和西高东低的地形地势的影响，形成了中国独特的季风气候，全国大部分地区受季风环境的影响，夏季高温多雨、冬季寒冷少雨，而且雨热同期，高温多雨对于各种植物的生长十分有利，从而造就了丰富多彩的植被景观。

气候类型复杂多样，气候旅游资源丰富多彩。中国面积广阔，南北横跨 49 个纬度，东西包括 63 个经度，东南面临海、西北部深居内陆，有着世界屋脊青藏高原和高山大川，地形复杂，全国各地的气候千差万别，旅游资源丰富多彩，多样的风景地貌和多功能的气候资源，为生物界提供了优越的生存栖息环境，使自然景观更加多姿多彩。例如，低纬度地区的热带景观、高纬度地区的冰雪景观、山地的云雾景观、海洋和荒漠中的海市蜃楼、避暑避寒胜地等。即使在同一季节，南北气候也差异较大，有利于开展多种气候条件下的旅游。

康乐型气候旅游资源众多。中国亚热带面积约占全国总面积的 1/4。总体来说，亚热带地区气候温和，雨量适中，四季分明，既有使人心情舒畅、精力充沛的康乐气候，又有绿水青山、名胜古迹等旅游景观，是气候舒适、自然环境较好的旅游区。一般情况下，除了以猎奇探险为旅游目的的少数游客以外，大多数游客都喜欢到气候宜人的地区旅游，如四季如春的昆明、冬季的海南等。这些地区的气温、湿度、日照、风速等量度适中，有利于人们户外活动。

山地气候的立体性和层次性形成了别具特色的气候景观。中国拥有类型多样、富有美感性的、不同尺度的风景地貌景观，这在世界上是独一无二的。从海平面以下 155 米处吐鲁番盆地的艾丁湖底，到海拔 8844.43 米的世界第一高峰——珠穆朗玛峰，绝对高度差达 9000 米左右。中国不仅有纬向地带性的多样气候带变化，还有鲜明的立体气候效应，立体性和层次性非常明显，赋予了众多名山圣地"一山有四季，十里不同天"的多变景象。

中国下垫面状况复杂，小气候旅游资源更为多样。近地 1～2 米高度空气层内因土壤、植被等差异所产生的特殊气候统称小气候。这一层是包括人类在内的一切生物活动的场所，也是人们旅游活动的主要场所。小气候的差异是人们近距离旅游的一个主要因素之一，如从城市气候转到湖滨气候、森林气候、乡村农田气候、洞穴气候等气候环境中。而中国下垫面状况复杂，造成小气候旅游更为丰富，如同样是云雾景色，庐山的云多烟雾，给人轻盈、虚幻的感觉；洞庭湖的雾景时隐时现，若有若无，情景十分不同。

5.6.2　旅游气候资源分类

中国从南到北、从东南到西北，不同的气候特征形成了不同的气候旅游资源。从旅游目的分类，气候旅游资源可分为两大类：一是如黄山、庐山、峨眉山的云，新安江的雾，草堂烟雾，江南春雨、潇湘烟雨、东北林海雪原、西山晴雪、太白积雪、吉林树挂、峨眉华山衡山的雨凇、黄山泰山衡山的日出、泰山岱顶的晚霞夕照、贵州毕节的东壁朝霞、峨眉山的金顶佛光和山东蓬莱蜃景等观光型旅游气候景观资源；二是如三亚、昆明、北戴河、青岛、大连、北海、厦门等海滨修养性游乐以及黑龙江、吉林、内蒙古的滑雪场和冰雪雕刻艺术，西南西北冰雪探险等活动性游乐。

5.6.3 旅游气候景观

旅游气候景观是指大气中的冷、热、干、温、风、云、雨、雪、霜、雾、雷、电、光等各种物理现象和物理过程所构成的可观赏自然景观。常见的气象景观类型很多，主要有雨景、云雾景、冰雪景、霞景、蜃景、佛光、极光景、日出、日落、云海、雾凇、雨凇等（李先维，2005）。

云海。云海是山岳风景的重要景观之一，所谓云海，是指在一定气象条件下形成的云层，并且云顶高度低于山顶高度，当人们在高山之巅俯视云层时，看到的是漫无边际的云，它与山景相映成趣，如临于大海之滨，波起峰拥，浪花飞溅，惊涛拍岸，故称这一现象为"云海"。日出和日落时形成的云海，五彩斑斓，也称为"彩色云海"，极为壮观。中国著名高山伴有云海，其中以黄山云海尤为著名，这里年平均云海次数超过 200 次，是重要的旅游气候资源，居黄山四大奇观之首。

雾凇。雾凇又名树挂，是雾气在低于 0 ℃时，附着在物体上而直接凝华生成的白色絮状凝结物（周丽贤 等，2016）。它集聚包裹在附着物外围，漫挂于树枝、树丛等景物上。中国雾凇分布特点是：高山多于平原，湿润地区多于干旱地区，北方多于南方。中国雾凇最多的地方是四川峨眉山、江西庐山、陕西华山和安徽黄山，但是平原地区雾凇之名最盛在吉林。

雨凇。雨凇是在低温条件下，小雨滴附着于景物上冻结的透明或半透明的冰层与冰块。雨凇的产生必须满足低层空气有逆温现象。雨滴从上层气温高于 0 ℃的空气中下降到下层气温低于 0 ℃的空气中，便处于过冷却状态。过冷却水滴附着到寒冷的物体表面便立刻冻结成雨凇。雨凇的分布是高山区多于平原区，湿润区多于干旱区，不同于雾凇，南方的雨凇远多于北方。中国雨凇日数最多的地方依然是四川峨眉山，江西庐山雨凇誉称"玻璃世界"，湖南衡山和安徽九华山等也是雨凇景观地。

佛光。佛光又称宝光，是山岳中一种与云有关的大气光学现象，也是一种奇特的气象旅游资源。其本质是太阳自观赏者的身后，将人影投射到观赏者面前的云彩之上，云彩中的细小冰晶与水滴形成独特的圆圈形彩虹，人影正在其中，有时可持续几十分钟。佛光的出现无原则，需要阳光、地形和云海等众多自然因素的结合，只有在极少数具备了以上条件的地方才可欣赏到。庐山小天池、峨眉山金顶、泰山岱顶、黄山莲花峰等都是有名的观赏宝光妙地。

霞景。霞景是日出和日落时，在太阳附近和云层上出现的色彩缤纷的光学现象。早晚太阳高度低，阳光接近地平线，通过大气层，最后光波较短的各色光几乎全被水和尘埃散射掉，剩下光波较长的红、橙、黄等色光映在天空或云层上，这就叫"霞"，有些地方俗称"烧"。早上出现在东边天空或云层上的叫"早霞"（朝霞），傍晚出现在西方天空或云层上的叫"晚霞"。

雪景。雪景是中纬度地区的冬季和高纬度地区及高山上出现的一种特殊的大气降水现象，配以高山、森林、冰川等自然景观，构成奇异的冰雪风光，形成千里冰封、万里雪飘、银装素裹的壮丽景观。中国降雪比较丰富，冬季，北方乃至长江中下游地区都有降雪。高山上降雪更多，分布区域更广，即使位于低纬度的云南丽江，玉龙山也常雪花飞扬。

5.6.4 避暑和避寒胜地

气候是产生旅游动机的重要原因之一，其中气温是重要因素。因气温差异，有了避暑和避寒胜地，从而有旅游热点、冷点之差异，气温是旅游舒适度最主要的决定因素。国内外研究表明，气候舒适度与气温、风、湿度等气象条件密切相关，了解它们对体感温度的综合影响，可以得到气候最舒适等级对应的体感温度条件，较好地评价避暑和避寒胜地。根据环境卫生学理论，静态时体感温度在23～25 ℃为人体最舒适的气候条件，考虑旅游活动时体感温度较静态时高，体感温度在22～24 ℃为最佳旅游气候舒适度，20～22 ℃和24～25 ℃次之。研究表明，旅游客流量特别是滨海型旅游目的地、避暑旅游目的地、避寒旅游目的地等与气候舒适度相关性明显，是影响客流量年内变化的主要因素之一（吴普 等，2014）。

对于北方寒冷冰雪地区的冬季冰雪旅游，气温也是非常重要的因素之一。研究显示，最低气温大于等于 -20 ℃时对应旅游人数相对高值，-20 ℃以下随着最低气温下降，旅游的人数会减少，并且在 -35 ℃以下的寒冷天气里不宜开展户外旅游活动。在全球气候变暖的大背景下，更有利于开发北方冬季冰雪旅游资源。

第6章 气象灾害

CHAPTER SIX

6.1 中国气象灾害概况与特征

气象灾害是指由于气象原因直接或间接引起的，给人类和社会经济造成生命伤亡或财产损失的自然灾害。中国是世界上受气象灾害影响最为严重的国家之一，平均每年造成的直接经济损失占全部自然灾害损失的 70% 以上。受地理位置、地形地貌、季风气候、大气环流活动等自然因素，以及人类社会经济分布和发展的相互作用和综合影响，中国气象灾害总体呈现以下主要特征。

6.1.1 种类繁多

中国气象灾害种类多，主要有台风、暴雨（雪）、寒潮、大风、龙卷、沙尘暴、低温、高温、干旱、雷电、冰雹、霜冻、大雾、霾等；次生灾害主要包括强降水引发的江河洪水、山洪、城市内涝、地质灾害、积（渍）涝以及风暴潮和海浪等海洋灾害、森林（草原）火灾、空气污染、农林病虫害等。

6.1.2 发生频率高，阶段性、季节性和区域性特征明显

以干旱为例，干旱在一年四季中均有发生，一些地方年干旱发生频率多达 60%～80%，如华北中南部、黄淮北部、云南北部等地；干旱持续时间长，往往出现季节连旱甚至持续数年；干旱多发区位于华北中南部和西南南部地区，次多旱中心主要位于东北西部、华南沿海地区；季节性干旱多发区存在明显的地域差异。暴雨洪涝灾害主要出现在 4—10 月，一次严重洪涝灾害可持续一周、半月，甚至更长；随着主雨带季节推移，暴雨洪涝灾害多发区也发生明显变化，4—5 月位于华南地区，6—7 月移到长江中下游地区，7—8 月，华北、东北以及新疆、西北地区进入汛期，暴雨洪涝灾害也增多，秋季，华西地区常常多雨，灾害时有发生。西北太平洋和南海每年各月都有台风生成，其中 7—10 月为活动盛期，5—12 月均有登陆，但主要集中在 7—9 月，占全年总数的近 80%，台风主要影响中国沿海地区，深入内陆的台风一般可造成 1～2 天的影响，最长可达 4～5 天。

6.1.3 群发性突出，连锁反应显著

气象灾害群发性表现为同一时段内多种灾害同时发生，或同一种灾害多处发生，或多种灾害在多处发生。中国气象灾害群发性突出，雷雨、冰雹、大风、龙卷等灾害常常有群发现象。受冷锋影响，会同时发生暴雨及引发的洪水、泥石

流、滑坡等灾害，以及冰雹、龙卷和雷暴大风。台风系统常常带来暴雨、大风、风暴潮、狂浪，甚至龙卷等灾害，如2015年台风"彩虹"影响期间，广东广州、佛山、汕尾等多地遭受龙卷袭击，造成多人伤亡。长时间持续高温热浪，同时会发生干旱、干热风以及病虫害、森林（草原）火灾等灾害，2006年，中国川渝地区遭受特大伏旱，多地发生山火。2008年初，低温、雨、雪、冰冻灾害群发、广发，表现为多灾种而且多地。

气象灾害连锁反应显著。气象灾害常常因某种致灾因子引发一系列灾害，有串发性和并发性两种形式。气象灾害在一系列链性反应下造成人员伤亡、财产损失的灾情，主链不同，串、并发机制也不同，次生灾害种类数量以及破坏力也有很大不同。2008年，中国南方地区冰冻雨雪灾害以低温、雨雪引发的冰冻为核心的串发性灾害链为主，涉及17种次生灾害，25条灾害链，且链条较长，使得灾情层层放大，尤其整个城市生命线系统遭受严重影响，对社会生产生活破坏巨大（白媛 等，2011）。

6.1.4 损失重、影响范围广

1991—2015年，中国平均每年气象灾害直接经济损失达2409.6亿元，其中2010年直接经济损失高达5097.3亿元，2013年次之，有4766.0亿元（图6.1），总体呈现增加趋势；平均每年直接经济损失占全国国内生产总值（GDP）的1.9%，由于全国国内生产总值增加趋势明显，致使比例呈现明显减少趋势；平均每年死亡人口达3408人，其中1991年死亡人口最多，为7188人，其次为1996年，为6908人。

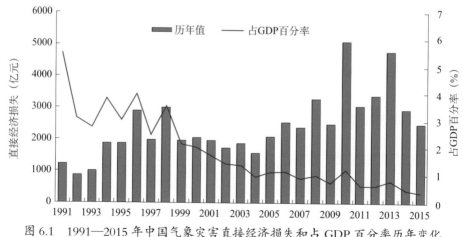

图6.1 1991—2015年中国气象灾害直接经济损失和占GDP百分率历年变化

根据 2004—2015 年总的气象灾害和分灾种造成的直接经济损失统计，暴雨洪涝灾害损失重，且占总损失比例大，达 39.7%；其次为干旱，占比达 21.3%；台风占比为 18.7%；风雹为 10.2%；低温冷害造成的损失最小，比例为 10.0%（图 6.2a）。因暴雨洪涝死亡人数最多，占总死亡人数的 54.0%；其次为大风、冰雹、雷电等强对流灾害，占总死亡人数的 25.3%；台风和低温冷害分别为 12.0% 和 2.1%（图 6.2b）。

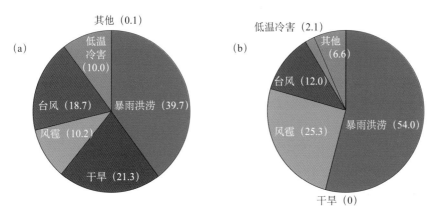

图 6.2　2004—2015 年分灾种直接经济损失（a）和死亡人数（b）占总数的百分比（%）

中国是农业生产大国，气象灾害对农业生产造成的影响也不容忽视，粮食安全存在较大风险。1951—2015 年，气象灾害平均每年造成农业受灾面积达 3876.5 万公顷，年均受灾率（占全国总播种面积）为 26%；20 世纪 70 年代至 21 世纪最初 10 年，各年代平均受灾面积均偏多，其中 20 世纪 90 年代最大，高达 5117.3 万公顷；1960 年、1961 年、1991 年、1994 年受灾面积大，超过 5500.0 万公顷。农业成灾面积平均每年有 1825.6 万公顷，年均成灾率（占全国总播种面积）为 12%；20 世纪 80 年代至 21 世纪最初 10 年，各年代平均成灾面积均偏多，其中 20 世纪 90 年代最大，高达 2683.2 万公顷；2000 年最大，达 3437.4 万公顷，其次为 2003 年、2001 年、1994 年、1997 年，均超过 3000.0 万公顷。

6.1.5 气象灾害及风险不断变化

在气候变化背景下，不同种类的天气气候事件也呈现出复杂多样的变化趋势和新的规律特征，一些天气气候事件致灾因子的强度、频率、持续时间、时空分布和涉及范围均会呈现明显的不利变化，极端性、危险性增强，从而增加气象灾害风险。例如，1951 年以来，中国年降水日数虽减少，但暴雨日数呈显著增加趋势；高温日数也呈现增加趋势，21世纪以来高温日数持续偏多；极端低温频次明显下降；北方和西南干旱化趋势有加强；台风登陆比例增高、登陆强度增强；霾日增加等。

气象灾害自然属性和社会属性两方面的变化，通过不同组合配置，紧密交织，导致灾害性天气气候和气象灾害的变化既有联系又存在差异，产生新的风险及风险程度的增加。随着社会经济不断发展，其暴露于危害的承灾体数量和价值量及脆弱性也在不断变化，对气象灾害时空分布格局、损失程度都会产生影响。例如，城镇市化建设发展造成人口、财产的高度集中，许多生命线工程如能源电网、基础建设、交通运输等受气象条件影响越来越大，暴露度明显增加的同时，也变得易损脆弱，同等危险程度的灾害性天气造成的气象灾害损失会显著增加，城市成为气象灾害高风险区。随着各行业的关系日益密切，气象灾害连锁效应日益突出，也会加重气象灾害风险程度。

近几十年来，中国因气象灾害造成的直接经济损失绝对值呈现上升趋势，但直接经济损失占国内生产总值的比例在减小，1991—2000年，直接经济损失占国内生产总值的比例为2.0%～5.5%，年均为3.3%；2001—2010年，年均比例为1.1%；2011—2015年降为0.6%。死亡人数也呈现明显减少趋势，三个时段年均死亡人数分别为5256人、2640人、1250人。造成气象灾害这样的变化特点与气候变化、社会经济发展、防灾能力的改变等多因子共同作用有关。

全面掌握气象灾害动态变化规律和特点，分析了解气象灾害风险，为早日实现灾前预防、综合减灾和减轻气象灾害风险的转变，全面提升气象灾害的综合防范能力奠定基础、提供科学依据。

◇ 知识窗

气象灾害分类

气象灾害有广义和狭义之分，广义气象灾害是指由于气象原因造成生命伤亡与人类社会财产损失的自然灾害，而狭义的气象灾害则强调气象原因的直接影响。

气象灾害又可分为原生和次生灾害，原生灾害属于狭义的气象灾害，如干旱、大风等；次生灾害则是由于气象原因引发的其他自然灾害，也称为广义的气象灾害，如因气象原因引发的泥石流、山体滑坡及干旱引发的森林火灾等。

　　灾害链：由于某种致灾因子或生态环境变化往往引发一系列灾害的现象。通常有串发性和并发性两种灾害链。原生灾害为灾害链中最早发生、起作用的灾害。

　　衍生灾害不属于原生的，也不是次生的，主要是通过灾害链的传递产生的灾害。例如，大旱之后，人们被迫饮用含氟量高的地下水导致氟病发生；暴雨洪水之后，由于环境、水遭受污染导致疫病传播造成人员死亡。

6.2　干旱

　　干旱是指因一段时间内少雨或无雨、降水量较常年同期明显偏少，导致河川径流减少、水利工程供水不足而引起的水资源短缺，并对人类生产生活、生态环境造成严重影响和损害的一种气象灾害。干旱主要分为气象干旱、农业干旱、水文干旱和社会经济干旱四类。在四类干旱中，气象干旱是一种自然现象，最直观的表现是降水量的减少，是其他三种干旱的基础。而农业、水文和社会经济干旱更关注人类和社会方面，发生时间相对气象干旱有延迟，发生频率也小于气象干旱。人类采取抗旱措施及活动，一定程度地降低了降水不足与主要干旱类型的直接联系，避免或减轻旱灾的危害。

6.2.1　时空分布特征

　　中国气象干旱时空分布具有频率高、持续时间长、范围广、季节性和区域性强等特点。

　　根据干旱年数占总年数的百分比统计，年干旱多发区域主要分布在东北的西南部、黄淮海地区、西北东部、华南南部及云南大部、四川西部等地，一般为50%～80%；低值区位于东北中东部、江南东部等地。

　　从年干旱日数空间分布（图 6.3）看，与年干旱发生频率分布大体一致，长江以北大部分地区及华南西部、西南大部普遍在 40 天以上，范围分布广；其中华北中南部、黄淮东部和北部以及陕西北部、甘肃东部、宁夏、内蒙古河套部分地区和东南部、吉林西部等地干旱日数多，超过 60 天，局部达 70 天以上。东北东部、江淮南部、江南、华南东部及湖北西南部、重庆大部、贵州中部等地年干旱日数不足 40 天。

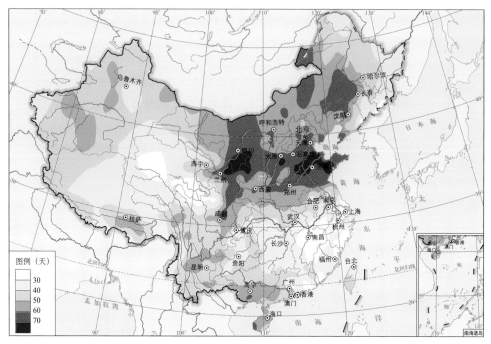

图 6.3　中国年干旱日数分布（1981—2010 年平均）

　　最长连续干旱日数，反映一地曾出现的最长干旱持续时间。除长江中下游及四川东部、重庆、贵州北部、青海南部、辽宁东部、吉林东部、黑龙江北部等地在 150 天以下外，全国其余大部地区超过 150 天，其中河北南部、宁夏大部、云南中部和东南部、雷州半岛、海南南部等地持续时间长，超过 210 天。

　　干旱发生季节性强，一年四季均有可能出现。春旱发生频率最高，高发区主要集中在两个区域：一是黄淮海平原、黄土高原及东北西部，二是西南地区的云南、四川南部及海南，频率达 50%～80%。夏季频率也很高，多发区主要分布在东北西部、华北大部、西北东部及黄淮北部，频率达 50%～60%，长江中下游地区、黄淮南部、东北中部和北部及四川东部等地发生频率也较高。秋季，干旱多发区主要分布在中国东部地区，发生频率为 40%～60%。冬季，对作物生长有影响的干旱主要出现在华南和西南，华南南部及云南大部发生频率较高。

　　干旱发生地域差异大。华北地区干旱发生频率居全国之首，年干旱日数最多，达 62.9 天，主要发生在 4—10 月，以春、夏旱和夏、秋旱为主。西北地区东部干旱发生频率也较高，年干旱日数平均为 59.7 天，4—10 月都有可能发生，易发夏旱，陕西、内蒙古和华北地区旱灾经常成片发生。东北春旱最为严重，夏、秋也有发生，某些年份出现春、夏连旱；华南干旱多出现在秋末、冬季到初春期间，冬旱突出；西南地区冬、春旱频率高，连旱亦可持续 4～5 个月，有时也发生秋、冬、春三季的连旱。以上三个区域年干旱日数相差不多，基本都在 45 天左右。长江中下游地区年干旱日数相对最少，为 36.6 天，主要集中在夏、秋两个时段，出现夏、秋连旱时危害较重。

1961—2015 年，中国平均年干旱日数总体呈增加趋势，增加速率为 0.8 天/10 年。年际变化大，1999 年干旱日数最多，达 78 天，1990 年最少，只有 20 天，年干旱日数最多年和最少年相差达 58 天。干旱变化区域特征明显，年干旱日数增加的区域由东北向西南延伸，涉及东北南部、华北大部、黄淮、江汉、西北东部、西南大部以及湖南西部、广西等地；减少的区域则分布在西北中西部、东北中东部、江南大部、华南大部及青藏高原中西部、内蒙古中西部等地。

6.2.2　主要影响

干旱是中国影响最为严重的气象灾害之一，其范围广、灾害重、对社会经济影响深远。2004—2015 年，平均每年因旱直接经济损失为 640.7 亿元，仅次于暴雨洪涝造成的损失。

干旱对农业生产影响大。1951—2015 年，农业干旱受灾面积年均为 2099.8 万公顷，成灾面积为 944.4 万公顷。2000 年，农作物因旱受灾和成灾面积均为最大，分别达 4054.0 万公顷和 2678.0 万公顷；其次为 2001 年，分别为 3847.2 万公顷和 2369.8 万公顷；1954 年，农作物因旱受灾和成灾面积均为最小，分别为 298.8 万公顷和 25.9 万公顷。农业受旱率较高的地区主要分布在华北、东北、西北地区东部等地，长江中下游地区农业受旱率相对较小，其中辽宁、甘肃、陕西、吉林、宁夏、青海、天津、河北等省（自治区、直辖市）农业受旱率为 20%～30%，山西和内蒙古超过 30%。1951—2015 年，中国农作物因旱受灾和成灾面积均呈增加趋势，增加速率分别为 95.5 万公顷/10 年和 106.5 万公顷/10 年。农业干旱最直接的损失为粮食减产，如 2000 年的严重干旱导致粮食减产 5996 万吨，占当年粮食总产量的 13.0%。2001 年，长江流域及其以北地区受旱范围广、持续时间长、旱情严重，因旱减产 5482.0 万吨，占当年粮食总产的 12.1%。

长期的干旱还会导致生态环境恶化，主要有水资源量减少、水质变差、植被退化、荒漠化（或沙漠化）发展等，进而造成人畜饮水困难、城市供水紧张，制约工农业生产发展。如 2000 年的北方夏、秋连旱造成华北、西北东部、东北及汉水流域等地不少中小河流断流、塘库、机井干涸，地下水位下降，城乡居民用水和工业用水紧张，天津、河北、山西、内蒙古、辽宁、吉林、黑龙江、山东、陕西、甘肃、青海、宁夏 12 省（自治区、直辖市）县级以上城市日缺水量超过635 万立方米，影响人口超过 1500 万人。

社会各行业，如电力、交通、制造业、建筑业、加工业、旅游业等都直接或间接受到干旱的影响。如因水资源不足，造成水力发电量下降，电力能源不足更影响到各行业、各部门的正常生产运行，甚者还会造成社会不稳定进而引发国家安全等方面的问题。旱灾频率、强度和范围的增加对国家粮食安全、产业布局、城市发展模式、居民生活质量与水平、社会稳定等方面都是严峻的挑战。

下面给出 1951 年以来几次主要重大干旱事件个例。

1972 年全国出现大范围干旱。受旱面积超过 3000 万公顷，其中北方旱灾为1949 年以来罕见。3—8 月，华北降水量普遍在 380 毫米以下，其中山西中部、河北南部部分地区不足 150 毫米，偏少 7 成以上。北京、天津、山西、河北、陕西、宁夏、内蒙古、辽宁、吉林、黑龙江共减产粮食 1035 万吨，粮食单产普遍比 1971 年下降 10%～20%。

1978 年全国发生特大干旱。全国大部地区降水偏少，全年旱情不断。重旱区主要在长江、淮河流域大部及河北南部、河南北部和山西、陕西、山东等省的部分地区。上述大部地区年降水量较常年偏少 2～4 成；河北南部、河南北部偏少 3～4 成。全国受旱范围之广、时间之长、程度之重超过干旱严重的 1959 年、1961 年、1972 年，为罕见的特大旱年。

1997 年北方夏、秋干旱。6—8 月，北方大部地区持续高温少雨，发生了1949 年以来少见的严重夏旱，受旱面积达 2066 万公顷，其中重旱 933 万公顷；黄河累积断流达 222 天，断流河段长度 700 多千米，为历史上断流最严重的一年；江苏境内淮河干流累积断流 122 天。华北西部、西北东部、黄淮西部等部分地区干旱延续至秋季。

1999—2001 年，北方连续三年出现大范围严重干旱。1998 年 12 月至 1999年 3 月，北方冬麦区大部降水偏少 5～9 成，出现冬、春连旱，入夏后，北方大部降水持续显著偏少，发生了少见的夏、秋大旱，淮河出现断流，江苏洪泽湖、骆马湖、微山湖和石梁河水库水位均降至死水位，山西 70% 大秋作物受旱，绝收 55 万公顷，直接经济损失 136.9 亿元。2000 年，长江以北大部地区发生大范围春旱，6—7 月，华北、西北东部、东北降水仍然偏少，发生春、夏连旱，河北、内蒙古分别约有 59 万公顷、80 万公顷农作物干枯绝收，河南春旱面积达 357.1 万公顷，辽宁因旱减产粮食 500 万吨，直接经济损失超过 100.0 亿元。2001 年，北方及长江流域遭遇春、夏干旱，2 月至 6 月上旬，华北大部、黄淮大部、东北中南部及西北东部的部分地区降水量只有 30～80 毫米，比常年同期偏少 4～7 成，吉林、内蒙古、陕西、河北、河南、山东等省（自治区）共有 1700 多万公顷农田受旱，3—8 月，江淮、江汉等地降水持续偏少，造成冬小麦、早稻高温逼熟，部分晚稻无水栽插。

2003 年江南、华南夏伏干旱。长江中下游以南大部，夏季出现了历史少见的少雨高温天气。7 月至 8 月上旬，长江以南大部降水量普遍偏少 3～8 成；其中福建北部、江西中南部、湖南南部及浙江西南部仅 10～50 毫米，偏少 8 成以上。由于夏伏旱发生在农作物生长的关键时期，粮食生产受到很大影响，柑橘、甘蔗、茶叶、蔬菜等经济作物也因旱大量减产，水产养殖和畜牧业遭受重创。江西抚河、福建闽江等大中河流的一些河段出现历史最低水位和最小流量，浙江、福建、湖南、江西四省共有近 2000 座小型水库、数十万处山塘干涸，上万条溪河断流，水力发电受到严重影响，电力供应十分紧张，一些企业因限电或缺水而限产停产。

2006 年川渝遭受特大伏旱。6—8 月，重庆、四川两省（直辖市）平均降水量为 345.9 毫米，为 1951 年以来历史同期最少值；7—8 月，平均气温之高也创 1951 年以来同期之最。重庆遭受了百年一遇的特大伏旱、四川出现 1951 年以来最严重伏旱。8 月 16 日，长江重庆站水位一度退至 3.03 米，比百年历史最低纪录还低 0.57 米。高温伏旱给当地农业、工业、林业、旅游、人畜饮水、水力发电以及群众生活等造成了严重影响，农作物受灾面积 339 万公顷，1800 多万人、1600 多万头大牲畜饮水困难，直接经济损失 216.4 亿元。

2009/2010 年西南秋、冬、春特大干旱。2009 年 9 月至 2010 年 3 月，云南、贵州两省区域平均降水量较常年同期偏少 50% 以上，均为有气象观测记录以来同期最少值。此次西南地区严重干旱持续时间之长、发生范围之广、程度之深、损失之重，均为历史罕见。云南、贵州、广西、四川 6900 多万人受灾，农作物受灾面积 660 万公顷，直接经济损失 400 多亿元。

2013 年南方高温伏旱。7—8 月，南方地区平均降水量为 135.2 毫米，较常年同期偏少 52%，为 1951 年以来同期最少。江南、江淮、江汉和西南地区东部遭遇历史罕见高温干旱，共计 8590.3 万人受灾，农作物受灾面积 796 万公顷，直接经济损失 590.4 亿元。8 月上旬，鄱阳湖和洞庭湖水体面积分别比 2012 年同期偏小约 25% 和 29%。

6.3 暴雨洪涝

暴雨洪涝灾害是指长时间降水过多或区域性持续强降水过程、局地短时强降水引起的江河洪水泛滥，冲毁堤坝、房屋、道路、桥梁，淹没农田、城镇等，引发地质灾害，造成农业或其他财产损失和人员伤亡。暴雨洪涝灾害的形成除与降水有关外，还与地理位置、地形、土壤结构、河道的宽窄和曲度、植被以及农作物的生育期、承灾体暴露度和脆弱程度、防洪防涝设施等有密切关系。

6.3.1 暴雨特征

暴雨是产生洪涝灾害的主要致灾因子之一。暴雨的产生需要有充足的水汽、强盛而持久的气流上升运动和大气层结的不稳定。中国大范围致洪降水主要由两类天气系统形成：西风带系统（如锋、气旋、切变线、低涡、槽等）和低纬度热带天气系统（如热带气旋、东风波、热带辐合带等），若与下垫面特别是地形有利组合可产生更大的暴雨。此外，局部地区的雷阵雨也可造成短时、小面积的特大暴雨。

中国暴雨具有季节性突出、强度大、持续时间长、群发范围广等特征。暴雨主要集中在夏季，其次为春、秋季节，冬季发生概率小。中国夏季降水和暴雨主要受东亚夏季风的影响，每年东亚夏季风自南向北推进，经历 2 次北跳和 3 次停滞，相应形成 3 个具有区域特征的雨季，即华南前汛期雨季、江淮梅雨季和华北东北雨季。另外，华南地区受台风活动的影响，还形成后汛期雨季。上述各个雨季都是暴雨频发的集中时期，也是洪涝灾害的多发期。

将日降水量≥50毫米统计为一个暴雨日，中国年暴雨日数分布从东南向西北减少。淮河流域及其以南地区以及四川东部、重庆北部和东南部、贵州南部、云南南部等地普遍在 3 天以上，其中华南大部及浙江西部、江西北部和东部、安徽南部、湖北东南部等地达 5～9 天，华南沿海局部地区超过 9 天，广西的东兴、防城港和广东的海丰分别达 14.7 天、14.3 天和 13.5 天；东北南部、华北东部、黄淮北部、西南地区东部大部及陕西南部、湖北西北部等地一般有 1～3 天；全国其余地区平均年暴雨日数不足 1 天，中国西部地区偶有暴雨发生（图 6.4）。全国年暴雨日数极大值为 26 天，出现在广东省上川岛（1973 年），其次为 25 天，出现在广西东兴（1995 年）。

1961—2015 年，全国年累计暴雨站日数呈现显著增加的趋势，增加相对速率为 4.2%/10 年。年暴雨日数变化趋势空间差异大，华北大部及四川中部、云南西南部和东南部等地呈减少趋势，而黄淮南部、江淮、江汉、江南、华南及四川东部、陕西南部、云南西部呈现增加趋势，年暴雨日数增加导致暴雨洪涝灾害致灾危险性增加，暴雨洪涝灾害风险加大。

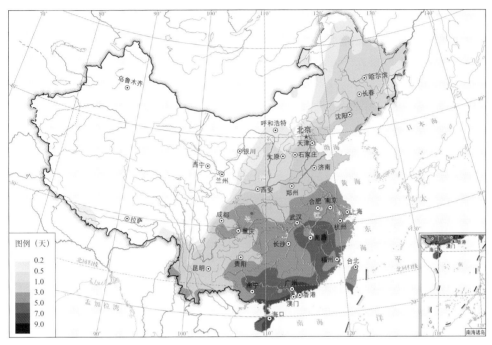

图 6.4　中国年暴雨日数分布 (1981—2010 年平均)

6.3.2 洪涝特征

洪水灾害这里主要指由于强降雨原因引起的江河湖泊水量增加、水位上涨导致泛滥以及山洪、泥石流、滑坡所造成的灾害。洪水具有很强的突发性，其形成和发生的过程比较短，几分钟至几小时就能造成严重损失。洪水主要发生在珠江、长江、淮河、黄河、海河、辽河流域及松花江中下游平原和四川、关中盆地等地区。涝渍灾害主要由于降雨量过于集中产生径流，加之排水不及时形成大量积水，致使农田、房屋、城镇等渍水、受淹而产生的灾害，其与降雨、持续时间、蒸发、土壤排水能力等因素有关，持续时间一般比较长，造成灾害的过程较为缓慢，但影响的面积通常较大，主要发生在七大江河中下游的广阔平原区。洪水和涝渍灾害二者往往难以界定，统称为洪涝灾害。

中国的洪涝灾害具有成因和种类多样、季节性特征明显、空间分布广且不均匀、洪灾有突发性而涝灾有延迟性等特征。空间分布特点主要表现为：东多西少、沿海多内陆少、平原丘陵多高原少、山脉东坡南坡多西坡北坡少。与暴雨的季节性特征一样，洪涝也是在夏季比较集中，春、秋季节时有发生，冬季较少。

6.3.2.1 雨涝

气候上定义 10 天降水总量在 250 毫米（东北 200 毫米，华南 300 毫米）以上或 20 天降水总量在 350 毫米（东北 300 毫米，华南 400 毫米）以上为一个雨涝过程。凡一年（季）中有一次雨涝过程出现，则将该年（季）统计为一个雨涝年。年（季）雨涝发生频率为雨涝发生年数占总统计年数的百分比，反映雨涝发生的频繁程度。

年雨涝发生频率，秦岭及黄河下游一带以南大部地区以及东北中南部、华北东部一般在 5% 以上，高雨涝频率主要位于中国江南和华南大部、江淮西部及辽宁东部、江苏中部、云南南部和西部、贵州南部、四川东部局部，一般在 30% 以上，其中江西东部、浙江西部、福建西北部、广东中部及南部沿海、广西东南部、海南等地在 50% 以上（图 6.5）。春季，雨涝主要发生在江南、华南一带，频率一般在 5% 以上，其中湖南南部、江西、广西东北部、广东大部、福建西部等地为 10%～20%。夏季是雨涝发生频率最高、范围最广的季节，江淮、江汉东部、江南、华南及贵州东部、重庆东南部、辽宁、吉林东南部等地雨涝频率为 20%～50%，广西北部、江西北部达 50% 以上。秋季，随着雨带的南移，雨涝范围明显减少，广东南部、浙江南部等地雨涝频率为 10%～20%，海南超过 20%。

6.3.2.2 山洪及泥石流、滑坡等地质灾害

中国山洪灾害在活动强度、发生规模、经济损失、人员伤亡等方面均居世界前列。具有以下特点：分布广泛，数量大；区域性明显，西南地区、秦巴山地区、江南丘陵地区和东南沿海地区的山丘区山洪发生集中、频率高，易发性强，而西北和青藏高原地区发生频率较低且相对分散；季节性强，频率高，与暴雨的发生时间具有高度的一致性；突发性强，成灾快，破坏性大，预测预防难度大（赵健 等，2006）。

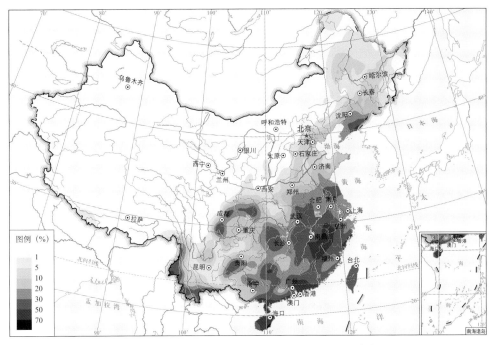

图 6.5 中国年雨涝频率分布（1981—2010 年）

溪河洪水灾害分布于东部季风区且南北分布相对均匀，大体以大兴安岭—太行山—巫山—雪峰山一线为界，该线以东，溪河洪水主要分布于江南、华南和东南沿海的山地丘陵区以及东北大小兴安岭和辽宁东南部的山地区，分布面广、量大；该线以西，主要分布于秦巴山区、甘肃东部和南部部分地区、西南的横断山区，四川西部山地丘陵一带及新疆和西藏的部分地区，常呈带状或片状分布（许小峰，2012）。

泥石流灾害多发区位于西南地区和秦巴山地区，主要集中在青藏高原四周边缘山区以及沿横断山、秦岭、太行山至燕山一线，其他的山地丘陵区分布零散。泥石流灾害发生次数月际变化非常明显：主要发生在 6—8 月，约占总数的 80%，7 月达到峰值，12 月至次年 3 月基本无泥石流发生。各区域情况也各不相同，西南地区多发生于 6—9 月，西北地区多发生于 7—8 月。泥石流灾害发生次数年际变化受降水量的年际变化影响大。

滑坡灾害呈现出西部多于东部、南部多于北部的特点，最集中、发生频率最高的地区是西南地区。在四川、重庆、云南、贵州、甘肃、陕西、湖南、湖北、福建等省（直辖市）滑坡灾害多成群、成片、成带状分布，其余地区则多属零星散布。滑坡灾害与降雨时间分布具有同期性或略有滞后，主要集中在 5—8 月。受各地降雨结束期的影响，一般结束于 9—10 月。

6.3.3 主要影响

中国是世界上暴雨洪涝灾害最严重的国家之一，每年暴雨洪涝灾害的防治始终是中国防灾减灾重点任务之一。2004—2015 年，中国因暴雨洪涝灾害造成直接经济损失平均每年达 1191.3 亿元，其中 2013 年直接经济损失最大，高达1883.8 亿元；年均造成 1126 人死亡，其中 2010 年多达 3104 人；平均每年受灾人口达 1 亿人次，其中 2010 年全国受灾人口最多，近 2 亿人次。暴雨洪涝造成的年均直接经济损失和死亡人数远远超过其他气象灾害。

6.3.3.1 对农业的影响

洪、涝、渍对中国农业生产影响大，洪水会淹没或冲毁农田，涝害会造成农田积水，渍害因持续连阴雨或洪、涝过后农田排水不良，土壤水分长期处于过饱和状态，导致作物根系因缺氧而受到伤害。1951—2015 年，农业洪涝受灾和成灾面积的多年平均值分别为 954.6 万公顷、529.0 万公顷，1991 年两者均为历年最大，分别为 2460.0 万公顷和 1461.4 万公顷；受灾面积严重的年份还有 1998年、2003 年、1996 年、2010 年、1994 年、1993 年、1954 年，均在 1500.0 万公顷以上；成灾面积严重的年份还有 1998 年、2003 年、1954 年、1956 年、1996年、1994 年、1963 年、1964 年，均超过 1000.0 万公顷。近几十年来，农业洪涝受灾及成灾面积总体呈现略增加趋势，且年代际变化特征明显。20 世纪 90 年代最重，成灾面积和受灾面积为历年代最大；70 年代偏轻，成灾面积和受灾面积为历年代最小。进入 21 世纪，2001—2010 年平均较常年偏多，2011—2015 年则明显减轻。

6.3.3.2 对交通的影响

暴雨洪涝灾害对交通运输，尤其是铁路、公路运输的影响很大，会造成巨大的经济损失和扰乱社会生活。暴雨洪涝灾害对交通运输的影响主要表现在破坏道路，冲垮和淹漫桥梁、路基等，中断运输，甚至引发交通事故，致人伤亡。中国有很多铁路干线都处于洪水及泥石流、滑坡、崩塌等次生灾害的严重威胁之下，铁路洪水灾害主要分布在东北、西北、华东及华南地区，兰新线发生洪水灾害次数最多，其次为京广线和陇海线，淮南线最严重（徐雨晴 等，2012）。中国公路线长，暴雨洪涝的影响范围更大，可遍布全国城乡的各个地区。

6.3.3.3　对基础设施的影响

暴雨洪涝灾害对水利工程、电力、通信等基础设施破坏也是非常严重的，主要包括造成垮坝、冲毁排灌渠道、堤防护岸、机电井和泵站、输电线杆塔、人饮设施、发电设施以及浸泡设备等，使得流域内大范围的区域失去防护，甚至加大暴雨洪涝灾害的威胁，直接破坏农业灌溉和生产，并在一定程度上影响区域内发电和供电的顺利进行。

6.3.3.4　对社会民生的影响

社会民生影响包括暴雨洪涝造成的人员伤亡、疫病、社会不安定、学校停课等。近几十年来，由于防灾和减灾措施不断改进和完善，因暴雨洪涝灾害死伤的人数大幅度下降，但当发生特大洪涝灾害时，人员伤亡仍然很大。

城市人口密集，是社会经济活动中心。一方面，城市化使得城市局地气候和环境发生变化，导致城市热岛、湿岛等效应的存在，加大极端降水事件的发生频率和强度；另一方面，由于城市排水系统等基础设施建设滞后、设计标准低，不适应新的暴雨特点和强度，容易形成积水，加之城市人口多、财富集中、生命线系统内部关联紧密，因此，一旦发生严重城市内涝，则造成的灾害及未来风险都非常大。近些年来，中国许多城市频繁遭受暴雨袭击，严重影响人们正常生活，甚至造成人员伤亡和财产损失。2007 年 7 月 16—20 日，重庆出现强降水过程，其中 17 日沙坪坝降水量达 262.8 毫米，突破 1892 年以来日雨量极值，因灾死亡 55 人，直接经济损失 29.8 亿元；7 月 18 日，山东出现强降水，济南市区 1 小时最大降水量达 151.0 毫米，为 1958 年以来历史最大值，大暴雨造成济南市严重内涝，大部分路段交通瘫痪，并造成 25 人死亡。2012 年 7 月 21—22 日，北京出现大暴雨到特大暴雨，共造成 78 人死亡，紧急转移 8.69 万人。

6.3.3.5　其他影响

暴雨洪涝灾害还会对工业生产造成不利影响，导致减产或停产。除直接影响外，对国民经济其他部门的影响不仅在当年，还可能滞后一年甚至几年。此外，暴雨洪涝灾害对生态环境、水环境也会造成破坏和污染。

下面给出 1951 年以来几次重大暴雨洪涝灾害个例。

"75·8"河南特大暴雨洪涝。1975 年 8 月上旬，河南南部、淮河上游的丘陵地区遭受特大暴雨洪涝。其中河南省西南部山区的驻马店、南阳、许昌等地区发生了中国大陆罕见的特大暴雨。8 月 4—8 日降水量一般为 400～1000 毫米，局部超过 1500.0 毫米，暴雨中心泌阳县林庄最大 24 小时降水量为 1060.3 毫米，连续 3 天降水量达 1605.3 毫米，泌阳县老君 1 小时最大降水量为 189.5 毫米。这次特大洪水造成两个滞洪区、多座大中小型水库垮坝失事，冲毁涵洞，河堤决口，中下游平原最大积水面积达 1.2 万平方千米。据不完全统计，全省有 32 个县（市）受灾，灾民达 1000 多万人，110 多万公顷耕地遭受严重水灾，其中遭到毁灭性和特重灾害的地区达 70 多万公顷，倒塌房屋 560 万间，死伤家畜 44 万多头，冲走和水浸粮食近 10 亿千克，死亡 2 万多人，冲毁京广铁路 102 千米，中断行车 18 天，影响运输 48 天，直接经济损失超过 100 亿元，其中驻马店地区受灾最严重。

1991 年江淮及太湖流域特大暴雨洪涝。5—7 月，江淮地区多次出现暴雨到大暴雨天气过程。梅雨开始早、梅雨期长、雨带稳定，导致降水十分集中，雨量之大、持续时间之长、影响之广、灾害之重均为历史上所少见。5 月 18 日至 7 月 12 日，长江中下游大部地区降水量普遍达 500 毫米以上，太湖流域一带为 500～700 毫米，江淮大部地区为 700～1000 毫米，其中江苏兴化（1294 毫米）、安徽岳西（1274 毫米）和庐江（1243 毫米）等地超过 1000 毫米，部分地方的降水量已超过当地全年的降水量，江淮大部地区普遍比常年同期偏多 2 倍左右。淮河发生了 1949 年以来仅次于 1954 年的大洪水，7 月中旬，太湖水位比 1954 年最高水位还高 0.14 米，滁河接连两次发生有资料记载以来的最大洪水。据不完全统计，造成受灾人口 1 亿以上；受灾农作物 2.3 亿亩，绝收 3600 多万亩；死亡 1200 多人；直接经济损失达 700 亿元左右。

1998 年夏季长江发生全流域性特大暴雨洪涝，松花江、嫩江流域出现百年不遇特大洪水。长江流域特大洪水具有洪水发生早、来势猛、洪峰次数多、水位高、持续时间长、灾害重等特点，夏季长江流域大部分地区降水量为 600～1000 毫米，沿江及江南部分地区超过 1000 毫米，较常年同期偏多 6 成以上，部分地区偏多达 1 倍以上。除下游江淮地区外，总降水日数普遍大于 40 天，上游大部分地区超过 50 天，局部多达 60 天以上。长江中下游地区强降水主要出现在 6 月中下旬和 7 月下旬，8 月雨区集中在上游的四川、重庆及三峡一带、湖北清江流域及汉江下游地区。长江干流先后出现 8 次洪峰，中游河段及洞庭湖、鄱阳湖水位多次超历史最高水位，多条支流的水文站最大流量和最高水位均超过实测历史纪录，长江中下游超警戒水位时间大多为 57～96 天。持续的强降水造成山洪暴发，江河洪水泛滥、堤防、围垸漫溃，外洪内涝及局部出现山体滑坡、泥石流，灾情损失严重。据不完全统计，受灾人口超 1 亿人，农作物受灾 1000 多万公顷，死亡 1800 多人，经济损失 1500 多亿元。嫩江、松花江夏季出现百年不遇的特大洪水，黑龙江、吉林、内蒙古 3 省（自治区）受灾人口约 1000 多万人，受灾面积超过 500 万公顷，经济损失近 500 亿元。

2010 年 8 月 7 日甘肃舟曲遭遇特大泥石流灾害。 8 月 7 日 20 时至 8 日 05 时，甘南州舟曲县局地出现暴雨，东山区域站降水量达 96.3 毫米，1 小时最大降水量达 77.3 毫米。局地短时强降水引发舟曲县发生特大山洪泥石流灾害，泥石流长约 5 千米，平均宽度 300 米，平均厚度 5 米，总体积 750 万立方米，流经区域被夷为平地，造成 1700 多人死亡（含失踪）。

2012 年 7 月下旬特大暴雨袭击京津冀。 7 月 21—22 日，北京、天津及河北出现区域性大暴雨到特大暴雨，其中北京暴雨过程具有雨量大、雨势强、范围广、极端性突出的特点，全市平均降水量为 190.3 毫米，房山区河北镇降水量达 460.0 毫米（水文站）；最大小时降水量达 100.3 毫米；出现大暴雨的范围占全市总面积的 86% 以上；有 11 站日降水量达到 1951 年以来的历史极值。受强降水影响，海河流域的北运河出现超历史实测纪录的特大洪水，拒马河出现 1963 年以来最大洪水，部分城市出现严重城市内涝。据统计，造成 145 人死亡，26 人失踪，北京直接经济损失高达 120 亿元。

6.4 台风

热带气旋是指生成于热带或副热带海洋上伴随有狂风暴雨的大气涡旋，在北半球沿逆时针方向旋转，在南半球沿顺时针方向旋转。中国对发生在西北太平洋和南海的热带气旋，依据其中心附近最大风力分为热带低压、热带风暴、强热带风暴、台风、强台风和超强台风。习惯上将热带风暴及其以上级别统称为台风。台风的破坏力主要体现在强风、暴雨、风暴潮，常常给沿岸和影响地区造成严重的人员伤亡和经济损失。

6.4.1 主要气候特征

6.4.1.1 台风路径

西北太平洋和南海生成的台风影响中国的路径主要有三条。

西移路径。 台风在菲律宾以东洋面生成后，周围的基本气流很弱，台风中心主要靠内力往西北方向移动。因遭受高空副热带高压的影响，深厚的偏东气流会引导台风向偏西方向移动，到中国广东沿海、海南，或越南一带登陆。沿此路径移动的台风，对中国海南、广东、广西沿海地区影响最大，经常在春、秋季发生。

西北移路径。台风在菲律宾东部海域生成后，会遭遇一股轴线呈西北—东南向的南风，在其深厚气流的引导下，从菲律宾以东洋面向西北方向移动，经巴士海峡登陆台湾，再穿过台湾海峡向广东东部或者福建沿海靠近，在台湾、福建、广东等一带沿海登陆。如果台风源地的纬度较高，就会穿过琉球群岛，在中国浙江、上海、江苏一带沿海登陆，甚至到达山东、辽宁一带。沿此路径移动的台风对中国台湾、广东东部和福建影响最大，多发生在 7 月下半月到 9 月上半月。

转向路径。台风从菲律宾以东洋面生成后向西北方向移动，在海上遇到西北太平洋副热带高压或西风槽的阻挡，会转向东北，向朝鲜半岛或日本方向移去。这种转向台风又可以分为三类：东转向、中转向、西转向。其中的西转向，特别是到了近海才向西转的台风，在中国沿海地区登陆后，又转向东北移去，路径呈抛物线状，这也是最常见的路径。沿此路径移动的台风对中国东部沿海地区影响最大，多发生于夏、秋季节，只是转向点的纬度因季节而异，盛夏在最北，秋季在最南。

此外，当台风所处的环境形势变化很快，或是海上有多个台风相互影响时，台风移动路径会变得比较怪异。

6.4.1.2 台风生成和登陆个数

西北太平洋和南海生成台风平均每年有 25.5 个，年际变化较大。1949—2015 年，1998 年最少，为 14 个；1967 年最多，为 40 个（图 6.6）。全年各月都有台风生成，其中 7—10 月为台风活动盛期，占全年的 70%，8 月最多，平均为 5.8 个，2 月最少，平均仅为 0.1 个。在中国登陆的台风平均每年有 7.2 个，1950 年和 1951 年登陆台风最少，为 3 个，1971 年最多，有 12 个（图 6.6）。登陆中国的台风一般发生在 4—12 月，其中 7—9 月为台风登陆集中期，占全年的 79.5%，且以 7 月最多，平均达 2 个；1—3 月没有台风在中国登陆。

1949—2015 年，西北太平洋和南海台风生成个数呈减少趋势，登陆个数则无明显的变化趋势。登陆比例常年为 28.6%，总体呈现增加趋势。

6.4.1.3 初台和末台登陆时间

登陆中国的初台日期多年平均为 6 月 25 日，末台日期平均为 10 月 6 日。

1949—2015 年，登陆中国初台最早发生在 2008 年，为 4 月 18 日，最晚发生在 1975 年，为 8 月 3 日；登陆中国末台最早发生在 2006 年，为 8 月 10 日，最晚发生在 2004 年，为 12 月 4 日。

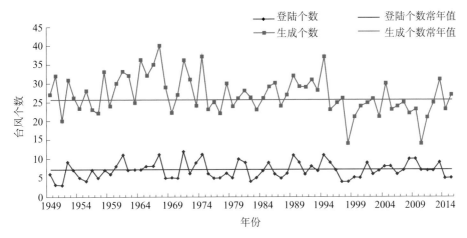

图 6.6　西北太平洋和南海生成台风及登陆中国的台风个数历年变化（1949—2015 年）

6.4.1.4 登陆地点

包括台湾、海南等岛屿，中国从广西到辽宁的漫长沿海地区都可能有台风登陆。台风首次登陆地点在广东最多，其次是海南，福建和浙江也较多；台风二次登陆地点在福建最多，其次是广东、广西。

6.4.1.5 风雨分布

台风可以通过低空急流输送水汽到远离沿海的内陆地区，配合其他天气形势而产生明显的降水，主要影响中国华南、华东、东北、华中、西南以及西北的部分地区。中国台风年降水量存在明显的地域性特征，从东南向西北方向逐渐减少，台风年降水量最大的区域出现在华南和东南沿海地区。台风大风主要出现在中国东南沿海，等频数线几乎与海岸线平行，向内陆急剧减小，在杭州湾以北地区因台风引起的 8 级以上大风很少出现，极端最大风速与大风频数空间分布类似（杨玉华 等，2004）。

6.4.2 主要影响

中国是世界上少数几个遭受台风影响最严重的国家之一。台风带来的狂风、暴雨、风暴潮是主要致灾因子。台风大风其风速都在 17 米/秒以上，甚至超过

60 米/秒，足以损坏甚至摧毁陆地上的建筑、桥梁、车辆等，亦可以把杂物吹到半空，使户外环境变得非常危险，电线被刮断，造成大范围停电，对海上作业船只危害很大，引起船翻人亡事故。台风带来的大范围强降雨可造成流域性洪水或严重的山洪、泥石流、滑坡等地质灾害，破坏性极大。风暴潮，尤其是与天文大潮高潮位相遇，会导致海堤溃决，冲毁房屋和各类建筑设施，淹没城镇和农田，风暴潮还会造成海岸侵蚀，海水倒灌造成土地盐渍化等灾害。台风发生时，多种灾害群发性特征明显，危害程度高，对农业、渔业、交通运输、电力等行业和人们生命财产安全造成严重损害。

　　1990—2015 年，台风造成的中国直接经济损失平均每年 398.8 亿元，其中 2013 年最多，为 1260.3 亿元，1998 年最少，为 22.2 亿元。台风造成中国的死亡人数年均为 365 人，其中 1994 年最多，为 1815 人，1998 年最少，仅有 6 人，在 2006 年以后呈显著减少趋势（图 6.7）。台风造成的年均直接经济损失在中国东南沿海较多，向内陆和北方减少。台风灾害程度不但与台风活动的路径、强度、影响范围、持续时间有关，还与受影响地区的经济发展、人口密集程度和防灾减灾能力等因素密切相关。

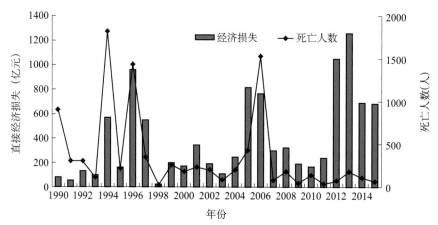

图 6.7　1990—2015 年中国台风直接经济损失和死亡人数历年变化

　　下面给出 1951 年以来几次重大台风灾害事件个例。

　　5612 号"万达"（Wanda）。1949 年以来造成中国死亡人数最多的台风。1956 年 8 月 1 日 24 时，"万达"在浙江省象山县沿海登陆，登陆时中心附近最大风速达 55 米/秒（风力超过 12 级），最低气压为 923 百帕。在台风及其减弱的低气压影响下，中国华东、华北及陕西等地出现大范围暴雨天气，华东大部及湖北东部、河南东部、河北东部等地出现 6～8 级的大风，浙江北部和上海的最大风力达 9~12 级。浙江、上海等地沿海还出现特大海潮（浙江象山最高潮位达 4.7 米）。据浙江、江苏、上海、安徽、河南、河北等省（直辖市）的不完全统计，共计 463.27 万公顷农作物受灾，220 万间房屋倒塌和损坏，5000 多人死亡，1.7 万余人受伤。

9608 号"贺伯"（Herb）。1982 年以来造成中国直接经济损失最多的台风。1996 年 7 月 31 日 21—22 时，台风"贺伯"在台湾省基隆市沿海首次登陆，登陆时中心气压为 950 百帕，中心附近最大风速为 45 米/秒；8 月 1 日 10—11 时在福建福清沿海再次登陆，登陆时中心气压为 970 百帕，近中心最大风速为 33 米/秒（风力 12 级）。受"贺伯"及其减弱的低气压和外围云系影响，福建、浙江、江苏、江西、湖南、湖北、河南、河北、北京、天津、山西、陕西等 10 多个省（直辖市）不同程度受灾，总计受灾人口 4600 多万，死亡 700 多人，受灾农田面积达 360 多万公顷，倒塌房屋 29 万多间，损坏房屋 273 万间，直接经济损失超过 650 亿元。

0604 号"碧利斯"（Bilis）。21 世纪以来造成死亡人数最多的一个台风。"碧利斯"于 2006 年 7 月 13 日 23 时前后在台湾省宜兰县登陆，14 日 12 时 50 分在福建霞浦县北壁镇沿海再次登陆，两次登陆时中心附近的最大风力均为 11 级（30 米/秒），15 日下午在江西西南部减弱为热带低气压，经湖南、广西后于 18 日晚上在云南东部减弱并且消失。"碧利斯"及其减弱的低气压深入内陆生命史之长、降雨强度之大、影响范围之广，在历史上极为少见，致使受影响地区山洪暴发、江河水位陡涨、塘库爆满、部分城镇被淹、人员伤亡惨重。江南、华南普遍出现大到暴雨，部分地区出现大暴雨到特大暴雨，其中福建长泰县过程雨量最大，达 597.7 毫米。湖南东江水库出现了建库以来入库最大洪水，达到百年一遇，广东北江流域武水支流出现超历史最高水位的洪水。据福建、广东、湖南、广西、浙江、江西等省（自治区）不完全统计，约 3200 万人受灾，因灾死亡 843 人（其中湖南 526 人），紧急转移安置 337 万人，农作物受灾面积 133.8 万公顷，绝收面积 26.3 万公顷，倒塌房屋 39.1 万间，损坏房屋 47.1 万间，直接经济损失达 348.3 亿元。

0608 号"桑美"（Saomai）。"桑美"于 2006 年 8 月 10 日 17 时，在浙江苍南县马站镇沿海登陆，登陆时中心附近最大风力达 17 级（60 米/秒），中心气压为 920 百帕，具有中心气压特别低、风速特大、降雨集中、发展迅速、移动快、影响时间短（集中）等特点。浙、闽两省观测到的最大风速均打破了两省极大风速的历史纪录。"桑美"登陆期间，浙江苍南霞关和福建福鼎市合掌岩部队测站

（海拔高度为 700 米左右）的气象仪器分别测到 68.0 米/秒和 75.8 米/秒的陆地器测台风大风风速，仅次于 1962 年 9 月 1 日香港大老山测得 78.9 米/秒的台风极大风速值。浙江苍南云岩和平阳水头 5 小时降雨量分别达到了 374 毫米和 233 毫米。据浙江、福建、江西、湖北等省不完全统计，共有 665.55 万人受灾，因灾死亡 483 人，紧急转移安置 180.16 万人，农作物受灾面积 28.99 万公顷，倒塌房屋 13.72 万间，损坏房屋 52.28 万间，直接经济损失达 196.58 亿元。

1409 号"威马逊"（Rammasun）。是 1949 年以来登陆中国最强的台风，历史罕见。2014 年 7 月 18 日 15 时 30 分，"威马逊"在海南省文昌市翁田镇沿海登陆，登陆时中心附近最大风力达 17 级以上（70 米/秒），最低气压为 890 百帕，19 时 30 分在广东省徐闻县龙塘镇沿海再次登陆，登陆时中心附近最大风力达 17 级（62 米/秒），最低气压为 910 百帕；19 日 07 时 10 分在广西防城港市光坡镇沿海第三次登陆，登陆时中心附近最大风力为 15 级（50 米/秒），最低气压为 945 百帕。海南岛东部海面浮标站和文昌七洲列岛最大阵风高达 74.1 米/秒和 72.4 米/秒（17 级以上）。"威马逊"登陆强度强、登陆次数多、登陆后强度减弱慢、风强雨大，共造成 1189.9 万人受灾，88 人死亡失踪，70.9 万人紧急转移安置，4.6 万间房屋倒塌，农作物受灾面积 126.4 万公顷，直接经济损失 446.5 亿元。

知识窗

台风分类和命名

中国国家标准《热带气旋等级》（GB/T 19201—2006）将西北太平洋（包括南海）热带气旋分为热带低压、热带风暴、强热带风暴、台风、强台风和超强台风六个等级。

热带气旋等级划分表

热带气旋等级	底层中心附近最大平均风速（米/秒）	底层中心附近最大风力（级）
热带低压（TD）	10.8～17.1	6～7
热带风暴（TS）	17.2～24.4	8～9
强热带风暴（STS）	24.5～32.6	10～11
台风（TY）	32.7～41.4	12～13
强台风（STY）	41.5～50.9	14～15
超强台风（SuperTY）	≥51.0	16 或以上

台风的命名规则

台风的命名由台风命名法（热带气旋命名系统）统一逐个命名。热带气旋命名法由热带气旋形成并影响的周边国家和地区共同事先制定一个命名表，然后按顺序年复一年地循环重复使用。命名表给出英文名，各个成员国家可以根据发音或意义将命名译至当地语言。当一个热带气旋造成某个或多个成员国家巨大损失时，这个热带气旋的名称将会永久除名或停止使用。

6.5　高温热浪

高温灾害是指由于气温高，对动植物和人体健康以及生产、生态环境等造成不利影响或损害的一种气象灾害。高温的致灾温度随承灾体对象的不同而不同。气象学上，一般把日最高气温达到或超过 35 ℃时称为高温。热浪则是指高温会持续一段时间（一般为 3 天以上），有时且湿度大，使人体感觉不舒适，可能威胁公众健康和生命安全、增加能源消耗、影响社会生产活动。热浪相对于高温而言更强调时间上的持续性及空间范围的变化。高温或热浪对人们日常生活、身体健康以及国民经济都有一定的不利影响。

6.5.1　高温热浪时空分布特征

中国东南部和西北部为高温天气高发区（图 6.8）。地处亚洲腹地的西北地区由于四周山脉对暖湿气流的阻挡，上空受大陆暖高压或西伸强大的副热带高压控制，天气晴好，太阳光照极强，受热增温强烈，成为中国夏季的炎热中心。南疆大部及吐鲁番盆地、准噶尔盆地、内蒙古西部地区年高温日数一般为 15～30 天，新疆东南部超过 30 天，其中新疆吐鲁番东坎达 110 天，为全国之最。中国东南部的高发中心主要分布于江南地区大部及福建大部、广东北部、广西东北部和西南部、海南北部、重庆大部、湖北东南部等地，年高温日数一般为 20～30 天，其中江西中部、福建西北部及湖南、浙江等地的局部地区达 30 天以上。

中国高温强度强且范围广。极端日最高气温≥40 ℃的区域主要分布在东北地区西部、华北东部和南部、黄淮、江淮、江汉、江南大部及新疆、内蒙古西部、陕西东南部、四川东部、重庆等地，其中新疆东南部及北部局地、内蒙古西部和东南部部分地区、河南中北部、河北南部、重庆西南部以及辽宁西部、吉林西部、黑龙江西南部、浙江东部等地的局地超过 42.0 ℃，新疆吐鲁番极端日最高气温高达 48.3 ℃。

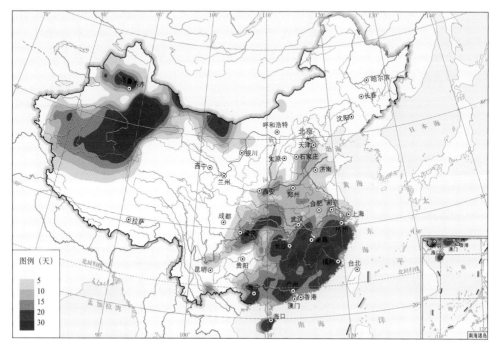

图 6.8　中国年高温日数分布（1981—2010 年平均）

高温热浪持续时间长。中国极端最长连续高温日数在 20 天以上的区域主要分布在江南、四川盆地东部及广东北部、海南北部、新疆东部和南部的部分地区，新疆吐鲁番东坎 2008 年最长，达 101 天。极端最长连续高温日数最多排名前十的省会城市（直辖市）分别是长沙（48 天）、福州（36 天）、重庆（28 天）、南京（28 天）、武汉（27 天）、杭州（26 天）、南昌（22 天）、合肥（21 天）、海口（21 天）、上海（19 天）。

中国东部高温天气主要受西太平洋副热带高压的影响，一般从 4—5 月开始影响南海沿岸并逐渐向北推移；6 月至 7 月上旬长江流域处于其外围边缘且各地先后进入梅雨期，天气不是很热；7 月中下旬至 8 月上旬继续北移，脊线维持在 30°N 一线（谈建国 等，2009）。受其影响，各地高温出现早晚和峰值出现时间有明显差异，这里以全国省会城市和直辖市为代表进一步说明。

华南地区的海口高温出现最早，2 月中旬开始出现，4—7 月高温日数多，有两个峰值分别出现在 5 月上旬和 6 月中旬；南宁高温于 2 月下旬开始出现，多发于 7—8 月，呈现波动性的多峰形态，最高峰值出现在 8 月上旬；广州、福州高温于 5 月开始出现，也多发于 7—8 月，福州峰值出现在 7 月中旬，广州则出现在 8 月上旬。长江中下游等地如长沙、武汉高温天气开始于 4 月，南昌、杭州、合肥和南京开始于 5 月；这些地方高温天气均集中在 7—8 月，峰值均出现在 7 月下旬。西南地区的重庆高温天气主要集中在 6—9 月，4 月开始出现高温，峰值出现在 7 月下旬；贵阳很少出现高温天气，仅在 7 月中旬出现；成都高温天气也较少出现；昆明和拉萨全年基本无高温天气。华北和黄淮地区高温集中在 6—7 月，但郑州、济南、太原 4 月就会出现高温，石家庄、北京和天津在 5 月开始出现高温。峰值出现时间：郑州和济南在 6 月中旬、太原和石家庄在 6 月下旬、北京在 7 月上旬、天津在 7 月下旬。东北及内蒙古地区的沈阳、长春、哈尔滨及呼和浩特高温日数少。西北地区的西安高温天气集中在 6—8 月，4 月开始出现高温，呈现典型的双峰型，最高峰值出现在 6 月下旬，次高峰值出现在 7 月下旬；银川、兰州、西宁和乌鲁木齐等地高温日数相对较少。

中国平均年高温日数常年值为 10.4 天。排名前五位的年份分别为 2013 年（18.0 天）、1967 年（16.0 天）、2010 年（15.5 天）、2005 年（15.0 天）、2006 年（14.6 天），1993 年高温日数最少，仅 5.6 天。1961—2015 年，中国年高温日数呈现先减少后增加的态势，特别是 1997 年以来，除个别年份偏少外，大多年份均偏多，其中 2000—2007 年、2009—2014 年出现长时间连续偏多时段。

6.5.2 干热风时空特征

干热风是一种高温、低湿并伴有一定风力的灾害性天气，它能使植株蒸腾加剧，体内水分平衡失调，叶片光合作用降低；又能使植株体内物质输送受到破坏及原生蛋白质分解，给农作物生育和产量带来严重危害。不同地区对干热风的叫法各有不同，如"旱风""火风""火扑""热干风""热东风""干旱风"或"热风"等。干热风可分为高温低湿型、雨后热枯型、旱风型。一般出现在 4—8 月。主要危害北方地区的冬、春小麦以及某些地方的棉花、玉米，干热风会导致小麦灌浆过程缩短、降低千粒重、迫使小麦提前成熟，影响小麦品质甚至造成小麦枯萎死亡，对小麦造成危害的主要是 5—7 月的干热风天气。在南方，干热风对长江中下游的水稻、棉花也会产生危害。

6.5.3 主要影响

高温热浪带来的影响日益突出，不仅影响工农业生产，还直接危害人民生活和健康，甚至危及生命。主要影响如下。

高温对人体健康的影响主要表现在两个方面。一是对生理功能的影响，高温影响体温调节、水盐代谢、循环系统、消化系统、神经内分泌系统和泌尿系统等。二是引起中暑性疾病。按发病机制和临床表现的不同，可以分为热射病、热痉挛和热衰竭，其中热射病是最严重的一种，病情危重，死亡率高。高温条件下，人体生理功能受到影响，易使人产生消极情绪，工作效率随之降低，甚至会出现神志错乱的现象，容易造成公共秩序混乱、事故伤亡以及中毒、火灾等事件的增加。不同地区高温热浪产生的影响既与所处地理位置有关，还和当地相应的生物学基础、经济文化等因素有关。

高温导致用水、用电的需求量急剧上升，水电供应紧张。高温期间，空调、电风扇、祛湿器等各种降温设备的使用，引起高温季节耗电量增加，加大用电负荷。同时，夏季人们在饮用、生活方面用水需求量急剧上升，城市中各类生产用水量也显著增加。

高温对农业影响大。高温会加剧土壤水分蒸发和作物蒸腾作用，引发农业干旱；持续高温对植物的生长发育和产量，以及畜、禽、水产等动物养殖都可能造成损害，故在农业气象上又称其为高温热害。高温天气会影响水稻的抽穗扬花及灌浆乳熟、春玉米授粉灌浆、棉花授粉及成铃、春小麦灌浆乳熟等，导致农作物产量减少。林果出现高温热害，对林果品质与产量也会造成影响。

以下为 1951 年以来几次主要高温事件个例。

2000 年夏季，中国中东部及新疆大部、甘肃中西部等地出现大范围高温天气。7 月，有"火州"之称的新疆吐鲁番有 21 天日最高气温在 37 ℃以上，其中有 13 天在 41 ℃以上，7 月 11 日高达 47.7 ℃；以夏凉著称的河北承德市有 15 天日最高气温≥35 ℃，其中 12—14 日连续 3 天超过 40 ℃，14 日最高达 43.3 ℃，为建站以来的最高纪录。酷热少雨给工农业生产和人们日常生活带来很大影响，全国最大受旱面积一度达到 2000 多万公顷；水电供需矛盾突出；内蒙古、黑龙江局部发生森林火灾；许多城市中暑和感冒发烧病人急剧增加，如湖北武汉武警医院仅 7 月 16 日就收治 30 名中暑病人。

2003 年夏季，中国南方地区，特别是江南和华南地区出现了持续高温天气。上述大部地区 35 ℃以上高温日数达 20～40 天，普遍比常年同期偏多 5～20 天，其中浙江大部、江西中东部、福建北部偏多 20 天以上；浙江西南部、福建北部、江西中部等地日最高气温最大值达 40～43 ℃，浙江、福建、江西及江苏、安徽、广东、广西的局部地区超过历史同期极值。高温干旱造成福建、江西、湖南、浙江 4 省 447 万公顷农作物受灾，其中绝收 79 万公顷，有 900 多万人饮水一度发生困难；高温酷暑天气致使用电负荷接连创历史新高，在用电高峰期，华东、华中、华南电网火电机组全部满负荷运行，共有 19 个省（直辖市）采取了拉闸限电措施；中暑的发病率明显增多，最热时期，南京军区总医院和长江第一医院一天收治的中暑患者均超过了 200 人。

2006 年 7 月中旬至 8 月下旬，重庆、四川东部等地遭受罕见的持续高温热浪袭击。8 月 15 日，重庆 28 个区（县）最高气温超过 40 ℃，綦江达 44.5 ℃，万盛和江津为 44.3 ℃。重庆市水稻抽穗扬花期遭受严重的高温危害，空壳率普遍为 20%～30%，部分地区达到 50% 左右，玉米灌浆后期遭受高温逼熟，造成籽粒不饱满，大春粮食作物普遍减产；造成 820 万人、748.6 万头大牲畜临时性饮水困难；各行业生产与居民用电大幅增长，其中 8 月用电增长幅度高达 40%，水力发电量减少 120 万千瓦；全市 23 个供电局辖区的企业被限电停产轮休，损失高达 33 亿多元。

2013 年 7—8 月，南方地区出现 1951 年以来最强高温热浪天气。具有高温日数多、持续时间长、覆盖范围广、强度大、极端性突出等特点。上海、浙江、江西、湖南、重庆、贵州、湖北、安徽、江苏 9 省（直辖市）平均高温日数（31 天）之多、平均日最高气温（34.4 ℃）之高为 1951 年以来同期之最。浙江新昌日最高气温达 44.1 ℃，477 站次日最高气温突破历史极值，为历史同期最多；湖南衡山、长沙最长连续高温日数达 48 天，144 个站连续高温日数达到或超过历史极值。高温加剧了部分地区旱情发展，造成南方 13 省（自治区、直辖市）作物受旱面积超过 666 万公顷；浙江、安徽茶叶受高温灼伤严重，湖南、浙江两省蔬菜减产 30%～50%；湖南共发生森林火灾 80 起，过火森林面积约 776 公顷；上海、安徽、江苏、重庆等地日用电负荷屡创历史新高，高温还造成配电网设备故障增多，电网系统安全隐患增大；上海、湖北、江苏、江西、浙江等多地出现中暑、热射病死亡病例，7 月上旬，上海中心城区 120 救护车维持在每天出车 1000 次左右，13 人因高温中暑死亡。

6.6 低温冷冻害及雪灾

冷空气活动过程中，尤其是寒潮，往往会引发低温冷害、霜冻、冻害、冰冻及雪灾等，对中国国民经济尤其是农林、畜牧、交通运输、电力等行业以及人们生命财产造成严重的危害和影响。

6.6.1 低温冷害特征

低温冷害是指在农作物和经济林果生长期间，因气温低于作物生理下限温度，引起农作物生育期延迟或使生理活动受阻、组织遭破坏，造成农作物减产、品质降低。与低温冷害不同，冻害则是指在冬季发生的因严寒导致越冬作物遭受伤害。按发生时段和主要危害对象，低温冷害可分为三种类型：春季冷害、夏季冷害和秋季冷害。

春季冷害，也称"倒春寒"，主要发生在长江中下游沿江及其以南地区的早稻播栽期。湖南、湖北南部、江西西北部、福建大部、广西北部、广东北部等地年均发生次数为 1.0～1.5 次，部分地区超过 1.5 次；华南大部、江南东部等地不足 1.0 次，长江三角洲由于水稻播栽期偏晚，少于 0.5 次。南方春季低温冷害最多年发生次数，湖南、湖北南部、江西大部、广西北部、广东北部、福建大部一般为 3.0～4.0 次，江淮、江南东部、华南大部为 1.0～3.0 次。1961—2015 年，中国南方年均出现春季低温冷害次数为 0.9 次，1996 年最多，为 1.8 次。

夏季冷害，主要发生在东北地区的作物生长期间，也称"东北低温冷害"。东北夏季低温冷害发生频率北部高、南部低，其中黑龙江大部和吉林部分地区大于 30%，吉林中部和辽宁大部为 20%～30%，辽宁的部分地区在 20% 以下。以发生站数比反映低温冷害影响范围，东北地区多年平均为 29.9%；1976 年、1969 年、1972 年和 1987 年在 95% 以上，东北地区遭受区域性夏季低温冷害；1994 年、1998 年、2000 年、2001 年、2007 年、2013 年没有低温冷害发生。1961—2015 年，东北夏季低温冷害发生站数比总体呈下降趋势。其中，1995 年以前东北地区大范围夏季低温冷害多发，1995 年以后很少出现。

秋季冷害，也称"寒露风"，主要发生在长江中下游沿江及其以南地区的双季晚稻抽穗扬花期。南方平均每年出现秋季寒露风过程为 1.7 次，1961—2015 年，1972 年最多，达 2.7 次。其中湖南、湖北南部、安徽南部、浙江西部等地一般在 2 次以上；福建东南部、广东大部、广西南部、海南等地少于 1 次；其余地区为 1～2 次。秋季寒露风最多年发生次数华南大部一般在 4 次以下，江淮、江汉、江南大部为 4～5 次，部分地区在 5 次以上。

6.6.2 寒潮特征

冷空气根据降温幅度及日最低气温情况，可以分为中等强度冷空气、强冷空气以及寒潮三种。当日最低气温 24 小时降温幅度≥8 ℃或 48 小时降温幅度≥10 ℃或 72 小时降温幅度≥12 ℃，日最低气温≤4 ℃时，则冷空气达到寒潮标准，其中 48 小时、72 小时内的气温必须是连续下降的。寒潮因降温剧烈，气温低并伴随大风、降雪、冰冻等现象，一般影响范围广、危害大。

影响中国寒潮冷空气的源地主要有三处，其一是来自新地岛以西的北方寒冷的洋面上，寒冷的冰洋气团经巴伦支海、白海进入西西伯利亚；其二是来自新地岛以东的北方寒冷洋面上，大多经喀拉海、泰米尔半岛进入中西伯利亚高原；其三是来自冰岛以南的洋面，移动到欧洲大陆南部或地中海地区，开始常常表现为一个小冷楔，移到黑海、里海逐渐发展。来自这三个源地的冷空气一般都要经过西伯利亚西部和中部地区（43°～65°N，70°～90°E）积聚加强，然后进入中国。

中国平均每年出现 5.3 次全国性或区域性寒潮天气过程，且主要发生在当年 9 月至次年 5 月，在 11 月出现最多，平均每年有 0.9 次。年寒潮频次总体呈现北多南少的特征，东北、华北地区西部和北部、新疆东部和北部、青海大部、西藏中北部等地年均寒潮发生频次在 5 次以上，东北东部和北部部分地区以及内蒙古中东部、北疆北部等地为 10～15 次，局部超过 15 次。近 50 多年来在全球变化背景下，中国大部地区寒潮频次呈现减少的趋势。

6.6.3 霜冻特征

霜冻是由于日最低气温下降使植株茎、叶温度下降到 0 ℃或以下，使作物受到冻伤，从而导致减产、品质下降或绝收。采用百叶箱日最低气温≤2 ℃统计为霜冻日。由温暖季节向寒冷季节过渡期间，首次出现霜冻的日期为初霜冻日；由寒冷季节向温暖季节过渡期间，最后一次出现霜冻的日期为终霜冻日；终霜冻日与初霜冻日之间的时段为无霜期。

初霜冻日在青藏高原及内蒙古东部等地出现最早，在 9 月 20 日之前，东北、华北北部及陕西北部、宁夏、甘肃大部、内蒙古西部、新疆北部等地出现在 9 月下旬至 10 月上旬，华南、四川盆地及云南南部出现最晚，为 12 月上旬之后，其余大部地区在 10 月中旬至 12 月上旬。终霜冻日由南向北逐渐推迟，南方大部地区终霜冻结束较早，一般在 3 月中旬之前，华南、江南南部、四川盆地及云南南部等地在 3 月之前；东北南部、华北大部、黄淮及陕西等地出现在 3 月下旬至 4 月下旬；青藏高原、东北大部、华北北部及甘肃大部、宁夏南部、新疆东北部等地结束较晚，平均日期在 5 月 1 日之后，青藏高原腹地甚至晚至 6 月 20 日之后。

1961 年以来，全国平均初霜冻日呈推迟趋势、终霜冻日出现提早趋势，无霜期呈现增加趋势。

霜冻灾害主要发生在春、秋两季，春霜冻主要发生在喜温作物的苗期和果树的开花期，秋霜冻主要发生在秋收作物灌浆成熟期间。北方地区由于气温偏低、热量条件不足，遭受霜冻危害的概率较大，如东北中北部及内蒙古东部、辽宁西部、山西北部和河北北部的山区经常遭受早霜的危害。西部地区的陕西北部、甘肃、宁夏、新疆和青海等地霜冻危害也比较严重。黄淮平原、关中平原和晋南地区经常发生春季霜冻害。长江中下游地区也经常发生霜冻，主要危害经济作物。南岭以南地区，冬季仍有许多喜温作物和常绿果树生长，因此经常发生冬季的霜冻灾害。

6.6.4 冰冻特征

冰冻灾害主要包括雨凇、雾凇等，对林业、电力、通信、交通等行业危害大。雨凇是指过冷却雨滴碰到冰点附近的地面或地物上，立即冻结而成的坚硬冰层，又称为冻雨；雾凇是指在空气层中，水汽直接凝华，或过冷却雾滴直接冻结在地物迎风面上的乳白色冰晶。雨凇、雾凇是形成电线积冰的主要原因，对电网安全隐形威胁大。

中国雨凇日数空间分布特点是南方多于北方，潮湿地区多于干旱地区，山区多于平原。雨凇主要出现在湖南和贵州大部、云南东北部、四川东南部、江西东北部和西部、湖北东部、安徽南部、河南东南部、陕西中部、甘肃东部、新疆西北部等地的部分地区，年雨凇日数一般在 1 天以上，其中贵州南部、四川东南部和湖南东南部的局部为 5～15 天，贵州西南部为多发区，达 15～25 天。四川峨眉山平均每年出现 127.2 天，为全国最多；其次是湖南南岳，为 62.0 天；第三位到第五位依次为贵州威宁（45.7 天）、安徽黄山（44.6 天）、江西庐山（43.3 天）。北方雨凇最多的地方是甘肃通渭华家岭，多年平均为 24.4 天，陕西华山为 16.2 天，宁夏六盘山为 14.9 天，新疆温泉和甘肃乌鞘岭为 8.9 天。

雨凇发生有明显的季节变化。冬季为雨凇的多发季节且发生范围大，四川峨眉山冬季雨凇日数为全国最多，平均每年为 67.2 天；春、秋两季南北方均有雨凇出现，但南方多于北方，且多出现在局部山区，四川峨眉山春、秋季分别有 35.1 天和 24.8 天；夏季雨凇发生最少，仅北方山区偶有发生，如新疆吐尔尕特、吉林长白山天池、甘肃乌鞘岭。

与雨凇不同，年雾凇日数是北方多于南方。雾凇主要出现在长江以北地区，东北、华北东部、黄淮中部、江淮北部、西北西部等地及内蒙古中东部、贵州西部、安徽南部、陕西中部、甘肃东部、青海东南部等地的局部一般有 1～5 天，其中黑龙江西南部和北部、内蒙古东北部、北疆及部分高山区年雾凇日数在 10 天以上，北疆是中国年雾凇日数最多的地区，部分地区超过 30 天，长江以南大部分地区较少出现雾凇。年雾凇日数最多的站为四川峨眉山，平均每年高达 126.3 天，宁夏六盘山有 74.9 天，甘肃华家岭有 74.4 天。冬季为雾凇的多发期，其中 1 月最多。

6.6.5　雪灾特征

从中国年降雪日数分布可以看出，其具有高山高原多、低地平原少、北方多、南方少的特点。年降雪日数除南岭以南大部和云南南部不足 1 天或全年无降雪外，全国其余大部地区普遍有 1～30 天，东北大部、青藏高原大部及内蒙古中东部、河北西北部、山西东北部、甘肃中东部、新疆天山及以北地区等地年降雪日数在 30 天以上，长江及黄河源区年降雪日数达 50～100 天（图 6.9）。

中国年积雪日数（积雪深度≥1 厘米）在阿尔泰山、天山以及大、小兴安岭和长白山等地区在 100 天以上。东部地区的年积雪日数从北向南逐渐减少，降雪少发区也是积雪日数少的区域，不足 1 天。

中国最大积雪深度有 4 个高值区：一是西藏的喜马拉雅山区，为 50～100 厘米，最深可达 200 厘米以上；二是新疆天山和阿尔泰山区，为 50～75 厘米，部分山地超过 75 厘米；三是内蒙古东北部、小兴安岭北部和长白山区，为 40～75 厘米；四是江淮地区，为 30～40 厘米。

降雪过多、积雪过厚、雪层持续时间长、初雪特早、终雪特晚等，都会形成雪灾。雪灾一般发生在 10 月到次年 4 月的时段内，根据发生时间的不同，雪灾还可以划分为 3 种类型：前冬、后冬和春季雪灾，时间分别为：每年 10 月 15 日到 12 月 31 日、1—2 月、3 月到 5 月 15 日。雪灾还有猝发型和持续型之分。雪灾根据影响的区域特点分为牧区雪灾和城市雪灾。

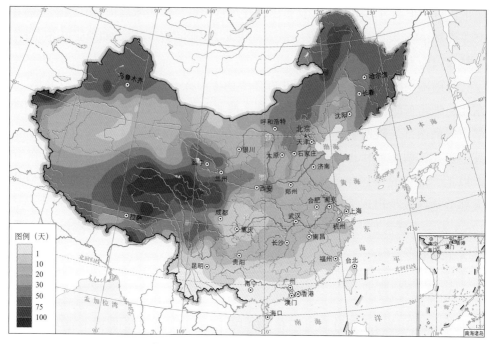

图 6.9　中国年降雪日数分布（1981—2010 年平均）

　　牧区雪灾主要发生在 10 月到次年 5 月，11 月和 3—4 月牧区雪灾发生频繁。11 月因雪量大，表层积雪可日融夜冻，形成冰壳，牲畜不易破冰雪采食，造成"饿灾"，也称为"白灾"。3—4 月，冷空气活动较为频繁，但牲畜膘情最差，部分牧区处于接羔保育期，一旦发生雪灾，牲畜损失严重。牧区雪灾主要发生在青藏高原、北疆、内蒙古和东北一带三大区域。内蒙古大兴安岭以西和阴山以北的广大地区、祁连山牧区、北疆部分牧区、藏北高原的高寒牧区及川西高原西部为多发区，阴山以南及巴彦淖尔市一带、六盘山区、陇中西北部、甘南高原、南疆部分地区、川西高原部分牧区及滇西北部牧区的局部为偶发区（丁一汇，2008）。雪崩多发生在新疆、西藏、青海等省（自治区）的部分地区。

　　城市雪灾可分为强降雪型和落雪成冰型，一方面是对交通的影响，另一方面是对人们生活造成的影响，如雪灾发生时造成供电、供水、供暖系统不能正常运转，医院、学校及居民生活受到严重影响，通信线路中断等。东北大部、内蒙古中东部、新疆北部、华北中北部、藏北高原至青南高原一带、西藏南部、川西高原北部、湖北西南部等地的局部为公路交通雪害高发区。

6.6.6 主要影响

低温冷冻害和雪灾每年都会给中国国民经济造成一定损失，2004—2015 年，年均直接经济损失 298.9 亿元，其中 2008 年损失最大，达 1696.4 亿元。年均造成 43 人死亡，其中 2008 年人员死亡人数最多，有 181 人。

低温冷冻害和雪灾对农业危害大。1951—2015 年，中国平均每年因低温冷冻害和雪灾造成的农作物受灾和成灾面积分别为 276.5 万公顷和 117.8 万公顷；2008 年受灾面积和成灾面积均最大，分别达 1469.6 万公顷和 871.9 万公顷。20 世纪 80 年代中期以来，受灾面积和成灾面积均呈明显增多趋势。中国大部分地区农作物低温冷冻害和雪灾的受灾率为 1%～3%，其中湖北、甘肃、宁夏、云南、新疆、湖南等省（自治区）为 3%～5%。

低温冷冻害、冰冻及雪灾等灾害常常群发，有时通过灾害的连锁反应，进行跨行业、跨区域扩展，会对国民经济和人民生命财产造成巨大的损害。

下面给出 1951 年以来中国发生的重大低温冷冻害和雪灾个例。

1954 年 12 月下旬至 1955 年 1 月中旬初，南方持续低温严寒。1955 年 1 月上旬，淮河流域最低气温降到 -21～-18 ℃，长江中下游江地区降到 -15～-10 ℃，江南到华南北部降到 -8～-5 ℃，两广大部地区降到 -3～0 ℃。安徽、湖北、江苏、湖南、江西等省连续 10～15 天出现大雪和冻雨，积雪深度一般为 30～70 厘米，最深达 1 米。湖南出现 1929 年以来罕见的大冰冻，洞庭湖冰冻持续 18～20 天；江苏麦苗冻死冻坏 4.13 万公顷；广东普遍出现结冰与霜冻，20 万公顷冬种作物失收；海南北部橡胶树受害 10%～30%；福建整个冬季甘薯和小麦、油菜等绝收达 2.7 万公顷。

1969 年 1 月底至 2 月初，全国出现大范围冻害。受寒潮影响，不少地区的最低气温出现数十年少见的低值。黄河下游出现历史上罕见的两次封冻、解冻现象，造成较重凌汛；渤海海面出现了几十年罕见的封冻；华南地区出现了多年一遇的霜冻；江苏、浙江、湖南、湖北、上海等省（直辖市）一些地区越冬作物遭受冻害。

1976 年 12 月下旬至 1977 年 2 月中旬，全国遭受罕见严寒。1977 年 1 月下旬，全国大部最低气温较常年偏低 5～10 ℃，长江中下游两湖平原地区偏低达 15～18 ℃，武汉低达 -18.1 ℃，是 1907 年以来的最低值。黄河在开封以东全部封冻，山东威海港结冰，最厚的冰层有 70 厘米，太湖、洞庭湖冰冻达数天之久。北方冬小麦遭受冻害比较严重，湖南、江西、广东、广西、贵州、四川、云南等省（自治区）冻死耕牛近 100 万头。湖南、江苏、广东 3 省 354.7 万公顷越冬作物受冻。

1990 年 1 月底到 2 月初，全国出现大范围冻害。全国有 22 个省（自治区、直辖市）出现降雪降温，黄淮、江淮等地降大到暴雪，太原、石家庄、安阳、郑州等地的降雪量为近 40 年同期最大值。渤海流冰范围近百海里；黄河下游的河段冰封总长度达 300 千米，结冰厚度达 15～20 厘米，封河速度之快，河段之长，结冰之厚是 1969 年以来所未见的；江苏洪泽湖部分湖面也出现封冻；黄淮至南岭之间大部地区普遍出现了较严重的冰冻。安徽、湖北、江西 3 省有 100 多万公顷农田受灾。

2005 年 2 月上中旬，湖南、湖北和贵州等地出现大范围雨雪和冰冻天气。湖南省电网遭遇严重的冰冻破坏，多条 220 千伏及 500 千伏主干线覆冰，南岳最大电线积冰 69 毫米，覆冰造成多处电线杆塔出现倒杆、断线等险情。湖北省五峰县出现了 1964 年以来最严重的冰冻灾害，鄂西南、江汉平原、鄂东北等地区出现雨淞，低温雨雪冰冻导致 19 个县（市）受灾。贵州铜仁地区万山出现持续雪凝天气，地面结冰厚度达 4.5 厘米，电线积冰直径达 7.0 厘米以上，最大积雪深度达 27 厘米，导致全区停电、县城停水、公路主干道及通乡公路中断、通信邮政严重瘫痪。

2008 年 1 月 10 日至 2 月 2 日，中国大部分地区尤其南方连续遭受四次低温雨雪冰冻天气过程袭击。其影响范围之广、强度之大、持续时间之长，为历史罕见，且恰逢春运高峰，影响到电力、交通、农业等各部门及人民生活的各个方面，直接经济损失 1595 亿元。造成的直接经济损失之大、受灾人口之多为近 50 年来同类灾害之最。长江中下游及贵州的大范围冰冻灾害为百年一遇。贵州、湖南的电线积冰直径达到 30～60 毫米。全国共有 13 个省（自治区、直辖市）电力系统运行受到影响，170 个县（市）停电。受灾最严重的湖南、江西电网被迫分片运行，电网面临崩溃的危险。此次灾害对电力基础设施损毁严重，由于倒塔断电，北京至广州和上海至昆明两大主要铁路干线部分区段运输受阻，公路、铁路、民航等交通部门受到严重影响，从而使得煤电油运严重受阻，影响火电厂煤炭的及时供应和电力的充足供给。多条高速公路封闭、多个民航机场被迫关闭，由于恰逢春运高峰期，导致几百万旅客滞留。森林生态系统严重受损，大量林木倒伏、折断枯死，易引发火灾和病虫害，造成野生动物冻死冻伤。由于绿化植被和古树冻死冻坏，旅游服务设施、道路不同程度损坏，造成上千家景区暂时关闭，旅游业损失巨大。湖北武汉、荆州、宜昌等地水管冻裂，导致 280 万人饮水困难，贵州、湖南因停电给居民生活造成极大困难，取暖受影响。

2011 年 1 月，南方地区出现 4 次较强的低温雨雪冰冻天气过程。贵州大部、湖南西部和南部、江西中部、云南东北部、广西东北部、重庆东南部以及四川和福建的局部地区出现冻雨，其中贵州大部、湖南西部和南部等地冻雨日数在 3～10 天，贵州西部和南部部分地区达 10 天以上，贵州威宁等地超过 20 天。电线积冰最大直径出现在贵州开阳，为 53 毫米（含导线观测直径 26.8 毫米）。南方大范围低温雨雪冰冻天气给各地交通、电力、农业、群众生活等方面带来了很大影响，贵州、湖南、江西、安徽、湖北、广西、重庆等 10 省（自治区、直辖市）受灾人口 3373.1 万人，农作物受灾面积 182.5 万公顷，直接经济损失 141.8 亿元。

6.7 雷电

雷电是自然大气中的一种超强、超长的瞬时放电现象，通常可以分为云闪和云地闪，常与强对流过程相伴发生。云地闪的放电峰值电流一般为几万安培，甚至可以超过 10 万安培；放电的长度一般可以达到几千米，也可见到长度达到数十千米甚至数百千米的雷电；雷电的放电持续时间一般不到 1 秒钟。雷暴是指由于强积雨云引起的伴有雷电活动和阵性降水的局地对流性天气。雷电灾害是因雷雨云中的电能释放直接击中或间接影响到人体或物体，使得人类生命财产遭受严重损害的一种气象灾害。中国雷电灾害发生频繁，分布广泛。

6.7.1 时空分布特征

中国年平均雷暴日数的分布呈现出南多北少、山地多平原少的特点（图 6.10）。华南大部及云南南部、江西南部雷暴活动特别频繁，年雷暴日数一般有 60～80 天，其中云南南部、海南、广东西南部、广西东南部局部可达 80～100 天，为高发区。江淮西南部、江南、四川盆地东部及贵州、云南北部等地有 30～60 天，青藏高原夏季是个巨大热源，对流活动强，雷暴天气也十分频繁，西藏中部、青海南部和东部、四川西部年雷暴日数也较高，普遍有 30～70 天。华北中北部、东北中部一般也有 30～40 天。其余北方大部及江淮大部、江汉、四川东部等地雷暴活动较弱，大部分地区年雷暴日数不足 30 天。

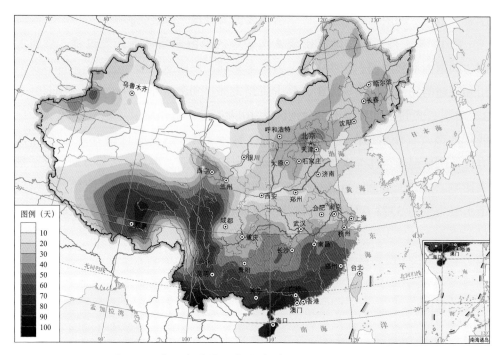

图 6.10 中国年雷暴日数分布（1981—2010 年平均）

雷暴活动季节性很强，一般夏季最多，也有少数地区春、秋季多，冬季最少，从全国来看，主要雷暴日集中在 4—10 月，尤以 6—7 月最为频繁。各地雷暴发生季节略有差异，云贵高原为 2—11 月，长江以南为 2—10 月，四川盆地及青藏高原东部为 3—10 月，江淮地区为 3—9 月，黄淮地区和藏北高原为 4—9 月，东北、内蒙古、西北地区及青藏高原西部为 5—9 月。

中国大陆上雷暴多出现在白天，主要发生时段在午后到傍晚，雷暴活动的低谷期则主要出现在每天的上午。而在海上，由于夜间的大气层比白天的更不稳定，因此海上夜间的雷暴多于白天。中国现有海岛的雷暴日变化曲线很平缓，已经显示出海洋对雷暴活动的影响。山顶地形雷暴日的变化和平原相似，雷暴多出现在午后。而有些河谷和盆地的夜间雷暴较多，甚至以夜间的雷暴为主，这与地形性夜雨的成因是相同的。

以一年中的首个雷暴日到最后一个雷暴日之间的日数为年雷暴期长度。中国年雷暴期长度呈现出南长北短的分布特征，长江以南大部地区年雷暴期长度普遍在 200～270 天，云南南部在 270 天以上；北方大部年雷暴期长度均少于 180 天，其中西北中西部及西藏西部、内蒙古、黑龙江大部年雷暴期长度不足 150 天。

中国闪电定位网对东部地区云地闪的情况监测表明，多发区主要位于江南、华南和西南地区，广东省的云地闪年平均密度最高。

6.7.2　主要影响

雷电产生于强烈发展的积雨云中，它的影响一般可以分为直接和间接两个方面。直接影响是指与雷电放电通道直接接触而产生的破坏，一般会留下十分明显的痕迹，它所涉及的能量为雷电的电能直接转换而来，能量密度较高，因而造成被击物体损毁、引发火灾，或者导致人员伤亡的概率较高。间接影响是指在雷电发生时，由于流经雷电通道的强脉冲电流所产生的包括静电、磁感应、传导、电磁辐射等各种效应，对远离放电通道区域内的电气系统等造成的永久性破坏或者扰乱，由于这种灾害可以波及雷电源区外几千米甚至更远的范围，有时会造成远大于直接雷灾的损失。

直接和间接的影响是伴随着每一次雷电的发生同时出现的。通过这些影响可知，雷电不仅严重危及飞机飞行安全，还干扰无线电通信，击毁建筑物、输电和通信设备、家用电器等，引发火灾，而且可直接击死、击伤人畜。例如，1989年8月12日09时55分，中国石油总公司管道局胜利输油公司黄岛油库2.3万立方米原油储量的5号混凝土油罐遭雷击起火，并引发相邻油罐爆炸，造成19人身亡，100多人受伤，直接经济损失3540万元；1998年5月13—22日，内蒙古自治区大兴安岭林管局阿尔山林业局天池林场兴安施业区因雷击引发森林火灾，造成受灾森林面积0.68万平方千米，6000多人参加扑火，扑火费用达2900多万元；2007年5月23日，重庆开县义和镇兴业村小学突遭雷击，正在上课的两个班级的51名学生被雷电击中，造成7人死亡，44人受伤。

随着经济的快速发展、人民生活水平的不断提高和高层建筑的日益增多以及各种高科技电子设备的广泛应用，雷电灾害对国民经济的影响日益严重。1997—2015年各省平均年雷电灾害事故数的统计显示，中国雷电灾害事故主要出现在广东、浙江、湖南、福建、江苏和河北等省，位列雷电灾害事故数最多的前六位，西北地区的雷电灾害事故则明显较少。雷电导致的人员伤亡方面，北方地区伤亡人数少于南方地区。广东年平均伤亡人数最高，受伤和身亡人数分别达到50人和57人；排名第二的则是云南，伤亡人数分别达51人和41人；排名第三的是江西，伤亡人数分别达22人和37人（图6.11），贵州、广西、湖南人员伤亡也较多。

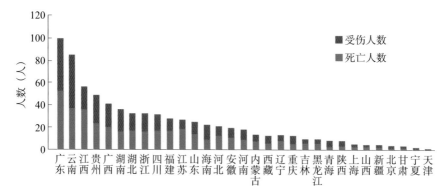

图 6.11　中国各省（自治区、直辖市）年雷电灾害伤亡人数（1997—2015 年平均）

　　中国雷电导致的人员伤亡事故在全年都有发生，但多数集中于 4—9 月。6—8 月是雷电灾害的高发期，期间由雷电造成的受伤和死亡人数分别占各自全年总人数的 68% 和 73%。雷电导致的受伤和身亡人数都在 7 月达到峰值，其占全年数量的比例分别达到 24% 和 28%。

6.8　冰雹和大风

　　冰雹是从积雨云中降落到地面的固体降水，直径一般在 5 毫米以上，具有局地性和突发性强、持续时间短、发生时间集中、频次高等特点。冰雹常常对农牧业、交通运输以及人民生命财产造成损害，尤其对农业生产危害较大。大风是指瞬时风速达到或超过 17 米/秒的风，一年四季均可发生。大风常常对电力、交通、建筑和大气环境等造成危害。龙卷是从积雨云底伸展至地面的漏斗状云产生的强烈旋风，其中心风速可达 100～200 米/秒，直径一般在几米到数百米之间，龙卷形成后，一般维持几分钟到几十分钟，其袭击范围很小，但破坏力大，往往使成片庄稼、成万株树木瞬间被毁，令交通中断，房屋倒塌，致人伤亡。

6.8.1　冰雹特征

　　冰雹分布的特点是高原山地多于平原、内陆多于沿海。总体来看，从东北到西藏这一东北至西南向地带中冰雹多，其两侧的广大东南地区和西北内陆地区（山区除外）冰雹少（图 6.12）。青藏高原是中国雹日最多、范围最大的地区，年冰雹日数均在 1 天以上，最多中心在拉萨以北的西藏中北部地区、青海南部、四川西北部地区，年冰雹日数可达 10 天以上，其中部分地区超过 15 天，西藏的那曲为全国之冠，年冰雹日数为 30.0 天，最多年份可达 53 天（1976 年），西藏的班戈平均每年有 28.1 天、安多每年有 26.0 天；青海治多有 18.8 天，四川石渠、理塘分别有 19.9 天和 18.9 天。北方多雹区主要位于天山、祁连山、六盘山、黄土高原、内蒙古高原经河北北部到整个东北地区，年冰雹日数普遍有 1～3 天，局部地区在 3 天以上。南方多雹区集中在云贵高原、湘西山地，年冰雹日数一般有 1～3 天。中国其余大部地区年冰雹日数不足 1 天，为冰雹少发区。

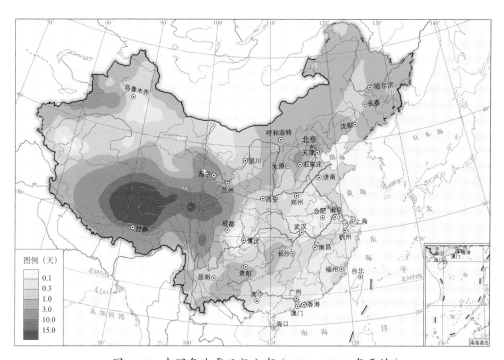

图 6.12 中国年冰雹日数分布（1981—2010 年平均）

冰雹主要发生在春、夏和早秋季节，各区域又略有不同，其中华南 3—4 月、长江中下游地区 2—4 月、云贵高原及湖南 3—5 月、青藏高原及其他高山地区 6—9 月、华北地区和西北东部 5—9 月、西北西部 5—8 月、东北 5—7 月和 9 月为多冰雹月。

一天内任何时间都可以降雹。不同地区、不同季节，降雹可能集中在一日的某个时段。与世界上大部分地区降雹类似，中国大部分地区 70% 的降雹多集中在 13—19 时，以 14—16 时最多，夜间和清晨一般较少发生。这反映了局地热力作用在雹暴发生发展中的重大作用。当然也有例外，在中国四川盆地往东到湘西、鄂西南一带，受青藏高原影响，夜间降雹比白天多。

1961—2015年，中国年冰雹日数呈显著减少趋势，减少速率为每十年0.2天；阶段性特征明显，冰雹多发期出现在20世纪60—80年代，90年代以来为冰雹少发期。

6.8.2 大风特征

在中国，大风常由台风、冷空气南下、强对流和低气压、倒槽等天气系统产生。大风日数空间分布受不同天气系统以及地形、地势的影响较大。中国年大风日数总体上呈现北方多南方少，沿海多内陆少，高原多平原少的分布形态。年大风日数较大的地区有三个：一个是青藏高原大部，年大风日数普遍为30~75天，尤其西藏中北部和青海西南部多达75天以上，是中国范围最大的大风日数高值区，青海省沱沱河年大风日数最多，为161.8天；二是内蒙古中北部地区、新疆东部和西北部的部分地区，年大风日数为30~50天，局部超过50天，新疆十三间房、阿拉山口和达坂城分别多达150.5天、148.6天和144.8天；三是东南沿海及其岛屿，年大风日数多达50天以上，浙江嵊泗、大陈多达114.4天和103.6天。此外，山地隘口及孤立山峰处大风日数也多发，如山东泰山（158.7天）、福建九仙山（151.4天）等。中国其余大部地区年大风日数在10天以下（图6.13）。

作为强对流天气系统产生的雷雨大风多发生在春、夏、秋三季，冬季较为少见；冷空气南下产生的大风主要出现在北方的冬、春季；台风产生的大风主要出现在沿海地区夏、秋季。台风、寒潮天气系统在一日内的出现没有明显规律，因此其带来的大风也无明显的日变化特征。

1961—2015年，中国大部分地区的年大风日数均呈明显减少趋势。

6.8.3 龙卷特征

全球龙卷主要发生在中纬度地区，其中美国是龙卷出现最多的国家。中国1984—2013年这30年共发生龙卷灾害事件2201次，平均每年约73次。中国大部分省（自治区、直辖市）都有龙卷的踪迹，但多发生在中东部地形相对平坦的平原地区。易发区主要集中在长江三角洲、江苏北部、山东西南部、河南东部等平原、湖沼区以及雷州半岛等地。江苏、安徽、广东、河南、湖北为龙卷的多发

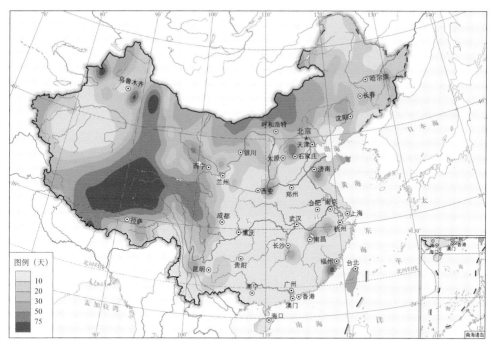

图 6.13　中国年大风日数分布（1981—2010 年平均）

省份，江苏龙卷灾害发生最多，平均每年有 10.4 次，高邮市被称为中国"龙卷之乡"，安徽和广东平均每年有 8.4 次和 6.7 次；黑龙江、河北、浙江、江西和湖南的龙卷发生频次也较高。

春、夏两季为中国龙卷多发季节，4—8 月龙卷发生次数占全年总数的 90% 以上，尤以 7 月和 8 月最多，两月之和超过全年总数的一半以上。龙卷在一天中的任何时间都可能发生，高发时段集中在午后到傍晚。

6.8.4　主要影响

中国冰雹、大风灾害发生频繁，每年都给各行业以及人民生命财产带来很大损失。2004—2015 年，平均每年因风雹造成的直接经济损失达 305.9 亿元，死亡人数有 527 人。冰雹、大风对农业的影响尤为突出，1951—2015 年，中国平均每年因大风、冰雹灾害造成农作物受灾面积 373.9 万公顷，成灾 167.3 万公顷；严重年份农作物受灾面积可达 600 万公顷以上，其中 2002 年高达 747.7 万公顷。

冰雹是否造成危害及其灾害程度不仅与雹块大小、积雹密度、降雹范围和降雹持续时间有关，还与被冰雹袭击地区的下垫面特征、雹击物体性质、状况和数量、价值量有关。中国是世界上雹灾比较严重的国家之一，冰雹灾害具有地域分布广、离散性强、局地性明显、中东部多西部少的特点。冰雹灾害虽是一个小尺度的灾害事件，但是中国几乎所有省份都或多或少地有冰雹成灾的记录。冰雹灾害多发生在某特定的地段，特别是青藏高原以东的山前地段和农业区域、云贵高原的部分地区，这与冰雹灾害的形成条件密切相关。青藏高原地区冰雹虽发生频繁，但雹粒小，很少形成雹灾。东部和平原地区是中国农业区，冰雹又多出现在农作物生长的关键期，且雹块一般比较大，冰雹对农作物造成的灾害往往在这些地区比较重。

大风灾害的分布具有既集中又分散的地域分布特征。集中是指中国大风主要发生在沿海和复杂山地，如中国东南沿海平均每年有 7 个台风登陆，给登陆点附近地区带来大风灾害；中国新疆由于山地地形造成"狭管效应"非常容易产生大风灾害，当地人称"百里风区"。分散是指大风灾害产生的地域差异很大，陡峭山区，甚至高大楼房之间都有可能产生大风灾害。

从龙卷造成的灾害来看，直接经济损失分布特点与龙卷发生频次相似，均表现出西少东多的分布特征，龙卷造成的死亡人数和倒损房屋数量在中国东部偏南地区较多。江苏、安徽、湖北、湖南、江西和广东为中国龙卷灾害发生频次高、死亡人数多且经济损失较重的省份，其中江苏和安徽最为严重。江苏死亡人数最多，龙卷导致的死亡人数、倒损房屋数和直接经济损失均集中在夏季，其次是春季，7 月最为频繁且灾情最重。

冰雹发生时，常常伴随雷雨、大风、龙卷等，冰雹会砸坏房屋、玻璃和汽车等设施以及农作物，还会对人、畜和家禽造成伤害；狂风能吹倒房屋、吹折树木，刮断电杆、电线，造成人员触电或停电事故；大风还对交通运输造成严重影响或事故，冰雹、大风袭击航行的船只会造成船只损坏、沉没甚至人员伤亡。

下面给出一些人员伤亡大、损失严重的冰雹、大风灾害事件。

1980 年 6 月 26—27 日，浙江省 9 个地区、26 个县（市）连续 2 天受冰雹大风袭击，冰雹直径最大的在 50 毫米以上，降雹持续时间大约 10 分钟，风力一般为 8～10 级，最大达 12 级。共造成全省 190 人死亡，其中渔民 144 人；倒塌房屋 2800 多间，损坏 1.19 万间；受灾农田 6 万公顷；倒断各种电杆 1.1 万根；损坏和沉没船只 326 艘。

1986 年 4 月 9—11 日，浙江、江西、湖南三省的 130 多个县（市）出现了大风、冰雹和暴雨，一般风力为 8～10 级，阵风达 11～12 级，冰雹直径最大达

70 毫米，降雹时间最长 20 分钟左右。三省共有 506 万人受灾，死亡 151 人，伤 4259 人，农田受灾 27.8 万公顷，倒房 3.3 万余间，牲畜死亡 3926 头，电杆损失 8.3 万多根。

2007 年 2 月 28 日 01 时 55 分左右，从乌鲁木齐驶往阿克苏的 5807 次列车在吐鲁番境内遭遇瞬间风力达到 13 级的大风，造成火车脱轨，3 人死亡，34 人受伤，南疆铁路线运输中断。

2009 年 6 月 3 日，河南省北部和东部遭受雷雨、大风、冰雹等强对流天气袭击，宁陵、永城两县最大风速分别达 28.6 米/秒和 29.1 米/秒，均为有气象记录以来的历史极值。商丘、开封、济源三市有 14 个县（市）受灾，倒塌房屋 5100 间，死亡 24 人，重伤 89 人，直接经济损失 16.1 亿元。

2015 年 6 月 1 日晚，重庆东方轮船公司所属 "东方之星" 号客轮航行至湖北省荆州市监利县长江大马洲水道时，遭遇突发罕见的强对流天气（飑线伴有下击暴流）带来的强风暴雨袭击，船体侧翻沉没，当时瞬时极大风力达 12～13 级，1 小时降雨量达 94.4 毫米，造成 442 人死亡。

龙卷造成人员伤亡较大的事件有：

1956 年 9 月 24 日，上海浦东发生龙卷，死亡 68 人，伤 842 人；一座重 10 吨有 5 人作业的储油罐被卷起腾空约 15 米，抛至 120 米远。

1969 年 8 月 29 日，河北省霸州市遭遇强龙卷袭击，死亡 98 人，伤 763 人；有 1106 间房屋全部夷为平地；25% 大田作物受灾。

1983 年 4 月 27 日，湖南省湘阴县发生龙卷，死亡 81 人，伤 970 人；倒损房屋 2.4 万间；周长 3.15 米的百年古樟树被拔起；一座古塔被卷去 8 层；11 万伏高压电杆被卷离原地 6 米。

2016 年 6 月 23 日，江苏省盐城市阜宁、射阳等地出现强雷电、短时强降雨、冰雹、龙卷等强对流天气，阜宁县新沟镇等地出现 34.6 米/秒大风，造成 99 人死亡，846 人受伤。

6.9 雾和霾

雾是悬浮在近地层大气中的大量微细乳白色水滴或冰晶的可见集合体，使能见度降到 1 千米以下。霾是大量极细微的干尘粒等均匀地浮游在空中，使水平能见度小于 10.0 千米的空气普遍浑浊现象。"霾"字最早出现在甲骨文中，在三千多年前的《诗经》中有"终风且霾"的诗句，"霾"字的古义就是尘，古籍《尔雅释天》对霾的解释是"风而雨土曰霾"，意思就是刮风落土就是霾（吴兑 等，2009）。雾和霾均能使能见度降低，对交通造成严重威胁，还会对电力传输、人体健康等方面造成不利影响和损害而形成灾害。

6.9.1 雾时空特征

雾的形成主要是由于近地面空气冷却造成的，冷却方式主要有绝热冷却、辐射冷却、接触冷却、平流冷却和湍流冷却等。根据形成原因不同，常见雾的种类主要有辐射雾、平流雾、上坡雾、蒸发雾、锋面雾、海岸雾和湖岸雾等。有时兼有两种以上原因形成的雾称为混合雾。

年雾日数空间分布大致呈现东部多、西部少的特征。华北东南部、黄淮大部、江淮东部、江南大部、四川盆地及湖北大部、福建中北部、海南大部、贵州、云南南部等地年雾日数一般在 20 天以上，四川东部、重庆西部、云南南部、福建中部等地可达 50～70 天，云南南部局部超过 100 天，如云南屏边（140.9天）、沧源（138.8 天）、勐腊（114.1 天）等；东北地区东南部和大兴安岭北部雾日数也比较多，有 20～50 天，局部超过 50 天；西北地区大部、青藏高原及内蒙古大部等地因气候干燥，很少出现雾，一般不足 5 天或无雾发生，仅陕西大部、甘肃东部和北疆地区年雾日数有 10～30 天（图 6.14）；海南三亚终年无雾。雾集中区域主要分布在河谷盆地、沿海及高山，这些地区容易满足大雾形成的温、湿、风条件，呈现明显的局地性特征。中国年雾日最多的地方是四川峨眉山，平均年雾日数高达 306.3 天，最少年有 286 天，最多年有 338 天，几乎天天都有雾，对比山麓乐山站，年雾日数仅有 58.5 天；福建九仙山年雾日有 302.4 天，安徽黄山有 260.6 天，江西庐山、山东泰山、山西五台山、河南鸡公山、云南太华山、宁夏六盘山、甘肃华家岭等高山站年雾日数也较多，均超过 150 天，庐山有197.4 天。海洋上水汽丰富，也有利于雾的形成，如山东沿海的成山头有"雾窟"之称，平均年雾日数有 87.5 天，7 月高达 23 天，几乎终日不散，而同纬度的济南仅有 15.2 天；浙江大陈岛，年雾日数也有 72.2 天。号称中国"雾都"的重庆，沙坪坝年雾日数有 36.2 天。

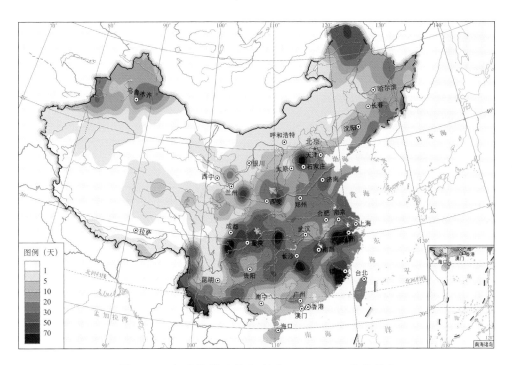

图 6.14　中国年雾日数分布（1981—2010 年平均）

　　中国一年四季都有雾出现，大多数地区秋、冬季节为雾多发期，春、夏季雾较少。春季是中国雾少发季节，主要出现在黄河下游以南到江南地区，一般有 5～10 天。夏季，中国大部分地区较少出现雾，仅东北地区雾日数较多，一般有 5～10 天，局部地区超过 20 天。秋季是雾多发季节，其分布形势与年雾日数分布大体一致，也是东部多、西部少，东北地区东南部和西北部、华北南部、黄淮、江淮、江汉、江南、西南地区东部以及海南、云南南部、贵州等地雾日数一般有 5～20 天，局部地区在 20 天以上，西北部分地区雾也较多，如陕西大部、新疆局部有 5～20 天。冬季雾日数与夏季分布存在明显差异，东北地区明显减少，南方地区增多，华北东南部、黄淮、江淮、江汉、江南、西南地区东部及福建、海南等地在 5 天以上，部分地区超过 10 天，此外，新疆北部雾日数也较多，一般在 5 天以上，局部可达 10 天以上。

　　雾的日变化特征明显，不同类型的雾，日变化略有差异。中国的雾大多属于辐射雾。通常开始于 20 时（北京时）至次日 08 时，结束于 08—12 时，持续时间一般不超过 10 小时，雾的日变化，日出前最浓，日出后随气温升高而消散。平流雾、平流辐射雾和锋面雾在一天内的任何时间都可以发生，辐射因子则使得这些雾在夜间和清晨变得更浓。

中国 100°E 以东地区平均年雾日数为 21.7 天。1961—2015 年，总体呈减少趋势，年代际阶段性变化明显：20 世纪 60 年代，年雾日数较常年略偏少，70 年代至 80 年代略偏多，90 年代以后明显偏少并呈现显著减少趋势，2011 年以来又呈增加趋势。

6.9.2 霾时空特征

中国年霾日数分布特点是东部多于西部。西部地区、东北大部及内蒙古、海南年霾日数不到 1 天；中国东部大部地区年霾日数一般为 1～10 天，其中山西中南部、河北西南部、京津地区、河南中部、湖北中部、安徽东南部、江苏南部、浙江东北部和西南部、江西中部、广东中部、广西东部等地超过 20 天，尤以山西临汾为最多，达 84.6 天（图 6.15）。京津冀、长江中下游和珠江三角洲是霾发生较为集中的三个地区。

霾主要发生在冬季，秋季和春季发生频率相当，夏季则较少出现霾。霾发生时的天气条件是气团稳定、较干燥，冬季满足这种天气条件的日数多。中国大部分地区，夏季为多雨期，局地对流强烈，雨水较其他季节充沛，雨水对空气中的灰尘等污染物起冲刷作用，不利于霾天气的形成。

中国 100°E 以东地区平均年霾日数为 9 天。1961—2015 年，总体呈显著的增加趋势，且表现出不同年代际变化特征：20 世纪 60 年代至 70 年代中期，年霾日数较常年偏少；70 年代后期至 90 年代，接近常年；21 世纪以来，年霾日数显著增多。年霾日数增加趋势明显的区域集中在经济发达和发展迅速的区域，如华北、长江中下游和华南地区；东北地区、西北东部和西部、青藏高原、西南地区则有减少趋势。

持续性霾过程显著增加。中国中东部地区连续 3 天以上霾过程站次数在 20 世纪虽然略有增加，但总体变化不大，进入 21 世纪后，连续霾过程站次数增加显著。连续 3 天的霾过程站次数由 725.5 站次增加到 2010.0 站次，连续 4 天的霾过程由 444.4 站次增加到 1292.1 站次，连续 5 天的霾过程由 291.8 站次增加到 881.1 站次，连续 6 天的霾过程由 200.3 站次增加到 628.2 站次，分别是 20 世纪平均值的 2.8 倍、2.9 倍、3.0 倍和 3.1 倍。

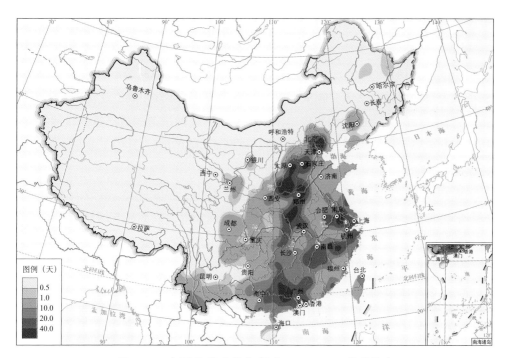

图 6.15　中国年霾日数分布（1981—2010 年平均）

　　大城市比小城镇霾日数增加明显。选取中国东部典型大城市如北京、石家庄、郑州、南京、杭州、广州等 6 站和附近的遵化、饶阳、西华、高邮、慈溪、增城等 6 个小城镇站，对比分析可见，在 20 世纪 70 年代中期以前大城市和小城镇年霾日数差别不大，但自 20 世纪 70 年代末期以来，大城市霾日数明显较小城镇偏多，大部分年份偏多超过 50 天。

6.9.3　主要影响

　　雾和霾均是中国比较常见的灾害性天气，且雾出现的概率高、发生范围广、危害程度大。雾和霾对民航、公路交通、海洋航运都是危险天气，陆上交通（尤其是高速公路）往往因浓雾而完全陷入停顿，甚至引发交通事故，造成人员伤亡。随着社会经济的发展，特别是近年来交通运输业的快速发展，高速公路和机场增多，汽车量猛增，飞机航班起落架次也明显增多，大雾和霾对交通的影响越来越明显。

　　雾和霾对电力系统造成危害。雾对输电的危害是因雾滴附着在输电线路瓷瓶、吊瓶等绝缘设备表层，造成输变电设备绝缘性能下降，导致高压线路短路和跳闸，造成污闪事故。霾天气条件下，因大气电导率下降，电力系统的雷电冲击耐压能力降低，进而造成供电系统的污闪事故。如 1990 年 2 月 10—21 日，华北电网因罕见大雾天气发生大面积"污闪"灾害，京津唐电网因雾害造成 51 条输电线路故障、147 次跳闸，京津等城市用电一度处于紧急状态，其中北京有 200 家工业大户限电停产 2 天，损失严重。2001 年 2 月 22 日凌晨，辽沈地区因大雾影响引发"污闪"造成大面积停电事故，是辽宁电网遭遇的最严重的自然灾害，沈阳市断电持续 14 小时，停电面积超过市区面积的 70%，其中工业集中的铁西区全部停止电力供应。

雾和霾均会对人们的身体健康造成危害。雾由于湿度过大，导致人体呼吸不畅，心情抑郁不安，使呼吸道疾病与关节、腰腿痛等发病率显著增加。霾会使人感到抑郁、窒闷，情绪低落，烦躁不安，容易出现全身疲乏无力等症状，间接导致其他多种疾病发生和传染病扩散，易形成群体性公共卫生事件。连续的雾天由于大气的层结十分稳定，导致污染物扩散不出去，威胁人们的健康乃至生命。霾携带的污染物通过呼吸道被人体直接吸收，造成呼吸系统感染，也容易使哮喘、慢性支气管炎、肺气肿等慢性病转变成急性呼吸道疾病，甚至有诱发肺癌的危险。近些年来，随着城市化进程的迅速发展，尤其在社会经济发展的地区，雾、霾与多种污染物共同作用对人们身体健康产生的危害也越来越突出。

下面给出近几年发生的几个重大雾和霾事件。

2013 年 1 月，中国中东部地区先后出现 4 次范围较大的雾和霾天气。其影响范围、持续时间、强度为历史少见。气象卫星遥感监测显示，全国 30 个省（自治区、直辖市）被波及，其中 1 月 22 日范围达 222 万平方千米。中国中东部地区出现了大范围、持续性低能见度和重污染天气。1 月，中东部地区大部分站点 $PM_{2.5}$ 浓度超标日数达到 25 天以上，北京、天津、郑州、石家庄、唐山、邯郸、保定、济南等城市出现重度污染，导致医院呼吸道疾病患者比平常明显增加。多地机场航班延误或取消，高速公路封闭，部分地区陆地交通及海上运输受到影响。"雾闪"还导致京广线动车在河南境内断电、石家庄开往邯郸列车的火车头发生火灾。

2015 年 11 月 27 日至 12 月 1 日，华北大部、黄淮、江淮东部等地出现中到重度霾。此次过程并伴有大范围能见度不足 1000 米的雾，部分地区出现能见度不足 200 米的强浓雾，能见度 3 千米以下且 $PM_{2.5}$ 浓度超过 150 微克/米³ 覆盖面积达到 41.7 万平方千米。其中，京津冀地区过程平均 $PM_{2.5}$ 浓度普遍超过 250 微克/米³；30 日，北京、河北局地最高小时浓度超过 900 微克/米³，北京琉璃河站高达 976 微克/米^3。受此次雾和霾天气影响，大量航班停飞，华北区域多条高速公路关闭。28 日，石家庄机场所有进港航班处于延误状态。30 日，近万人滞留咸阳机场；大雾笼罩长江口水域，上海港大量船舶出入境受阻。此次过程具有强度大、过程发展快、强浓雾与严重霾混合、能见度持续偏低、影响广且严重等特点。

2016 年 12 月 16—21 日，华北、黄淮以及陕西关中、辽宁中西部等地出现霾天气。全国受霾影响面积为 268 万平方千米，其中重度霾影响面积达 71 万平方千米，有 108 个城市达到重度及以上污染程度；北京、天津、河北、河南、山西、陕西等地的部分城市出现"爆表"，北京和石家庄局地 $PM_{2.5}$ 峰值浓度分别超过 600 微克/米^3 和 1100 微克/米^3。此次过程具有持续时间最长、影响范围最广、污染程度重的特点，北京、天津、石家庄等 27 个城市启动空气重污染红色预警，中小学和幼儿园停课，北京、天津、石家庄、郑州、济南、青岛等多个机场出现航班大量延误和取消，多条高速公路关闭，呼吸道疾病患者增多。

6.10 沙尘暴

沙尘天气是指风将地面尘土、沙粒卷入空中，使空气浑浊，水平能见度减小到一定程度的天气现象。沙尘暴是沙尘天气中水平能见度低于 1 千米，对人类生命财产造成严重损害的一种气象灾害。

6.10.1 产生条件及路径

沙尘暴的产生须具备以下三个条件：足够强劲的风力，对流层低层要处于垂直不稳定状态，大风经过的区域内植被覆盖稀疏、土质干燥疏松、存在着丰富的沙尘源。

中国沙尘暴传输路径主要有三条。

一是西北路径。此路径沙尘暴的特点为：发生次数多、影响范围广、强度大、灾害严重。多起源于巴尔喀什湖附近，引发沙尘天气的冷空气团东移经过古尔班通古特沙漠，翻越天山后分支，主力继续向东南移动，蒙古高原的中西部、新疆、河西走廊、青海北部及宁夏、陕西的部分地区受到影响，另一部分冷空气倒灌入南疆引发沙尘暴。

二是偏北路径。一般起源于蒙古国的乌兰巴托以南的广大地区,途经蒙古大戈壁、腾格里沙漠、东止乌兰布和沙漠、库布齐沙漠、毛乌素沙漠和浑善达克沙漠,影响中国西北地区东部、华北大部和东北南部等地,黄淮地区有时也会受到影响。

三是偏西路径。起源于蒙古高原中西部,东移南下过程中穿越蒙古大戈壁、巴丹吉林沙漠、腾格里沙漠,东止乌兰布和沙漠和黄河河套的毛乌素沙漠等,影响区域涉及新疆北部与东部、甘肃、内蒙古中西部、宁夏、陕西北部及华北西部等,东北地区西部和南部有时也受到影响。

6.10.2 时空分布特点

中国北方地区是全球四大沙尘暴区(中亚、北美、中非及澳大利亚)中中亚沙尘暴区的一部分,是现代沙尘暴的高发生区。沙尘暴的空间分布受天气系统、地形走向、地表植被覆盖状况以及降水分布等因素的影响显著,也与沙漠和沙地分布密切相关,这主要是由于沙漠和沙地为沙尘天气出现提供了极为丰富的物质源。总体来讲,中国沙尘暴影响范围广,涉及 17 个省(自治区、直辖市),主要发生在北方地区。年沙尘暴日数,内蒙古中西部及东南部、陕西北部、宁夏、甘肃中西部、青海、西藏中西部、新疆大部等地超过 1 天,阿拉善、河西走廊东北部及其邻近地区和塔里木盆地及其周围地区为两个高频区,年沙尘暴日数在 10 天以上(图 6.16)。内蒙古拐子湖有 22.9 天,最多年份达 46 天(1986 年);甘肃民勤有 20.0 天,最多年份达 58 天(1963 年);新疆民丰有 34.1 天,最多年份高达 62 天(1985 年);其余大部地区均不足 1 天,淮河以南大部地区鲜有发生。

沙尘暴发生有着明显的季节变化。春季是沙尘暴的多发季节,其多发的主要原因是春季冷暖空气都异常活跃、气旋活动频繁、风速大、降雨稀少,易形成干热不稳定的边界层,加上气温回升、冰雪消融、土层松动、裸露地表缺少植被保护,为沙尘暴的发生提供了丰富的物源,春季沙尘暴日数超过全年总沙尘暴日数的一半,达 52.7%,主要分布在中国北方地区,其中新疆南部、内蒙古中西部、宁夏中部、甘肃河西地区及西藏西北部是多发区,沙尘暴日数一般有 2～5 天,部分地区超过 5 天。夏季,沙尘暴日数占全年总沙尘暴日数的 23.4%,主要发生在西北及内蒙古中西部等地,其中南疆大部和准噶尔盆地、甘肃西部、河西走廊、青海西北部、内蒙古西部、西藏西北部等地,夏季沙尘暴日数有 1～5 天,部分地区超过 5 天。冬季,沙尘暴日数占全年总沙尘暴日数的 16.8%，主要分布在青藏高原大部及甘肃西部、内蒙古中西部等地，一般有 0.5～2 天，部分地区超过 2 天。秋季是沙尘暴发生最少的一个季节，集中在南疆大部、西藏西北部、内蒙古中西部、青海西部及甘肃的部分地区，有 0.5～2 天，局地超过 2 天。

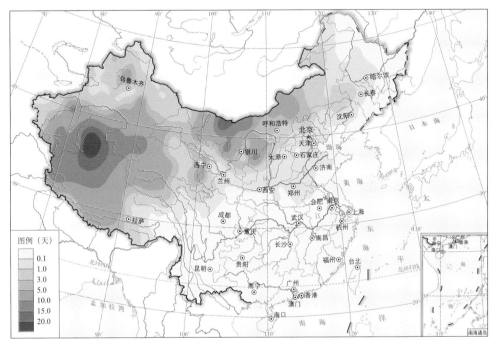

图 6.16　中国年沙尘暴日数分布（1981—2010 年平均）

沙尘暴日变化特征也十分明显，多发于午后到傍晚时段。不同区域集中时段又略有差异，如河西走廊中部地区黑风暴出现时间在 12—22 时的情况较多（丁一汇 等，2013）。

1961—2015 年，中国北方地区平均年沙尘暴日数常年值为 1.9 天，1966 年最多，为 7.0 天，2015 年最少，仅为 0.4 天，总体呈现显著减少趋势，减少速率为 1.0 天/10 年（图 6.17）。春季，北方地区平均沙尘暴日数为 1.1 天，1966 年最多，为 3.7 天，2015 年最少，仅为 0.3 天，其年代际变化特征和总体变化趋势与年沙尘暴日数变化相似。就全国年沙尘暴及以上强度过程数而言，平均每年为 8.7 次；1972 年、1974 年、2001 年最多，为 16 次；1997 年、2003 年、2015 年最少，仅有 2 次，1961—2015 年过程数呈现减少趋势，减少速率为 1.5 次/10 年。

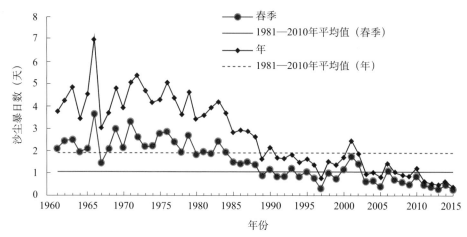

图 6.17　1961—2015 年中国北方地区年和春季（3—5 月）沙尘暴日数历年变化

6.10.3 主要影响

沙尘暴危害性大，对农业、林业、交通运输、基础设施等方面产生损害和影响，同时也会对大气环境造成严重污染，影响人们身体健康，加剧土地沙漠化，对生态环境造成巨大的破坏。

对农、林业的危害。沙尘暴不仅造成地面遭受强烈风蚀，同时又在近地面形成强烈的风沙活动，对农田、农作物造成风蚀、割打和沙埋。风蚀使得原来比较肥沃的土地变得贫瘠，无法耕种，造成土地沙漠化。风蚀过程中，有些作物如瓜类、蔬菜、棉花等双子叶植物和树木易遭受风沙割打，在沙尘暴多发的春季，一些作物正处于出苗发叶的时候，地面处于裸露状态，苗幼叶嫩，一旦受害，难以恢复，只能改种其他作物；大风吹掉果树的花蕾，毁坏瓜菜，造成农作物和牧草倒伏、损枝折干，更甚者连根拔起；沙尘暴的风沙流会造成农田、草场、灌溉水渠、村舍等被大量沙粒掩埋。

对畜牧业的危害。沙尘暴不仅会破坏牧草的形态结构使牧草遭受机械损伤，品种矮小的牧草甚至会被沙石掩埋，无法进行正常的生长发育，从而影响牧草的品质，严重时可导致局地草荒，加剧草原沙漠化进程，严重破坏脆弱的草原生态系统；而且对家畜产品质量和产量也有较大不利影响，家畜因沙尘暴不能正常出牧，放牧时间相对缩短，使得家畜吃不饱，影响家畜膘情及母畜流产，进而导致家畜抵抗力下降，同时大风天气加剧了病原体的传播，各种病原体会污染草场和棚圈，造成传染病流行，导致家畜死亡，还使得家畜无法获得充足的养料，从而影响其皮质。

对工业的危害。 伴随沙尘暴过境，输电线路常会出现高压打火、输电网络跳闸、通信干扰等现象，容易造成工厂停电停水停产。由于大气中沙粒含量过高，容易影响精密仪器和工业生产的产品质量。

对交通运输的危害。 沙尘暴对公路、铁路和航空的交通运输危害极其严重。沙尘暴发生时，能见度非常差，影响人们的视线，列车、汽车被迫停运，机场关闭；风蚀路基，破坏路基的稳定性；流沙掩埋路面，导致交通中断或者增加行车危险性。

对空气质量和人体健康的影响。 沙尘暴发生时，空气质量非常差，空气呛鼻迷眼，呼吸道和眼病增加，心搏加快，心情沉闷，工作效率低下。沙尘暴发生后，在源地和影响区，大气中的可吸入颗粒物增加，大气污染加剧，含有各种有毒化学物质、病菌等的尘土可能损害人们的器官及引发各种疾病。2010年3月20日北京大风吹起漫天黄沙，造成空气质量明显下降，市区空气中可吸入颗粒物连续5个小时超过每立方米1000微克，空气质量为五级重度污染，3月22日，北京再次遭受外来沙尘的严重影响，空气质量达四级中度污染。

沙尘暴不仅给发生地区的工农业生产带来损失，还会危及人身安全，造成重大事故。下面给出几个重大沙尘暴灾害事例。

1983年4月下旬，新疆东部和南部、青海中部、甘肃平凉、宁夏中部、内蒙古河套地区、陕西榆林发生沙尘暴，造成70多人死亡。

1993年5月4日夜至6日晨，中国西北发生了一次历史上罕见的特大沙尘暴天气过程，波及新疆、甘肃、宁夏、内蒙古4个省（自治区）的72个县。风力一般有6～7级，局部地区达9～12级，金昌市附近形成"黑风"，能见度为0，风沙形成的沙尘暴壁高达300～400米。据不完全统计，共有1200多万人受影响，死亡85人（其中小学生57人），失踪31人；受灾农作物达37.33万公顷，其中10.93万公顷减产或严重减产；1.63万公顷果林受灾，减产3～6成；牲畜死亡和丢失12万头（只），因草牧场被毁，73万头（只）受灾；沙埋水渠2000多千米，刮断刮倒电杆6021根，供电、通信、水利设施破坏严重；多处公路、铁路因风蚀沙埋导致运输中断，其中吉兰泰专用铁路中断4天，兰新铁路中断31小时，造成37列火车停运或晚点；直接经济损失达5.4亿元。

2010年4月24—26日，南疆盆地东部、青海西北部、甘肃中部、内蒙古西部的部分地区出现了沙尘暴或强沙尘暴，甘肃民勤瞬间极大风力达到10级（风速28米/秒），出现17年来最强"黑风"天气，沙尘暴造成甘肃省嘉峪关、金昌、白银、庆阳等地229万人受灾，死亡2人；作物受灾面积26.1万公顷；直接经济损失12亿元。

知识窗

沙尘天气等级

《沙尘天气等级》（GB/T 20480—2017）依据沙尘天气当时的地面水平能见度，划分为浮尘、扬沙、沙尘暴、强沙尘暴、特强沙尘暴。

浮尘：无风或风力≤3级，沙粒和尘土飘浮在空中使空气变得混浊，水平能见度小于10千米。

扬沙：风将地面沙粒和尘土吹起使空气相当混浊，水平能见度为1～10千米。

沙尘暴：风将地面沙粒和尘土吹起使空气很混浊，水平能见度小于1千米。

强沙尘暴：风将地面沙粒和尘土吹起使空气非常混浊，水平能见度小于500米。

特强沙尘暴：风将地面沙粒和尘土吹起使空气特别混浊，水平能见度小于50米。

沙尘天气过程：一次沙尘天气过程是指沙尘天气发生、发展、消失的天气过程。沙尘天气过程的等级依据影响范围和出现沙尘天气的等级划分，分为浮尘天气过程、扬沙天气过程、沙尘暴天气过程、强沙尘暴天气过程和特强沙尘暴天气过程。若某次沙尘天气过程同时达到两种以上等级时，以最强的沙尘天气过程等级为准。

第7章 气候风险与气候安全

CHAPTER SEVEN

气候作为自然环境的重要组成部分，既是人类赖以生存和发展的基础条件，也是经济社会可持续发展的重要资源。近百年来，受自然和人类活动的共同影响，全球气候正经历着以变暖为主要特征的显著变化，不但对自然生态系统产生了深远的影响，也对人类社会系统的安全提出了重大挑战。

7.1 概念和内涵

气候风险是指气候条件对人类社会产生不利后果的可能性，而气候安全则是指人类社会不受气候条件威胁的状态，这里所说的气候条件既包含气候的阶段性稳定形态，也包含其随时间的变化。从气候风险和气候安全的基本概念可以看到，二者的主体都是人类社会，即使气候条件对自然系统也会产生影响，但对此类影响的利弊判定依然是以人类视角为标准的。二者一般意义上都是面向未来而言的，它们的关系可被简单理解为：当气候风险低到某种程度时，就意味着处于气候安全状态。

7.1.1 气候风险的构成

气候风险的基本构成可被归纳为三类：气候条件的危害性、承灾体的暴露度和脆弱性。以气象灾害风险为例，它由极端或非极端天气气候事件等致灾因子的危害性、承灾体的暴露度和脆弱性三类因素构成。就某种气象灾害在某特定区域构成的风险而言，气候事件的潜在危害性越大，或受到冲击的承灾体数量越多，或承灾体自身对气候事件的敏感性越高、受到伤害后的自愈能力越低，那么气象灾害的风险就越高。由此可见，通过降低气候条件的危害性，减少经常受到气候条件危害的承灾体数量，降低承载体的脆弱性等途径，可以有效降低气候风险。

降低气候风险不仅是国家积极应对气候变化的重要内容，也是推动生态文明建设的有力抓手。人类面对气候风险的暴露度和脆弱性的高低，取决于自身的社会经济系统，包括社会经济发展阶段和途径、适应和减缓程度、灾害风险治理等（图 7.1）。以能源结构和产业结构调整为重点内容的减缓气候变化措施，不但能够有效解决未来经济社会发展所面临的能源问题，而且能够从根本上降低气候变化所带来的新的气候风险，减小不利气候条件发生的可能性及其危害性。以气象灾害风险管理为核心内容的适应气候变化措施，能够有助于降低人类社会系统的脆弱性，进而提升全社会抵御气候风险的能力。

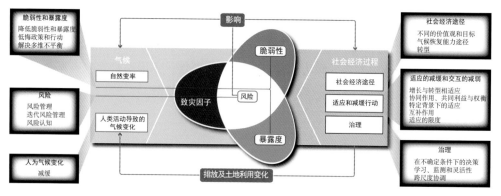

图 7.1　灾害风险形成及管理示意图（IPCC，2014）

7.1.2 气候安全的内涵

国家安全一般分为传统安全和非传统安全两大类，传统安全主要聚焦在军事领域，而非传统安全则涉及更广泛的领域，如经济安全、文化安全、科技安全、生态安全等。作为一种全新的非传统安全，气候安全既涉及传统安全领域，如国际气候移民和冲突、跨境水资源冲突、北冰洋海域资源争夺等，也深刻地体现在其他非传统安全领域，如粮食安全、水安全、能源安全和资源安全等。气候安全既应作为国家安全体系的重要组成部分，也是其他传统和非传统安全的基本保障。

气候安全具有相对性、综合性、动态性、长期性、全球性、战略性、不确定性等特点。相对性指气候安全的标准和维度是一个相对的概念；综合性指气候安全不但与复杂的自然气候系统有关，同时还关系到人类社会系统的方方面面；动态性指气候安全不是固定不变的，其安全状态和评价标准会随时间产生动态变化和调整；长期性指气候安全是关系到人类社会长期可持续发展的重大问题；全球性指维护气候安全是全球共同面对和协同应对的重大挑战；战略性指保障气候安全需要从战略高度统筹部署和安排；不确定性指人类对气候安全的认识是一个不断丰富和完善的过程。

气候变化深刻影响国家安全。国内学者通过综合分析（基于 2009 年 10 月到 2010 年 2 月的调查问卷）指出，当前气候变化影响国家安全的五大关键领域分别是粮食安全、能源安全、经济安全、北冰洋海域资源和环境贸易及壁垒，到2020 年则转化为经济安全、能源安全、北冰洋海域资源、粮食安全和跨境水资源冲突（图 7.2）。此外，气候变化可能会加重贫困、社会冲突、环境恶化等现存社会问题，从而间接影响国家安全。

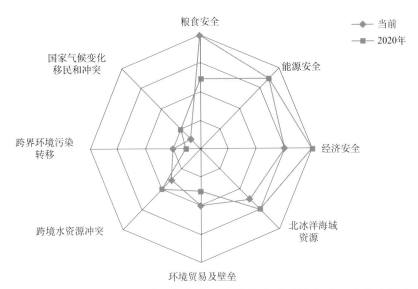

图 7.2　气候变化影响当前和未来中国国家安全的关键领域及其影响程度
（基于对气候变化领域专家问卷调研结果重新绘制）（于宏源，2010）

7.1.3 保障气候安全的核心理念

科学认识气候、主动适应气候、合理利用气候、努力保护气候，是气候安全保障的核心理念，体现了生态文明建设的内在要求。推进生态文明建设，需要不断提升对气候规律的认识水平和把握能力，坚持趋利避害并举、适应和减缓并重原则，主动顺应气候规律，合理开发和保护气候资源，科学有效防御气象灾害，积极维护气候安全。

科学认识气候，高度重视气候安全。人类社会的发展史也是一部认识自然、改造自然的历史，科学界在气候变化领域的研究进展，不仅推进了人类对气候的认知与理解，也是各国制定应对气候变化政策与行动的科学基础。

主动适应气候，强化气象灾害风险管理。大力加强气象灾害风险管理，是降低气候风险和保障气候安全的重要手段。要主动适应全球气候变暖对中国自然生态系统和经济社会发展的影响，提高适应气候变化特别是应对极端天气气候事件的能力，加强监测、预警和预防，提高农业、林业、水资源等重点领域和生态脆弱地区适应气候变化的水平。

合理利用气候，有效开发气候资源。气候是经济社会发展的基础资源，中国风能、太阳能资源丰富，在国家实施重大战略任务过程中，应合理开发利用风能、太阳能等气候能源，充分利用光、热、水等气候资源，着力改善大气环境质量，把气候资源纳入资源环境生态管控、自然资源资产负债等重大制度，探索建立基于气候承载力评估的城市规模控制和产业结构调整制度。

努力保护气候，积极引领国际气候治理制度设计。绿色循环低碳是减缓气候变化、降低气候风险、保障气候安全的基本特征，应始终坚持节约优先、保护优先、自然恢复的基本方针，始终坚持绿色循环低碳发展的基本途径，打造低碳韧性城市，有效减少温室气体排放，促进自然生态系统的良性循环，提升中国的科技创新能力和国际竞争力。

加强知识传播，切实提高全民气候意识。把气候意识作为生态文化培育的重要内容，发动社会力量加强全社会科学知识和技能的宣传教育，提高公众对气候变化、节能减排和防灾减灾的科学认识，使应对气候变化、节能减排和防灾减灾培训和演练制度化、规范化、科学化。积极推进气象科普进社会活动，提升全民应对极端气象灾害能力。

7.2 气候变化与气候风险

未来的气候及其变化是气候风险的重要决定因素之一。现有科学评估结论认为，未来气候变暖幅度越大，人类社会所面临的气候风险越高，特别是高温热浪、强降水等极端天气气候事件发生频率加大，会进一步提升包括气象灾害风险在内的气候风险。

7.2.1 全球气候风险概况

政府间气候变化专门委员会（IPCC）第五次评估报告给出的结论认为，在多种未来温室气体排放情景下，2016—2035 年全球地表平均温度将可能比1986—2005 年升高 0.3～0.7 ℃，2081—2100 年可能升高 0.3～4.8 ℃，高温热浪、强降水等极端事件发生频率将增加，全球降水将呈现"干者愈干、湿者愈湿"态势。海平面可能上升 0.26～0.82 米，海洋酸化更趋严重。9 月北极海冰面积可能减少 43%～94%，北半球春季积雪面积可能减少 7%～25%，全球冰川体积减小15%～85%。

报告还评估了未来气候变化对水资源、农业等 11 个领域以及亚洲、欧洲等9 个区域或大洲的影响，结论认为，如果全球升温幅度比工业化前（1750 年）高出 1～2 ℃，全球将面临中等至高的气候风险，若升温幅度达到或超过 4 ℃，全球所面临的风险将达到高至非常高的水平。在区域尺度上,气候变化将对水资源、海岸系统和低洼地区、全球海洋物种、粮食安全产生负面影响。许多风险集中体现在城市地区,农村地区则更多面临水资源、食物和收入上的风险。对大多数经济部门而言,温升 2 ℃左右可能导致全球年经济损失占其收入的 0.2%~2.0%。亚洲面临的关键风险主要表现为河流、海洋和城市洪水增加,对亚洲的基础设施、生计和居住环境造成大范围破坏,与高温相关的死亡风险及与干旱相关的水和粮食短缺造成的营养不良风险也将上升。

IPCC 还提炼了气候变化导致的五个未来关键气候风险(图 7.3)。

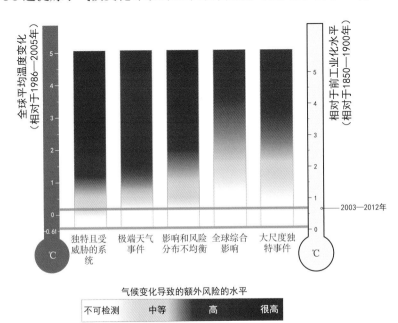

图 7.3 气候变化导致的五个关键风险与关切理由(IPCC,2014)

(1)独特且受威胁的系统:某些生态系统极易受温升影响,风险程度非常高,如北冰洋海冰和珊瑚礁系统。

(2)极端天气事件:与高温热浪、强降雨和海岸洪水等极端事件相关的气候风险已经上升为中度风险,且未来会随气候变暖而加大。

(3)影响和风险分布不均衡:可用水资源减少和农作物产量下降,对所有地方的弱势群体和社区而言风险都更高。

(4)全球综合影响:温升超过 3 ℃时将导致大规模的生物多样性损失和经济损失加剧风险。

(5)大尺度独特事件:气候变暖将导致某些物理系统和生态系统受到突发和

不可逆变化带来的风险，如温水珊瑚礁和北极生态系统。

7.2.2 中国未来气候变化

　　未来全球温室气体排放越多，中国升温就会越高。研究表明，到2081—2100年，中国地表平均气温将比1986—2005年增加1.3～5.0 ℃，升温幅度从东南向西北递增，青藏高原、新疆北部及东北部分地区增温更加明显。中国区域年平均降水将持续增加，到20世纪末可能增加5%～14%，明显高于全球平均，其中西北、华北、东北地区降水增幅相对较大。

　　未来极端天气气候事件的变化会直接关系到气候风险特别是气象灾害风险的高低。在全球变暖背景下，总体上中国暖事件将增加，冷事件将减少。极端的日最高、最低气温值都会明显升高，高温日数也将进一步增加，特别是华东、华中和华南地区。在中等排放情景下，与1986—2005年相比，部分地区的高温日数到21世纪中期会增加约30天，到20世纪末期将增加50天以上（图7.4），而高排放情景下的增幅会更大。20年一遇的最高气温也呈现升高趋势，局部升幅甚至可达4 ℃以上。

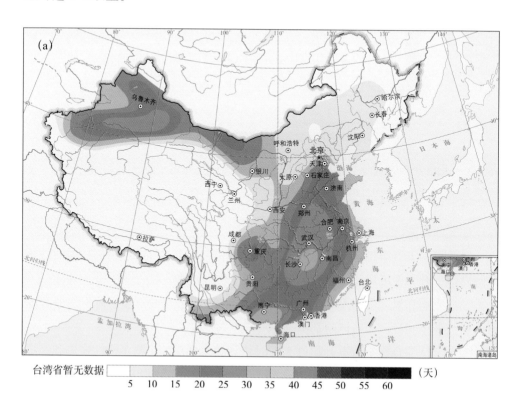

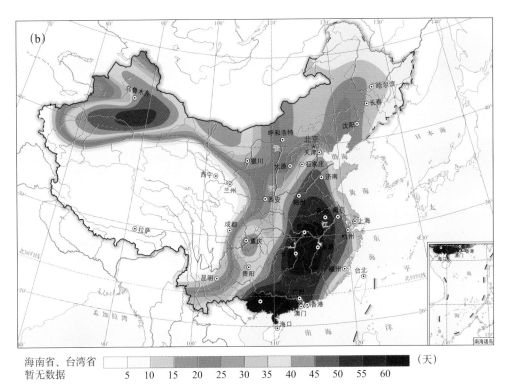

图 7.4　中等排放情景下未来中国高温日数变化（相对于 1986—2005 年）
（a）2046—2065 年；（b）2080—2099 年

从降水的极端性上看，21 世纪全国范围内中雨、大雨和暴雨会显著增加，毛毛雨明显减少（Chen，2013）。在中等以上排放情景下，与 1986—2005 年相比，到 21 世纪中期暴雨频次和强度分别增加 30% 和 20% 以上，到 20 世纪末分别增加 50% 和 40% 以上，在高排放情景下甚至分别增加近 1.5 倍和 1.0 倍。到 20 世纪末，我国湿日总降水量和最大连续 5 日降水量都明显增多，而连续干旱日数变化则具有明显的区域差异，其中北方连续干旱日数有所减少，而长江以南地区则有所增多（Zhou et al.，2014）。

7.2.3 气候风险的社会因素

在人口稠密、经济发展较快的地区，未来气候变化可能导致更多经济损失，除高温热浪、强降水等极端事件趋多趋强外，经济社会也是重要因素。人口增加和财富积聚对气候风险有叠加或放大效应，快速的城市化、工业化、经济社会发展、人居模式等非气候胁迫因子，会造成人类社会的脆弱性和暴露度变化，进而加大气候风险。

中国未来的气候风险与人口、经济发展和城市化息息相关。人口总量增加会加大极端事件发生时人口的暴露度，而老龄化程度加重则会增大人口的脆弱性。根据联合国最新的人口预测，到2030年中国老年人口将达到2.3亿左右，约占总人口比重的15.9%（15.1%～16.8%）。预计2030年中国GDP总量将达到80万亿～133万亿元，经济活动将进一步向东部沿海和中部经济较发达的城市地区集中，城市化水平将达到68%左右（65%～70%），主要的大城市群将集中在东部和中部地区。随着城市规模扩张和数量增多，人口和财富向城市集中，其暴露度和脆弱性都随之增加。而经济社会发展、人口增长及结构变化、城镇化水平提高，与未来高温、洪涝和干旱灾害增多增强相叠加，会使中国未来面临的气候风险进一步加大，如果包括灾害风险管理在内的风险治理不到位，经济损失可能会进一步加重（秦大河 等，2015）。

7.3 气候风险与粮食安全

对粮食生产而言，气候既是天然资源，也是限定因素。首先，气候条件决定着农作物种植制度，特别是气温的高低以及降水的多少决定着在某些地区适宜种植什么样的农作物。其次，气象灾害及其相关的农业病虫害等对农业生产的影响更不可低估。

7.3.1 气候变化与种植制度

气候变化对农业生产也产生了不可避免的影响。一方面，气候变暖使农区热量资源总体增加，有利于部分地区复种指数提高和东北水稻种植区北扩、冷害冻害减少。1961年以来，中国农区热量资源总体改善，全国一年两熟制、一年三熟制的作物种植北界不同程度北移，与20世纪80年代相比，全国一年两熟耕地面积约增加100万公顷，主要集中在陕西、山西、河北、北京和辽宁等北方地区；一年三熟耕地面积增加300万公顷，主要集中在湖北、安徽、江苏和浙江等南方地区，复种指数明显提高。但另一方面，气候变暖也明显改变全国农业气候资源的原有分布格局，区域水热资源配置的变化对粮食生产也存在负面影响。西北麦区和玉米产区的气候呈暖湿化趋势，其他主要冬麦区和玉米产区气候均呈暖干化；东北和西南单季稻产区气候呈暖干化；双季稻产区气候均呈增暖趋势。此外，气候变暖使中国东北地区热量资源明显改善，低温冷害减少，东北地区玉米不同熟性品种种植区域发生明显变化，玉米早熟品种播种面积减少，而玉米中熟品种种植面积明显扩大。

7.3.2 气象灾害与农业生产

在农作物生长季前期和生长季过程中的气象灾害，都会对农作物生长产生不利影响，进而影响粮食产量，中国典型的农业气象灾害包括干旱、洪涝、高温、低温冷害、霜冻等。而与天气气候条件关系密切的农业病虫害，也是中国农业生产的重大威胁之一。

干旱是中国最严重的农业气象灾害。干旱经常发生在东北、华北、黄淮、西南、华南等地。东北的干旱经常影响玉米、大豆等农作物；华北、黄淮的干旱经常影响冬小麦、玉米等农作物；南方如西南和华南干旱经常影响水稻、玉米等农作物。例如，2014 年 6—8 月，长江以北地区降水持续偏少，大部地区降水量比常年同期偏少 2～5 成。由于降水偏少，7—8 月，东北、华北、黄淮、西北地区东部陆续出现气象干旱，且旱情发展迅速。干旱发生在黄淮、华北等地秋粮作物需水关键时期，春玉米处于开花授粉、籽粒形成期，夏玉米处于拔节生长期，耗水量较大，干旱对北方玉米生长构成威胁。陕西渭北北部塬区，未灌溉的春玉米及地膜春玉米均因旱干枯死亡或接近死亡，处于绝收状态；未灌溉的夏玉米长势较差，不能正常成熟。由于作物生长期严重缺水，导致辽宁部分作物干枯死亡。2011 年 6 月 21 日至 9 月 27 日，湖南、贵州、重庆、云南东部、广西北部等地降水量普遍不足 300 毫米，较常年同期偏少 3～5 成，其中湖南中西部、贵州大部偏少 5～8 成。西南地区平均降水量为 467.9 毫米，较常年同期偏少 21%，为 1951 年以来同期第二少，其中贵州降水量为 203.1 毫米，为 1951 年以来历史同期最少，无雨日数为 1951 年以来最多。持续少雨造成夏、秋两季连旱。贵州干旱与农作物需水关键期相遇，农作物生长严重受阻，部分地区水稻产量受到严重影响。

洪涝灾害对中国粮食生产的危害仅次于旱灾，因洪涝灾害造成的年均损失粮食占全部粮食损失总量的 25%。伴随着气候变暖，中国南方洪涝灾害趋重，特别是作为中国粮食主产区之一的长江流域，725 个县中有近 1/3 是洪涝高脆弱性区。目前中国部分大江大河的防洪能力只能防 20 年一遇的洪水，中小河流防洪标准更低，抗灾能力很弱，这是影响中国粮食稳产和增产的一大隐患。洪涝主要发生在长江中下游以南地区及东北地区，影响的农作物南方主要为水稻、棉花、玉米，东北主要为水稻、玉米和大豆等。例如，2016年6月30日—7月6日，江淮、江汉、江南北部及贵州东部、广西东南部、广东西南部等地降水量达100～300毫米，湖北东部、安徽中南部、江苏中南部、江西北部等地超过300毫米，局部超过800毫米。强降水导致长江干流安徽段和江苏段全线超警戒水位，太湖流域出现超警戒水位，湖北、安徽、江苏、湖南、贵州等省多地出现洪涝或城市内涝；局部出现泥石流、滑坡等灾害。安徽、湖北、湖南、贵州等11省（自治区、直辖市）农作物受灾面积达287.2万公顷。

高温热害主要发生在中国南方地区，影响的农作物主要是水稻，危害敏感期是水稻的开花期至乳熟期。长江流域稻作区是中国最大的稻作带，总播种面积约占全国稻作面积的70%，其中近40%的稻作面积是一季稻。高温热害对长江流域稻作区的影响极大，如2003年出现的严重高温热害，造成长江流域受害面积达3000万公顷，损失稻谷5180万吨，经济损失近100亿元。相比20世纪80年代和90年代，21世纪以来高温热害明显增多增强，其中浙江、安徽和江西的部分地区强度增幅更大。

低温冷害是中国重要的农业气象灾害之一，主要包括东北地区夏季出现的低温冷害，以及江南、华南晚稻抽穗扬花期间出现的寒露风。20世纪60年代和70年代是东北地区低温冷害高发期，1976年出现了全区性夏季低温冷害，一季稻、大豆和玉米单产分别较前一年减产36.9%、32.7%和7.6%。尽管因气候变暖使得东北地区低温冷害有所减少，但因年内温度波动幅度加大，加之种植区域不断北推，区域性和阶段性低温冷害仍时有发生，如2009年东北地区中北部6月初至7月末出现持续低温阴雨，水稻、玉米、大豆生长前期光热条件明显偏差，最终导致水稻成穗数不足，空壳率增加。寒露风也称秋季低温，通常会使江南和华南双季晚稻的空壳率达20%～30%，严重年份可达40%～70%甚至绝收。

霜冻也对中国农业生产造成影响，特别是东北农区。据统计，东北地区初霜日偏早1天，会造成水稻减产5万吨。不过随着气候变暖，1961—2010年全国平均初霜日推迟，终霜日提早，无霜期延长。21世纪以来全国平均初霜日较20世纪80年代推迟5天左右，终霜日较20世纪70年代提早9天左右。从区域上看，东北地区无霜期延长14～21天，北方冬麦区终霜日平均每十年提前2.3天，整体上霜冻影响有所减弱。

农作物病虫害是中国的主要农业灾害之一，其发生发展规律与天气气候条件有着密切的联系。如暖冬更有利于病虫越冬，从而增大来年虫害发生的可能性。1961—2010年，随着气候变暖，全国农业病虫害、病害和虫害面积扩大，危害程度加深，发生面积分别增大了 6.4 倍、8.1 倍和 5.8 倍，其中小麦、玉米和水稻三种作物的病虫害发生面积分别增加 3.5 倍、10.8 倍和 9.7 倍，病害发生面积分别增加 3.7 倍、33.9 倍和 18.2 倍，虫害发生面积分别增加 3.4 倍、8.4 倍和 8.1 倍。气候变暖与病虫害共同导致全国冬小麦、玉米和双季稻单产减少 4%～7%，对中国粮食安全构成威胁。

未来气候变暖对中国粮食生产利弊共存，需要根据未来气候条件做出适当调整，在充分利用有利条件的同时，最大限度规避农业气候风险。如未来东北农区活动积温可能增加，夏季低温冷害减少，但部分地区干旱影响范围可能偏大，低温冷害仍可能偏多。又如未来华北农区低温冷害可能减少，但部分地区干旱对玉米单产的影响可能加重。未来南方地区早稻春播期低温事件减少，有利于早稻春播，但高温事件可能增多，早稻灌浆期热害问题可能更加严重。

7.4 气候风险与水资源安全

水资源由降水、地面水和地下水组成，其中地面水主要包括冰川、河流、湖泊和海洋等，降水是水资源的主要来源。水资源可用于灌溉、航运、发电、供水、养殖等，是人类生存和发展不可缺少的自然财富（《大气科学辞典》编委会，1994）。通常我们所说的水资源，特指陆地上的淡水资源，包括河流和湖泊中的淡水、高山积雪和冰川以及地下水等。水资源安全一般指水资源的供需矛盾对社会经济发展和人类生存环境产生的危害及相关问题。水循环更替时间长短、水量、水质、水资源时空分布、水旱灾害频率与强度等不仅与气候条件密切相关，还受到大规模人类活动影响（IPCC，2014）。

联合国教科文组织 1978 年公布的数据显示，地球水总量为 13.86 亿立方千米，其中淡水仅占 2.5%，而淡水中两极和高山冰川约占 69%，地下水约占 30%，全部河流、湖泊和沼泽储存的水量仅为 19 万立方千米，只占地球水总量的七千分之一（图 7.5）。如果把地球上的水比作一桶水，其中可供人类利用的淡水则只有几滴。

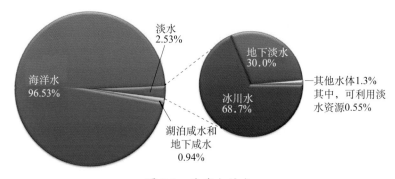

图 7.5 地球上的水

（据 UNESCO 数据绘制）

中国水资源时空分布主要与气候和地形有关。时间上受季风气候影响，年内和年际降水分配不均，多数地区年内连续 4 个月的降水量占全年 70% 以上，连续丰水和连续枯水也比较常见。空间上，水资源南多北少，据中华人民共和国水利部《2015 年中国水资源公报》统计，2015 年中国水资源总量约 2.8 万亿立方米，其中松花江区、辽河区、海河区、黄河区、淮河区、西北诸河区六个北方水资源一级区的水资源总量为 4733.5 亿立方米，占全国的 16.9%，长江区、东南诸河区、珠江区、西南诸河区四个南方水资源一级区的水资源总量为 23229.1 亿立方米，占全国的 83.1%，是北方六区水资源总量的近 5 倍。

中国水资源多分布于境内众多的河流、湖泊和冰川中，其中河流径流资源绝对数量比较丰富。据统计，中国流域面积在 100 千米^2 以上的河流有 5 万多条，1000 千米^2 以上的河流有 1600 多条，超过 10000 千米^2 的河流有 79 条。受气候和地形影响，多数河流分布在东部季风区，河网密集，水资源丰富；而地处内陆的西北地区水资源较为稀缺，水资源多储存于高山上的冰川和积雪中。

中国湖泊数量众多，20 世纪 80 年代第一次全国湖泊调查显示，全国共有面积在 1 千米^2 以上的天然湖泊 2928 个，总面积为 9.1 万平方千米，主要分布于五大湖区，包括青藏高原湖区、蒙新湖区、云贵高原湖区、东北平原与山地湖区和东部平原湖区，其中青藏高原湖区和蒙新湖区地处中国内流区，受干旱半干旱气候影响，基本为封闭的咸水湖或盐湖；云贵高原、东北平原与山地湖区以及东部平原湖区，因位于季风区而多为淡水湖。

中国还有丰富的冰川资源，集中分布在西部地区。最新统计显示，中国目前共有冰川 48571 条，总面积为 5.2 万平方千米，冰储量为 4300～4700 立方千米（刘时银 等，2015）。冰川最集中的地区有两个，一是塔里木盆地周围，约占全国冰川总面积的 43%；二是雅鲁藏布江两岸，约占 35%。中国地下淡水资源天然补给量每年约 8840 亿立方米，相对而言，南方丰富，北方贫乏，南北比例约 7∶3。

7.4.1 气候变化与水资源量

20 世纪 50 年代以来，受气候变化和人类活动双重因素的影响，中国北方水资源量明显减少，水资源供需矛盾突出；松花江、辽河、海河、黄河实测径流量均呈下降趋势，尤其海河和黄河下降明显，减少近一半，海河流域气候要素对河川径流量减少的贡献将近 3 成，黄河中游贡献近 4 成；辽河、松花江减少幅度次之，其中辽河流域气候要素对河川径流量减少的贡献占近两成。而中国西部的塔里木河源地区、新疆地区总径流量和雅鲁藏布江径流表现出增加的趋势，这主要是由于气候变暖，冰川消融，导致近期径流量表现为增加的趋势。

7.4.2 气候变暖与水质恶化

气候主要通过影响水体温度及大气水文循环中降水和蒸发等因素对水质产生影响，如气温变化会通过影响水温进而影响水体的水文和生态条件，而降水和蒸发则通过影响径流量大小进而影响水体中污染物和营养盐的迁移转化过程，最终不仅影响水体的物理性质，同时也影响水体的化学和生物特征。气候还会通过极端天气气候事件发生规律上的变化对水质产生影响。如暴雨和干旱都会影响水体中污染物的迁移转化和水体的稀释能力，从而影响河流或湖泊的水环境。暴雨或洪水发生频率增多同样会加重土壤侵蚀，致使大量矿物质、营养物质等进入淡水资源，引发水质恶化。

近年来，中国河流、湖泊水质恶化问题日益严重。2015 年，在中国 423 条河流及 62 个重点湖泊或水库的地表水国控断面中，Ⅰ类水质断面仅占 2.8%，且比 2014 年下降了 0.6 个百分点；Ⅱ类占 31.4%，Ⅲ类占 30.3%，Ⅲ类以下水质占 35.5%。在气候变暖背景下，水资源量在时空分布上的变化会改变地表水环境，进而改变河流湖泊的水质。水体温度升高引起湖泊水中含氧量减少，致使湖泊或水库底部沉积物发生微生物厌氧反应，产生有毒气体和盐类，促使营养元素溶出，引起湖泊色、味上的污染，甚至增加水体表层营养盐浓度，加上适宜的温度会导致湖泊富营养化。对全国 118 个城市 2～7 年地下水的连续监测结果表明，约有 64% 的城市地下水受到严重污染，33% 为轻度污染，基本清洁的比例仅占3%，北方城市地下水水质恶化趋势比南方地区更加严重（王琼 等，2012）。

7.4.3 极端气候与水文事件

气温、降水等气候条件会直接影响区域或流域的水资源量，而暴雨等极端天气气候事件也容易导致洪涝等水文事件的发生。研究结果表明，19 世纪 40 年代、70 年代和 20 世纪 30 年代、50 年代是中国洪涝灾害频繁发生和灾害程度最为严重的时期，且多出现在东部季风气候区，而在西部干旱和半干旱区，则多发生由短历时局地性暴雨导致的灾害性洪水。20 世纪后 50 年，中国南方流域雨涝面积虽有所减少，但夏季雨涝面积却在扩大，主要是因为夏半年降水更加集中，强降水事件增多，导致洪涝等极端水文事件更易发生。

20 世纪 90 年代以来，黄河流域暴雨洪水的发生频率和程度均逐年降低，干旱形势日趋严重。进入 21 世纪以来，黄河流域极少发生 5000 米^3/秒以上的洪水，以花园口为例，20 世纪 50 年代出现洪峰流量大于平滩流量的洪水 9 次，大致每年 1 次，而 1986—2000 年仅有 3 次，2002 年以后，下游最大洪峰流量只有 4200 米^3/秒。20 世纪后半叶，长江流域大部分地区降水增加，强降水占总降水量的比例加大，致使 20 世纪 70 年代后特别是 90 年代长江流域洪水频发。淮河流域旱涝等水文事件频繁发生，20 世纪 90 年代以来，尤其是夏、秋两季，淮河流域旱涝出现频率增加，强度增强，夏季偏涝，秋季偏旱。受流域内气候条件影响，地处内陆地区的开都河流域洪水事件主要集中出现在 7 月，总体上趋多，而枯水事件则集中在 2 月，总体上趋少。

7.4.4 水资源气候风险

中国是水资源总量相对丰富的国家，但考虑到人口和地域，同时也是水资源缺乏的国家，而且水资源系统脆弱，不仅时间上分布不均匀，地域上分布更不均衡，且经常遭受严重的旱涝灾害，致使水资源开发利用更加困难。在未来气候持续变暖的背景下，水资源系统结构将会继续发生改变，水资源数量可能会进一步减少，水质进一步降低，旱涝灾害更加频繁，尤其是时空分配上会更加不均匀，进一步加重中国水资源的脆弱性，水资源供给、水资源利用等与淡水资源相关的风险会显著增加。

随着气候变暖，影响淡水资源的主要气候因子——降水和蒸发会随之发生变化，加之人类活动影响，中国主要江河径流量已出现明显变化，总体上呈现出北方减少而南方增多的趋势；受气温升高、冰川融水增多影响，近 30 年中国分布于冰川地区、山间谷地和河谷湿地等处新生面积在 1 千米^2 以上的湖泊约有 60 个，而同时受人类围垦等影响，消失湖泊达 101 个，多分布在东部平原湖区等人口密集区；多年冻土和冰川不断退缩，不但影响地表水资源尤其是河川径流的供给，还会加重某些水文事件的频率和强度，并通过影响水质进而影响水资源的有效利用。据统计，自 20 世纪 60 年代至 21 世纪初，中国冰川面积减少了 10.1%，地处喜马拉雅地区的冰川淡水资源总量在过去 50 年明显减少，且在 1995 年后减少更快。随着气候变暖、冰川萎缩，冰川径流现阶段处于一种持续增加的状态，但会有一个时间上的拐点，之后对河川径流的供水能力逐渐减弱，必将影响水资源供给的稳定性。

7.5　气候风险与生态安全

　　生态系统是指在一定的空间和时间内，在各种生物之间以及生物与无机环境之间，通过能量流动和物质循环而相互作用的一个自然系统。气候是生态系统的所处环境之一，在年际或更短的时间尺度上，气候因子是生态系最直接和最根本的驱动力。生态系统与气候的关系首先是适应，即按照气候状况及变化确定其生长和分布特征。生态系统对气候也有反馈作用，从而构成双向的气候—生态系统相互作用。大尺度上的气候要素是决定陆地生态系统类型分布格局及其功能特性的最主要因素。此外，地形、地质与土壤的差异以及人类活动、火和历史地理因素等原因，也会造成同一气候区内植被类型的复杂多样性、镶嵌分布与梯度变化。一般而言，生态系统会随着气候变化而改变。当气候变化的程度超过某一临界点且维持相当长一段时期时，可能会造成生态系统出现明显的改变。虽然生态系统变化的过程比气候变化迟缓，但生态系统的稳定性往往又使其一旦发生改变又难以复原，出现所谓的临界点。

7.5.1　气候与植被分布

　　地球表面的水热条件等气候要素，沿纬度或者经度方向发生递变，从而引起植被沿纬度或经度方向呈水平更替。此外，由于温度、降水等随着海拔变化，自然生态系统也呈现出有规律的垂直更替。气候变化则通过温度、水分、日照等变化影响陆地生态系统的范围、丰度和消失的变化。

　　中国从东到西水分条件呈现从湿润到干旱的明显变化，依次分布着三大主要植被区：湿润森林、半干旱草原和干旱荒漠。中国自南向北形成各种气候带：热带、亚热带、温带和寒温带。森林生态系统主要分布在湿润或较湿润地区，森林植被类型由南向北顺序为：热带雨林、亚热带常绿阔叶林、温带落叶阔叶林、寒温带针叶林。草原生态系统主要分布在干旱地区，地带性草原植被自东南向西北，依次为草甸草原、典型草原和荒漠草原。

对不同树种而言，气候变化的作用不尽相同。一些不适应新气候条件的抗干扰能力差的树种退出原有的森林生态系统，而一些新的物种入侵这一系统。1961—2003 年，气候变化造成分布在大兴安岭的兴安落叶松以及小兴安岭及东部山地的云杉、冷杉、红杉等树种的可能分布范围和最适分布范围均发生纬度北移。气候变化导致东北长白山岳桦种群呈整体海拔高度向上迁移趋势，岳桦向苔原入侵的程度加剧。气候变化导致热带森林生态系统的群落次生演替恢复速度降低，从而增加了次生林演替过程中树木的死亡率。在云南干旱河谷，气候变暖引起灌丛侵入到高山草甸，林线海拔升高。

在草原自然演替过程中，暖湿气候有利于草原物种丰度和多样性的增加，而持续的暖干气候可以降低草原物种的丰度和多样性。气候变化对中国草地的影响主要表现为暖干化导致的草原生态系统退化。在青藏高原的海北西部，20 世纪 70 年代以前高寒草甸地区的原生植被是针茅、羊茅为上层，矮嵩草为下层的双层结构，至 90 年代转变为以矮嵩草为优势种的单层结构。此外，在青藏高原的江河源区，自 20 世纪 60 年代以来草原和湿地发生区域性退化，出现草甸演化为荒漠、高寒沼泽化草甸草场演变为高寒草原和高寒草甸化草原等现象。

7.5.2 气候与植物物候

植物物候是指植物受气候和其他环境因子的影响而出现的以年为周期的自然现象，包括随着气候的季节性变化而发生萌芽、抽枝、展叶、开花、结果及落叶、休眠等规律性变化。

植物物候与气温状况息息相关，特别在植物各生长发育期的前期。各种物候期的开始日期与前期气温之间有显著的相关性。日照也是影响物候的一个重要因素，一般情况下，缩短光照时间能促进短日照植物开花，使花期提前，而延长光照时间则延迟花期。温度结合日照能明显地调节植物物候期。水是影响植物物候的另一重要气候因子。干旱会延缓植物的生长发育，使物候期推迟。

植物物候是全球变化最敏感、最精确的指示剂，世界范围的植物物候主要呈春季物候提前、秋季物候推迟或略有延迟的特征，这直接导致了大多数植物生长季节的延长。受全球变暖影响，中国整体上木本植物春季物候提前，但空间差异明显，东北、华北及长江下游等地区的物候期提前，而西南东部、长江中游等地区的物候期推后；同时，物候期随着纬度变化的幅度减小。物候期的提前与推迟对温度的上升与下降的响应是非线性的。气候变化对牧草物候期有重要影响，但因发育阶段不同，影响较为复杂。升温在开花期和展叶期对牧草生长的影响为正效应，但升温也可能导致成熟期提前。

7.5.3　气候与陆地生态系统碳储量

陆地生态系统是人类赖以生存与发展的物质基础，大约 40% 陆地生态系统的生产力被人类直接或者间接利用。

气候变暖将导致植物生长期延长，加上 CO_2 浓度上升形成的施肥效应，使得中国的森林生态系统生产力增加。不过升温导致的干旱，因干旱引发火灾等，将使森林生态系统生产力下降。不同森林生态系统生产力变化的差异极大，如 20 世纪 80—90 年代，中国东北部的针阔混交林生产力增加幅度最大，寒温带的落叶针叶林增加最不明显。热量条件的变化有利于牧草生长季延长、产量提高，但在中国大部分地区，水分是牧草生长发育的主要限制因子，一般而言，在降水减少的地区，草地生产力相应减少，在降水增加的区域草原生产力增加。

CO_2 浓度上升将引起植物生理生态反应，这些反应同时又受水热条件影响，从而对陆地生态系统碳储量产生影响。20 世纪 80 年代以来，中国森林生态系统碳汇能力呈增强趋势，以每年 0.8 亿吨碳的速率增加，并且碳密度也显著增加。1999—2003 年，中国森林生态系统每年能吸收 1.7 亿吨碳。中国森林碳汇增加主要是人工林生长的结果，人工林的贡献超过 80%。1981—2000 年，中国草原年平均碳汇约为森林植被的十分之一。

7.5.4　未来的主要风险

气候变化是陆地生态系统的最强大压力，土地利用变化、土壤污染和水资源开发等人类活动，将直接影响并持续威胁大多数陆地生态系统。21 世纪，生态系统将面临区域尺度突变和不可逆变化的高风险，如寒带北极苔原和亚马孙森林；21 世纪以后，加之其他压力作用，大部分陆地和淡水物种面临更高的灭绝风险。

未来气候增暖条件下，中国物候的变化趋势大致表现为春季物候期提前、秋季物候期推迟、木本植物休眠时间缩短。如果有些植物不能及时适应当地气候的变化，植物群落的整体结构将会改变，进而给周围生态环境带来较为严重的风险。

7.6 气候风险与工程安全

7.6.1 气候对重大工程的可能影响

重大工程主要指区域性的重大基础设施建设项目，因其涉及的区域广、人口多，是关系国计民生、区域安全的重要设施。无论是在重大工程的建设期还是运行期，气候条件都会对其产生影响，特别是在气候和极端事件规律的变化上，影响会更加深刻。当前，关系到中国经济发展的重大工程所面临的气候风险依然存在并日益凸显。极端天气气候事件及其引发的自然灾害，更会增加重大工程安全的威胁。不同气候区、不同气候类型对工程的影响不同。许多重大工程建设，包括从勘察、设计、施工到建成后的运行管理，都与气候因素息息相关。

7.6.2 长江三峡工程面临的气候风险

气候变化引起中国水资源分布变化，水旱灾害风险增加对水利水电工程及水资源管理带来新的挑战，对中国供水安全、防洪安全、水生态环境安全造成多方面影响。长江三峡工程是世界上最大的水利水电枢纽工程之一，与其下游不远的葛洲坝水电站形成梯级调度电站，控制流域面积为100万平方千米，建成后库区水体面积增大，对局地气候产生一些影响。预计到2050年，三峡工程所在地区的气候变化，将引起水资源量的变化，暴雨等极端事件频率和强度增加，会加剧三峡工程的运行调度及水库管理的压力，同时也对周边地区的水文系统、生态环境和社会经济等带来相应的影响。

气候条件及其变化会影响三峡库区水文条件。2050年前，三峡库区气温升高，其中夏季气温增加趋势最为显著。库区降水总体减少，尤其是秋季降水减少更为明显，而冬季和春季降水有所增加。在这样的气候条件下，长江三峡以上流域的地表水资源量年际及年代际波动均会更加显著。

库区生态和环境也受气候条件的影响。三峡水库蓄水后受水域扩大影响，近水域地区表现出冬季增温效应，夏季有弱降温效应，但总体以增温为主。强降水事件增多加剧旱涝事件的影响，会增大夏季洪涝和秋季干旱的风险，进而对三峡地区的生态和生物多样性带来影响。气候变化将影响水资源的供应和需求，影响淡水生态系统和全球生态服务系统，特别是在高温和干旱条件下，有可能出现大规模藻类水华暴发。

气候变化必然使遗传物质发生改变，并进而引起遗传多样性变化。温度变化直接影响水生生物个体生理活动和性别发育，降水直接影响水生生物繁殖过程和生理活动。此外，气候变化还对珍稀动植物本身及其生存环境造成威胁。气候变化间接影响水生生物的食物来源和生存环境，从而影响生物物种的多样性。气候变化直接影响生态系统内生物的分布和各营养级间的能量流动，通过改变水文节律，间接影响水生生物的物种组成及其生物资源总量。

未来气候变化条件下，三峡工程区域虽然降水量变化不大，但径流量的减少幅度和蒸发量的增加幅度要大于降水量的减少幅度，给三峡库区的水资源综合管理提出了更高的要求。就长江流域而言，降水量增加将使三峡水库入库水量增加，尤其当入库水量超过原库容设计标准及相应正常蓄水位时，将引起水库运行风险，对三峡工程和库区形成防洪压力。强降水可能会增加库区突发泥石流、滑坡等地质灾害的发生概率，对水库管理、大坝安全以及防洪等产生不利影响。秋季降水减少可能导致枯水期干旱事件增加，影响三峡水库蓄水、发电、航运以及水环境，给三峡水库的调度运行和蓄水发电等效益的综合发挥带来一定影响。

7.6.3　青藏铁路面临的气候风险

青藏铁路全长 1956 千米，其中格拉段海拔 4000 米以上线路有 960 千米，是世界上海拔最高、线路最长的高原冻土铁路。青藏铁路沿线多年冻土区地处高原腹地，具有海拔高、气压低、气候严寒、冻结期长等特点。

气候环境是多年冻土形成的基本条件，年平均气温是制约多年冻土分布的主要因素。随着多年冻土区平均气温逐年上升，暖冬现象越来越明显，多年冻土处于退化态势，冻土层厚度减薄，冻土区面积逐步缩小。根据青藏铁路沿线多年冻土区气象观测资料分析，与 20 世纪 70 年代相比，气温普遍上升 0.2～0.4 ℃。

高原多年冻土环境的热平衡极为脆弱，气候变化和人类工程活动都可能改变多年冻土环境，造成多年冻土退化，进而引发地基融沉变形增大，影响多年冻土工程安全稳定。多年冻土工程性质与地温、含冰量等密切相关，是一种对温度极为敏感且性质不稳定的特殊土体。青藏铁路沿线多年冻土十分复杂，尤其是高温极不稳定冻土区范围广，高含冰量冻土段落长，对气候变化更为敏感和复杂。

多年冻土退化将引起地下冰融化、融区数量增加、季节融化层厚度增大和土地沙漠化加剧，对多年冻土区铁路工程产生不利影响，也会造成地基融沉变形，增加维护工作量，影响冻土工程的安全稳定。多年冻土退化造成冻土温度梯度改变，地温升高使处于热稳定状态的冻土逐渐演变为不稳定、极不稳定型多年冻土，造成冻土地基的承载力下降，冻土工程稳定性降低。此外，多年冻土退化还会造成不良冻土现象发育，引发边坡表层坍塌、融冻泥流等危害，地下冰融化可能形成热融湖塘，地下水径流的变化易产生冻胀丘、冰锥，影响冻土工程安全。

7.6.4 南水北调工程面临的气候风险

南水北调是缓解中国北方水资源严重短缺局面的战略性工程，通过跨流域的水资源合理配置，大大缓解中国北方水资源严重短缺问题，促进南北方经济、社会与人口、资源、环境的协调发展，分东线、中线、西线三条调水线。气候变化对河川径流的影响将直接影响调出和调入水量，涉及东、中、西调水系统对气候变化影响的敏感性与脆弱性，即调水系统功能与结构的稳定性问题。

南水北调东线工程受水区年降水量整体呈增加趋势，其中江苏北部地区、山东半岛及河北沿线地区年降水量呈下降趋势。中线工程受水区如河南、河北、北京和天津等省（直辖市）的年降水量均呈现下降趋势。从季节降水量来看，春季降水量呈现南减北增的趋势，而夏季降水量与春季相反，呈现南增北减的趋势；对于秋季降水量，河北、北京、天津等地呈减少趋势，而其他地区均呈增加趋势；冬季降水量减少区域主要集中在河北、北京、天津、青岛及潍坊等地，其他地区均呈增加趋势。

东线工程及中线工程受水区年平均气温呈增加趋势。从季节平均气温来看，春季和冬季东线和中线工程调水区域平均气温呈现增加的趋势，对于夏季，河南及山东西南部平均气温呈减少趋势，其他地区呈增加趋势；对于秋季平均气温，仅青岛呈减少趋势，其他地区均呈增加趋势。

南水北调西线工程水源区降水大部分呈增加趋势。从季节降水量来看，南水北调西线工程水源区降水四季分布不均匀，春季降水量呈现增加趋势，夏季降水量变化较为复杂，其中金沙江沿线及四川西南部呈现减少的趋势；对于秋季降水量，雅砻江沿线呈现下降的趋势；冬季降水量有 73.5% 的站点呈现增加的趋势。南水北调西线工程水源区年平均气温呈增加趋势，夏、秋、冬季西线工程调水区域平均气温呈增加趋势，而春季气温呈降低趋势，其他地区气温呈升高趋势。

未来南水北调西线水源区三种情景下降水和温度均有增加趋势，径流量较基准期有增大趋势，而受水区黄河上游未来径流将呈现减少的趋势。未来南水北调东线工程和中线工程水源区的温度和降水均呈现增加趋势。气候变化将增加汛期长江下游径流量，但其年内分配可能变化，当三峡水库蓄水与南水北调同时运行时，要防止枯水年对下游航运及生态环境的制约，以及入海径流的锐减可能导致的海水入侵与风暴潮灾害的加剧。

7.6.5 气候风险与工程安全

气候变化对重大工程的影响在一些重大工程的运行中已经显现出来。未来气候变化还将对重大工程的稳定性、运行效率、技术标准方面产生重要影响，并有可能进一步影响到可持续发展、社会安全、基础设施安全，因此，气候变化对重大工程的影响对国家安全具有重要意义，需要引起注意和足够认识。

7.7 气候风险与健康安全

气候和气候变化对人类健康的影响是多方面的，而且预计不利影响会大大超过其有利影响。其影响包括直接影响和间接影响，以间接影响为主。

气候对人体健康的直接影响包括热浪、暴雨洪涝等极端天气气候事件会造成人员伤亡。气候变化也会直接对慢性非传染性疾病造成影响。气温是影响心脑血管疾病发病和死亡的主要因素之一，空气湿度、气压和风速也与慢性病密切相关。

气候和气候变化还可以通过减少饮水供应、降低粮食生产、加剧"城市热岛效应"和大气污染、损坏卫生服务设施等方式，增加传染病等的发病率等而间接危害人类健康。世界卫生组织估计，世界上每年主要因为气候变化造成的不利影响而使低收入国家大约 15 万人死亡，这些不利状况主要是农作物歉收及营养不良、水灾、腹泻和疟疾。

到 21 世纪中叶，预估气候变化将主要通过加剧已经存在的健康问题来影响人类健康。在整个 21 世纪，预计气候变化会导致很多地区，特别是低收入发展中国家的健康不良状况进一步加剧。

7.7.1 气候与疾病

高温热浪、寒潮、洪涝、干旱和台风等气象灾害，使某些疾病死亡率、伤残率和发病率上升，并增加社会心理压力。

热浪对健康的直接影响可表现为热相关疾病。此外，热浪期间一些慢性病如心脑血管疾病、呼吸系统疾病、精神疾病等的发病率和死亡率也有所上升。1988年，中国南京、武汉遭热浪袭击，死亡数达 1488 人；1997 年，中国北方各大城市普遍创持续高温的历史新纪录，北京全市有数十名交通警察在岗位上中暑晕倒，天津 7 月 13—14 日死亡 60 岁以上老人 50 余名。上海 1998 年经历了近几十年来最严重的热浪，热浪期间的总死亡人数达到非热浪期间的 2～3 倍。

寒潮既可以直接对人体造成冻伤以及冻僵，也可以间接引起疾病死亡率和发病率的增加。初春的寒潮经常给南方地区带来阴冷潮湿天气，容易导致人体患呼吸道疾病，同时又可以引发并发症，如气管炎、肺气肿、心脑血管病等，若不及时治疗将可能危及生命。在寒冷季节，尤其是气温骤降的寒潮时，缺血性脑卒中的发病率明显增加，冠心病以及心肌梗死病人也急剧增加。寒潮天气导致呼吸系统发病风险增加，不同年龄组人群对寒潮敏感程度存在差异，哈尔滨市 0～5 岁以及 65 岁以上的人群对寒潮较敏感。

洪涝灾害对健康的短期影响主要为洪灾引起的大量死亡及损害，中期影响主要包括饮用污染水源引起的疾病传播如霍乱和甲肝等，接触受污染的水源引起的疾病如螺旋体病或临时避难所拥挤导致的呼吸系统疾病。湖南省 1996 年和 1998 年特大洪灾区的总死亡率明显高于无灾区，血吸虫疫区明显扩散，灾年血吸虫感染率和急性血吸虫病的发病率显著升高。2005 年，强降雨造成黑龙江省宁安市沙兰镇 117 人死亡。

台风事件的发生会最终导致居民死亡率的升高，造成的疾病负担男性高于女性，儿童和老年人高于其他年龄组人群。1975—2009 年，全国台风所致死亡率呈总体下降趋势。10 次及以上的台风高发省份中，广东、浙江、福建、海南、广西台风导致的平均死亡率降低，台风中发（6～9 次）和低发（5 次及以下）省份中安徽省死亡率上升，山东省死亡率下降。

7.7.2 气候与健康

广东省高温热浪风险区划结果表明，高温热浪致人体健康高风险和较高风险区域主要分布在粤东、粤西北和中部偏西及雷州半岛南部地区，低风险和较低风险区域主要分布在珠江三角洲以及以西沿海地区。

西藏高温脆弱性综合评估发现，脆弱因素包括文盲比重、老年人口比重、低保人口和家庭比重、狭小住房家庭比重以及丧失劳动能力人口比重。西藏海拔高、人口少的西部地区，人群热脆弱性较低海拔地区更高。

高温热浪健康脆弱性评估发现，海南省北部和中部高温热浪健康脆弱性相对更高；济南市中心区居民健康医疗、社会联系和居住环境脆弱性较高。

中国高温健康脆弱性空间差异性很大，西南地区、安徽和甘肃高温健康脆弱性较大。青藏高原、云贵高原大部、东北大部和内蒙古高温健康风险较低，而中国其余地区高温健康风险较高。

广东省的洪灾健康脆弱性评估研究发现，广东省各地区洪灾健康脆弱性分布趋势不明显，北部韶关地区、东部梅州地区以及南部茂名地区的洪灾脆弱性较高，河源地区和肇庆地区的洪灾脆弱性较低（朱琦 等，2012）。

7.7.3　未来疾病与健康风险

中国疟疾流行区主要分布于 45°N 以南的大部分地区，而随着全球气候变暖，之前月平均气温低于 16 ℃的无疟区可能变成疟疾流行区。气候模式模拟结果表明：2031—2050 年，中国有效传疟季节有提前开始、延迟结束的趋势，有效传疟日数有不同程度的延长趋势（滕卫平 等，2013）。相对于 1981—2000 年，有效传疟分布边界向北和向西扩展，疟原虫繁殖代数也有增多的趋势。

在全球气候变暖条件下，中国登革热有由南向北扩展的趋势，部分非流行区变成流行区，某些流行区有可能成为地方性流行。不同气候情景下，中国未来登革热流行风险区均北扩，风险人口显著增加，疾病防控压力进一步增加。

2050 年，中国血吸虫病潜在流行区北移扩散面积在 A2 与 B2 气候情景下分别约为 41.6 万平方千米和 35.2 万平方千米；2070 年，扩散面积分别为 77.0 万平方千米和 46.4 万平方千米，原流行区的血吸虫病传播强度增加。以 2030 年和 2050 年中国平均气温将分别上升 1.7 ℃和 2.2 ℃为依据，中国血吸虫病潜在流行区将明显北移，潜在流行区面积将达全国总面积的 8%，受血吸虫病威胁的人口将增加 2100 万（周晓农 等，2004）。

研究发现，上海市未来温度热效应人群死亡风险将上升。在 A2 情景下，上海市 2030—2059 年、2070—2099 年热相关死亡人数的年均值分别比基线时段（1969—1990 年）增加 54% 和 255%，在 B2 情景下分别比基线时段增加 48% 和 148%。

第8章 气候服务

CHAPTER EIGHT

8.1 气候服务内涵

气候作为人类赖以生存的一种自然资源，对社会经济发展和民生福祉至关重要，随着科学的发展和人类认识水平的提高，需要紧密结合用户需求，把气候科学的发展成果转化为面向决策、面向生产、面向民生的气候服务能力。气候服务是指为满足不同用户需求制作并提供气候信息的过程，这些气候信息包括气候资料、气候产品和气候知识，涵盖过去、现在和未来气候及其对自然、人类系统和社会经济发展的影响。而服务则是向用户提供这些针对性的气候信息，通过加强气候服务提供方和用户之间的互动，以及精细化的、以人为本的气候服务来适应不断变化的气候，开发利用气候资源，实现趋利避害。

气候服务的重要愿景是促进社会更好地管理因气候变率和气候变化所引起的各种风险和机遇，尤其是那些对气候相关灾害最脆弱的行业和人群。通过更好地提供气候服务，降低社会对气候相关灾害的脆弱性，促进社会经济关键发展目标的实现；通过将气候信息纳入决策，促进更好地采纳、理解和认识气候信息和气候服务的需求，展示气候服务在社会、经济、安全和可持续发展方面的价值；通过加强气候服务提供方和用户的参与，在技术和决策层面建立起气候服务提供方与用户的关系，使现有气候服务基础设施的效用最大化。

支撑气候服务的是气候业务基础能力，包括观测和监测、模拟与预测、气象灾害风险管理、气候变化科学支撑，贯穿气候服务过程的是气候服务的产品、用户和平台。

8.1.1 观测和监测

气候服务工作的基础是各类观测数据以及利用不同处理技术形成的数据产品。观测系统及数据处理技术决定数据的质量，并直接影响气候服务的质量。全球气候系统指的是一个由大气、海洋、冰雪、陆面和生物圈组成的高度复杂的系统，它们之间发生着明显的相互作用。气候系统观测和监测实质上是指用现代化的观测技术对气候系统的大气、海洋、陆面、冰雪和生态系统进行全面观测，并利用资料的同化处理或综合分析系统对气候变量的时空分布进行近实时的分析，以监视气候异常及气候变化过程和信号，构建气候系统的监测网。

气象观测是指对地球大气和与之发生相互作用的相关系统的状态及其变化过程进行系统地、连续地观察和测量，并对获得的记录进行整理的过程。气象观测的对象涉及地球大气和与之密切相关的水圈、冰冻圈、岩石圈及生物圈等的物理、化学、生物特征及其变化过程。气象观测具有准确性、代表性与可比较性三个特点。

气象观测的直接目的是获取各种气象要素的观测资料。气象要素是反映天气和气候特征的物理量，如空气温度、气压等，不仅要在一个地方测量，还要在广大区域，以至全球的各个地方进行测量，不仅要测量近地面的气象要素，还要测量高空气象要素，以了解三维空间大气中气象要素的分布和随时间的变化。

气象观测的范围包括从全球尺度、区域尺度到中小尺度和微尺度的多种不同尺度的大气运动。气象观测的方式包括直接观测、遥测和遥感探测，需要依据数理科学理论基础，结合大气运动的客观规律，采用不同的技术，实现对气象要素的准确测量。随着天气气候等学科的发展，所需要的观测资料内容更加广泛，不仅描述大气状态的气象要素需要观测，反映海洋、陆地、生态系统的要素也需要观测。气象观测随着大气科学的发展不断发展。

经过多年的现代化建设，中国已初步形成天基、空基和地基相结合，门类比较齐全、布局基本合理的综合气象观测系统，综合气象观测能力大幅提高。截至 2015 年年底，建成国家级地面气象观测站 2423 个，包括 212 个国家基准气候站、634 个国家基本气象站和 1577 个国家一般气象站，全部实现了温度、湿度、气压、风速、雨量等基本气象要素的观测自动化，观测精度达到了世界气象组织的要求，观测频率达到分钟级，稳定运行率超过 99%。为满足中小尺度灾害性天气监测和各地气象服务需求，区域气象观测站发展到 55680 个，乡镇覆盖率达到 94%，观测资料时空密度大幅提高。181 部新一代天气雷达投入业务运行，形成了基本覆盖全国重点地区的天气雷达观测网。新一代天气雷达网实现 6 分钟一次的数据实时传输和联网拼图。地基遥感大气垂直观测能力不断增强。气象卫星探测进入世界先进行列。中国风云气象卫星系列现已成功发射了 7 颗极轨气象卫星和 7 颗静止气象卫星，风云气象卫星系列成功投入业务运行，已被世界气象组织列入全球对地综合观测卫星业务序列，形成了"多星在轨、统筹运行、互为备份、适时加密"的业务格局，使中国成为世界上少数几个同时具有研制、发射、管理极轨和静止两个系列气象卫星的国家之一。基本建成雷电、海洋气象、环境气象、农业气象、交通气象、空间天气等专业观测网络（中国气象局发展研究中心，2016）。

经过多年发展，中国的气候监测诊断业务在理论、方法和业务系统建设方面取得了长足发展。目前已经建立了一套实时、精细、立体的全球气候系统监测业务，涵盖了全球大气、海洋、冰雪、陆面监测；发展了上百项气候系统监测指标，实现了对厄尔尼诺、拉尼娜、北极涛动、大气季节内振荡、西太平洋副热带高压等全球和区域重要气候现象的监测；开展了亚洲季风进程和中国华南前汛期、西南雨季、梅雨、华北雨季、西南秋雨等雨季进程的实时监测；发展了针对暴雨洪涝、高温热浪、干旱、台风、寒潮等极端天气气候事件的实时监测业务。同时加强了关键异常信号及其对中国气候异常的影响机理的研究，在海温、冰雪、土壤温湿度、大气低频振荡、北极涛动、季风、平流层异常等对中国气候影响的监测诊断等方面提出一些新理论、新技术和新方法，并在业务服务中得以应用。

8.1.2　模拟与预测

未来气候会怎样变化，这不仅是科学家，也是公众和决策者共同关心的问题。面对国家和社会的需求，精准预测未来气候是气候工作者的孜孜追求。在过去的几十年中，随着对气候观测、研究和模拟的投入不断加大，人们对气候系统的认识不断提高，气候数值模式快速发展，试验性的气候预测取得了显著进展，使得发布月—季节气候预测产品成为可能，随着在提供区域气候信息方面取得的进展，模式的改进还能够尝试制作年代际气候预测和气候变化预估。这些工作都大大提高了对气候、气候变化和变率的认知水平，为开展气候服务奠定了可靠的科学基础。

气候模式建立在物理、化学、生物学等基础上，用数学方程式表现地球气候系统各个圈层相互作用和反馈的主要过程以及与外强迫的关联。耦合各圈层相互作用的气候系统模式是理解气候变化规律和预测未来气候变化最重要的，甚至是不可替代的研究工具，依靠气候模式开展季节到年际的短期气候预测是当前发达国家气候预测的主流和国际上的发展方向。

中国气候系统模式的发展始于 20 世纪 80 年代。"九五"期间，国家气候中心和中国科学院大气物理研究所合作开展了中国气候预测模式的研制工作。2001年以来，国家气候中心在"九五"攻关科研成果的基础上，以攻关研制的多种动力气候模式为基础，设计建立可业务化运行的短期气候预测综合动力模式系统，通过对各模式预测技巧的综合检验和评估，以及集合预测效果的分析研究，开发建立了利用模式输出的月、季节尺度的预测方法和产品体系，进行了业务化工作，从而建立起第一代气候模式预测业务系统（丁一汇 等，2004）。2005 年，该模式系统作为中国第一代短期气候预测动力气候模式业务系统正式投入业务运行（李维京 等，2005）。2005 年起，国家气候中心启动了多圈层耦合的气候系统模式研制工作，先后建成了耦合大气、陆面、海洋、海冰、大气化学分量在内的不同版本的气候系统模式；参加了国际耦合模式比较计划，为 IPCC 评估报告的编写提供了重要的科学依据；参加了国际次季节至季节气候预测计划，预测结果提供全球用户共享；并基于全球近 110 千米中等分辨率的新一代气候系统模式研发了第二代短期气候预测模式系统，2013 年开始投入业务使用，可提供 10 天以上到年时间尺度的全球范围的气候预测产品。未来，下一代的气候预测模式将是更高分辨率，包含更复杂物理过程的旬、月、季、年一体化模式（Wu et al., 2010，2013，2014）。

中国是世界上开展短期气候预测业务最早的国家之一。早在 1954 年即以"气候展望"的名称第一次正式对外发布年度气候趋势展望。由于影响中国气候变化因素的多重性、相互关系的复杂性和预测方法的多样性，中国短期气候预测的基本技术特点是多种因子的综合分析和多种方法的综合应用，预测技术难度非常大。60 多年来，随着观测事实的丰富积累和短期气候预测理论的不断发展以及计算机技术的进步，中国短期气候预测的业务技术经历了逐步改进、完善和不断发展、提高的过程。大体经历了经验统计分析、物理统计分析、动力统计相结合三个主要发展阶段。经过几十年的发展，目前气候预测业务体系逐渐完善，预测对象涵盖了降水、气温等气候要素，重要天气过程，极端天气气候事件，雨季进程，气象灾害，气候现象等；实现了旬、月、季、年的多尺度预测；滚动发布了全球格点预测和全国精细到县域尺度的预测产品。多年来坚持依靠科技创新，加快发展气候预测核心技术，逐步形成了适应东亚气候特点的以动力模式为基础、动力统计相结合的客观化气候预测技术体系，建立了多模式集成客观化预测系统；发展了交互式的监测预测业务平台（李维京，2012；贾小龙 等，2013）。2011—2015年的气候预测准确率比 2001—2015 年平均水平提高了 5%（图 8.1），成功预测了2015 年汛期"南涝北旱"、2016 年"长江流域洪涝"等气候趋势，为防灾减灾决策提供了强有力的支撑。气候预测仍是世界科学难题，下一代气候预测业务系统将以无缝隙、精准化、智慧型为标志。

8.1.3 气象灾害风险管理

气候服务的重要愿景是使社会更好地管理因气候变率和气候变化所引起的各种风险和机遇，为的就是在灾害来临时，尽量减少损失。中国是世界各国中受到气象灾害影响最为严重的国家之一。气象灾害风险受到致灾因子（如极端天气和气候事件发生频率、发生强度和发生范围等因素）、暴露度（暴露在气象灾害影

图 8.1　2001—2015 年中国国家级月尺度降水气候预测 PS 评分

响范围内的人员和财产等）和脆弱性（人员和财产等承受灾害的程度或者受到灾害影响后恢复的能力）的共同影响（秦大河 等，2015；IPCC，2012）。应对气象灾害风险需要解决两个基本问题：一是如何降低或消除灾害风险；二是当灾害风险难以消除时，如何减少灾害造成的损失。通过降低暴露度和脆弱性，可以降低或消除灾害风险，而灾害风险预警可有效减少灾害造成的损失。

　　气象灾害风险管理是指通过找出导致灾害发生的气象因子和相关驱动因素，采取有效的应对措施加以预防和控制气象灾害发生的行为过程。其目标是减轻灾害风险，即在灾害发生之前，通过对气象灾害风险进行识别和分析，预见将来可能发生的损失并加以防范，并评估灾害发生后可能造成的损失，制定减少灾害损失的管理措施。气象灾害风险管理将灾前防灾备灾、灾时紧急应对和灾后恢复重建三个阶段统筹考虑，从而有效地控制和降低灾害风险，以最低的防灾减灾资源和成本投入，实现最大的社会、经济和生态等安全保障。气象灾害风险管理是一个复杂、动态的决策过程，涉及气象防灾减灾法律法规和规划、监测预警、评估区划、管理措施、风险转移、社会参与、科普宣传等各方面，是对气象灾害的一种综合性管理（图 8.2）。

　　基于风险理论的气象灾害风险管理过程主要包括：风险评估、早期预警、信息发布、应急响应、恢复重建和风险应对。风险评估需要识别灾害风险并评估风险大小，将风险信息纳入预警信息；通过对气象灾害的监测、预测开展对气象灾害的早期预警；并将预警信息通过各种手段发布给政府及处于风险中的公众；随后从中央、地方到社区需要根据应急预案对预警信息作出有效响应，以减少灾害对人员和财产的潜在影响；灾害发生后还需要考虑受灾地区的快速重建；政府和公众还需要通过科普宣传、增强抗灾能力等提高应对风险的能力。

　　经过多年的发展，中国已经建立了较为成熟的气候影响评估业务，形成了气象灾害综合评估指标体系，定量评估气象灾害的发生范围、强度、持续时间和综合损失，评估气候和气候变化对农业、林业、水资源、健康、交通、环境、能源领域的影响。通过气象灾害风险普查，建立了覆盖2000多个县包括干旱、暴雨洪涝、台风等28种气象灾害的风险数据库，研究了暴雨洪涝、干旱等致灾阈值，气象灾害风险管理业务逐步形成。中国政府为减轻气象灾害损失，多年来在气象灾害风险管理实践包括从法制、体制和机制建设方面，减灾能力建设方面，倡导公众参与方面，国际合作方面开展了大量工作，不断推进减灾事业发展，国家综合防灾减灾能力得到明显提升。随着一系列气象灾害风险管理实践的开展，中国对极端天气气候事件和灾害风险防御的经济社会效益日益显著。

图 8.2　气象灾害风险管理主要职能

8.1.4 气候变化科学支撑

气候变化是当今国际社会普遍关注的全球性问题，全球气候变化不仅影响人类生存环境，而且影响世界经济发展和社会进步。中国是一个易受气候变化影响的发展中国家，中国政府对气候变化问题高度重视，并积极采取了一系列应对措施。为国家应对气候变化内政外交提供科学支撑也是气候工作的重要职责。中国的气候工作者立足于气候变化科学前沿，在检测归因、影响评估、适应减缓等方面取得可喜进展。开展了中国温度、区域极端温度以及高温事件的检测归因，以及未来极端高温、降水事件变化的预估，建立了未来百年 25 千米分辨率的全国气候变化预估数据集，综合分析了温室气体排放、城市化、气溶胶排放、土地利用变化对区域气候变化的影响，开展了气候承载力分析。一批成果在国际顶级学术期刊发表。数十名学者先后参加了 IPCC 历次评估报告的编写，为全球应对气候变化做出了应有的科学贡献。核心参与联合国气候变化框架公约的谈判，表达中国立场，展现中国风貌，传递中国理念，发出中国声音。为国家有效应对气候变化，每年发布气候变化绿皮书、气候变化监测公报，组织编制气候变化国家评估报告和极端事件国家评估报告，为各级政府和社会公众提供气候变化领域的权威信息。

✑ 知识窗

气候承载力评估

气候承载力是指气候系统对可持续发展的承载能力，指在一定的时间和空间范围内，气候资源（如光、温、水、风等）对社会经济某一领域（如农业、水资源、生态系统、人口、社会经济规模等）乃至整个区域社会经济可持续发展的支撑能力。

社会经济的发展必须控制在资源环境可承载的范围内，才能以资源的可持续利用来实现社会经济的可持续发展。气候资源与耕地、水资源一样，在一定的时空范围内，所能承载人口、经济、社会等要素的能力是有限的，而不是无节制的。气候承载力是与社会经济发展和人类活动密切相关的动态阈值，强调人类活动不能超出特定生态环境所能承载的范围。在气候变化背景下，气候系统的变化对全球范围内水资源、生态系统、社会经济发展等带来了显著影响，气候变化叠加人类活动进一步加剧了目前资源和环境的矛盾，导致一些地区气候资源配置发生了变化，威胁到粮食安全、生态安全、能源安全、城镇运行安全、人民生命财产安全以及可持续发展，使气候安全问题现实地摆在了人类面前，引起国际社会和各国政府的高度重视。因此，在生态文明建设和社会经济可持续发展规划的决策和部署中，须兼顾资源环境保护和经济社会发展，统筹区域协调发展，对资源环境承载力进行综合评价，将人类活动控制在资源环境承载力范围之内。需要统筹考虑气候系统的变化及其影响，充分遵循气候规律，合理开发和保护气候资源，度量气候资源的承载能力，界定气候资源所能承载的自然生态系统和人类社会经济活动的强度和规模，积极维护气候安全。

8.1.5 气候服务产品

气候服务产品是为有效满足社会各种需求，将多学科、多行业的相关知识融合起来，加工处理而形成的气候信息和气候知识，具有科学性、针对性和可用性等特性。最基本的气候服务产品包括气候监测、气候预测和气候评估三大类。

气候监测产品主要以提供全球气候系统变化和变率的监测信息为主，是气候服务的一项重要内容。有些用户对过去发生的和现在正在发生的天气气候事件比较关心，会将相关信息运用到日常决策中。例如，针对 2014/2016 年发生的超强厄尔尼诺事件，气象部门实时的监测评估产品《ENSO 监测评估快报》受到政府决策机构、生产经营部门和社会公众的高度关注，为用户决策提供了科学支撑。

气候预测产品顾名思义是预测未来气候的相关信息，是气候服务的核心内容。目前，中国气候预测产品涵盖未来 10～20 天、月、季、年的气候要素预测（主要是气温和降水），干旱、洪涝、台风、沙尘暴、霜冻等气象灾害展望，月内高影响天气过程预测，季风雨季气候事件预测，面向行业的专项预测（水文、农林等）和针对重大社会活动保障的气候预测。

气候评估产品主要依据现在和未来的气候，评估其对农业、能源、水资源和人类健康等领域的影响，是气候服务的关键内容。气候对农业的影响评估包括作物生长气候条件评估、农业气象灾害影响评估、农业气候资源调查评估、适生作物气候区划以及气候变化对粮食安全的影响评估；气候对能源的影响评估包括风能和太阳能资源调查及评估、电力调度和电网安全运营评估、风电场和核电站选址气候可行性评估、风电场和水电站的环境影响评估等；气候对水资源的影响评估包括可降水资源评估、主要水系的月度和年度水资源评估、各省年度水资源总量评估、气候变化对水资源安全影响评估等；气候对人类健康的影响评估包括气候条件对疾病发生影响评估、气候变化对疾病分布影响评估、气候条件对影响人类健康的大气环境评估等。

8.1.6 气候服务用户

中国的气候服务用户包括政府决策机构、经济生产部门和社会公众。

为政府决策机构提供相关气候信息是中国特色气候服务的重中之重，各级政府利用气候信息进行防灾减灾、应对气候变化和生态文明建设的宏观决策。例如，针对 2006 年重庆特大干旱、2008 年南方历史罕见的低温雨雪冰冻灾害和 2016 年长江大暴雨的监测、预报和评估服务，有效支持了政府的防灾减灾行动和应急响应决策。此外，为 2008 年北京奥运会、2010 年上海世博会、2015 年大阅兵、2016 年杭州 G20 峰会等重大社会活动提供气候背景分析和气候风险预测，也是气候决策服务的重要内容。

为经济生产部门提供有效的专业气候信息可以帮助其减少经济损失和带来经济收益。此类气候服务涉及领域十分广泛，包括农业、水利、交通、能源、金融保险、商贸等。例如，精细化的风能资源区划，为风电场选址提供了保障；三峡工程、青藏铁路、南水北调等重大工程的气候风险评估，为工程建设提供了科学依据。

对气候热点问题解疑释惑，科普气候和气候变化知识是面向公众进行气候服务的主要内容。近百年来，全球正经历着以变暖为显著特征的气候变化，对自然生态系统和人类社会产生了明显影响。适时的公众气候服务在一定程度上提高了全社会气候风险意识，传递了科学认识气候、主动适应气候、合理利用气候、努力保护气候的理念。

8.1.7 气候服务平台

气候服务平台是实现气候服务的载体和手段，在气候服务中发挥着不容忽视的作用。有效的气候服务必须在气候服务提供者和信息使用者之间架起桥梁，一方面，通过平台界面帮助用户及时获取和科学使用气候服务信息；另一方面，收集气候服务用户的反馈意见、服务需求、建议和对策，提高气候服务的针对性。

根据不同的气候服务，用户可采取多样化的服务方式，如互联网 VIP 通道、手机 APP、云服务器等，甚至在用户自己的综合数字系统中镶嵌气候相关信息产品。

 知识窗

世界气候大会

第一次世界气候大会

第一次世界气候大会于 1979 年 2 月 12—23 日在瑞士日内瓦召开，主题是"气候与人类"。20 世纪 70 年代以来，世界上不少地区出现了历史罕见的严重干旱和其他气候异常现象，给许多国家带来了灾难，特别是严重影响到世界的粮食生产。因此，联合国第六次大会特别联大（1974 年）要求世界气象组织（WMO）承担气候变化的研究。第一次世界气候大会最终推动建立了政府间气候变化专门委员会（IPCC）、世界气候计划（WCP）和世界气候研究计划（WCRP）等一系列重要国际科学倡议，提高了人们对气候变率和变化的意识以及科学认识水平，对推动气候、气候变化业务、研究和评估工作做出了重要贡献。

第二次世界气候大会

第二次世界气候大会于 1990 年 10 月 29 日至 11 月 7 日在瑞士日内瓦召开，主题是"全球气候变化及相应对策"。通过会议声明确认了政府间气候变化专门委员会评估报告的主要结论，承认了各国在气候变化问题上"共同但有区别的责任"这一原则，明确了气候变化问题的主要责任在发达国家。本次大会促成了 1992 年在巴西里约热内卢召开的联合国环境与发展大会上由 154 个国家签署了《联合国气候变化框架公约（UNFCCC）》。第二次世界气候大会对加强全球气候系统监测，扩大国际社会解决气候变化问题的政治意愿和承诺，促进国际社会和各国政府共同应对气候变化具有里程碑意义。

第三次世界气候大会

第三次世界气候大会于 2009 年 8 月 31 日至 9 月 4 日在瑞士日内瓦召开，主题是"气候预测和信息为决策服务"，旨在应用气候预测和信息解决相关社会问题，提高农业、林业、水资源、健康、城市、基础设施建设、可持续发展等领域适应气候变率和变化的能力，从而进一步加强气候预测和气候应用工作，加强科学家与决策者的联系，加强应对气候变化的科学支持。大会决定建立"全球气候服务框架（GFCS）"，用以加强以科学为依据的气候预测和服务的制作、可用性、提供和应用。

8.2 气候为经济发展服务

8.2.1 气候为农业服务

8.2.1.1 农作物生长期气候条件监测评估

气候条件与农业生产和农作物生长发育密切相关，光、热、水等是作物生长发育不可缺少的因子，这些要素在一定的指标范围内，为农业生产提供物质和能量，对农业生产有利，即是农业气候资源；超过一定的指标范围，可能对农业生产不利，成为农业气候灾害，譬如旱、涝、霜冻、大风等不利气候条件不仅影响农业生产的地理分布，还影响农作物产量的高低和质量的优劣。中国气象部门建立了针对各农业产区气温、降水、日照及农业气象灾害情况的实时监测评估业务，为充分利用气候资源和重大农业灾害的灾前预警、灾中跟踪、灾后评估及防灾减灾控制提供了有力的服务支撑。

干旱监测及对农业影响评估。干旱是全球最常见的自然灾害，也是中国农业面临的最主要的气象灾害。中国农作物每年受旱面积为 0.2 亿～0.3 亿公顷。20世纪 80 年代开始，中国就开展了干旱监测、评估和预测业务。设计一种适合于中国不同区域和不同季节的干旱监测技术和指标尤为重要，目前气象部门业务上广泛使用的综合气象干旱监测指数（MCI）具有一定的普适性。利用这一指数可以对干旱进行等级划分，气象部门也建立了针对全国干旱情况的逐日监测、评估业务，并且利用气候模式数值预报结果开展了对未来一个月干旱情况的预测业务。

2014 年 6—8 月，中国长江以北大部地区降水量比常年同期偏少 2～5 成，其中辽宁、吉林东南部、河南大部降水量较常年同期偏少 5～8 成，旱情形势严峻。气象部门及时监测到了辽宁、吉林、内蒙古、河北、山东、河南等地的旱情，针对受旱影响的主要农作物（玉米）进行了产量影响评估。在这次干旱服务中，气象部门对干旱范围和干旱强度的监测以及干旱对玉米产量的影响评估与实际情况相符，为政府抗旱保丰收提供了科学依据。

东北低温对农业影响评估。东北地区是中国主要的商品粮生产基地之一。与其他地区相比，东北地区热量资源不足，农业气象灾害频发、多发，严重威胁着东北地区的粮食生产。多年来，中国气象部门密切关注东北地区的气候条件，特别是水稻生长期的低温监测和评估。6—8 月是东北水稻生长发育的关键期，对于低温的敏感性非常高，6 月，日平均气温低于 18 ℃时，农作物的生长发育会受到不利影响。7 月，日平均气温低于 17 ℃时，处于孕穗期的一季稻会发生障碍性冷害。8 月，一季稻将处于抽穗开花期，当日平均气温低于 19 ℃时，也将发生障碍性冷害。据中国气象部门监测显示，2016 年 6 月，黑龙江低温日数有14.6 天，是近 20 年来第二多年份（2009 年有 19.3 天，2015 年有 10.3 天）。为避免东北水稻生长发育受到不利影响，气象部门加强了对低温冷害的监测和灾前预警，为农业生产安排和防灾减灾措施提供有效指导，2016 年，东北地区几乎没有发生障碍性冷害，水稻平稳度过了关键生长期。

8.2.1.2 农业气候灾害预测

东北玉米、水稻初霜冻日期预测。初霜冻出现的早晚对中国东北和内蒙古地区秋收的水稻和玉米产量影响极大，在东北地区初霜冻日期异常年份里，初霜冻平均偏早 1 天可以造成水稻减产 0.5×10^8 千克；在内蒙古玉米秋收地区，若在 9 月 15 日前出现初霜冻会造成减产 10%，9 月 10 日前出现初霜冻会造成减产 20%。在新疆、甘肃和宁夏等地，初霜冻较常年异常偏早会严重威胁玉米、马铃薯和棉花等作物的产量。中国气象部门自 20 世纪 80 年代起开展初霜冻日期气候预测业务，在初霜冻主要影响环流系统及海温背景等相关机理研究成果基础上，发展了一系列物理统计预测方法和动力模式降尺度客观预报方法，预测产品空间精细度提高到行政县级。气象部门每年将初霜冻发生日期的预测意见报告给政府相关部门，农业部门会根据初霜冻日期预测，结合当年农作物发育进程，采取适当的形式保产丰收。例如，如果预测东北地区初霜冻日期提前，可能对水稻和玉米产量构成威胁，农业部门通常会对贪青晚熟的作物采取促早熟措施，减轻初霜冻的不利影响。

南方春播气候条件预测。每年 2—5 月中国南方地区易发生低温连阴雨天气，此时正值早稻播种、育秧期，播种质量直接关系到全年粮食的产量和品质。在早、中稻育秧季节，常因频繁的冷空气入侵，出现持续低温阴雨天气，日照不足，导致烂秧死苗，造成严重的经济损失。例如，1996 年 2 月，华南地区遭受严重低温冷害，仅广东省经济损失就达 46.86 亿元；2005 年 2 月，湖南、湖北和贵州三省出现严重的冰冻灾害，直接经济损失达 14.60 亿元。目前，中国气象部门针对南方地区早稻播种期气候条件发展了动力模式解释应用预测技术，可以对华南和江南早稻播种期的气候条件以及可能出现的低温阴雨过程提供及时、滚动预测，每年从 1 月开始为农业部门提供关键农时气候专项预测服务，效果显著。

8.2.1.3 作物年景预测和产量预报

作物年景预测是利用多种统计方法、模型和前期气候特征，并结合气候趋势预测产品进行农业年景的预测。作物产量预报是利用多种预报模式综合集成的预报方法，综合考虑气象、农学、社会经济、病虫害等因素，建立一个较为全面的描述作物生长发育和产量形成的作物模型对作物产量进行预报。中国气象部门自 20 世纪 70 年代末开展作物产量预报的研究和服务，目前，中国气象部门已拥有基于日益完善的农业气象观测网、多元化的作物产量预报技术、规范协调的会商服务作物产量预报气候服务体系。经过多年技术革新和经验累积，目前可在播种前提供农业气候年景预测，为农业生产布局安排、资源配置和灾害防御提供参考；在收获前两个月左右发布主要作物平均单产、总产量丰歉趋势预报；在作物收获前一个月左右发布主要作物平均单产、总产量定量预报，并针对冬小麦、早稻、晚稻、棉花等作物产量开展逐月动态预报。此外，还开展了针对美国、印度、巴西等国家的作物产量预报业务。

2012 年，美国粮食主产区发生严重干旱，美国国内预测玉米、大豆产量将大幅下降，引起国际粮价的极大波动，也对中国进出口贸易带来潜在威胁。当时，中国气象部门给出了与美国不同的结论，后来被证实此结论更接近实际，为中国粮食进出口政策制定提供了可靠依据。

8.2.1.4 农产品气候品质认证

农产品的种类和品质与产地的温、光、水等气候条件密切相关。农产品气候品质认证是指为气候对农产品品质影响的优劣等级做评定，依据农产品品质与气候的密切关系，设置认证气候条件指标，建立综合评价模型确定气候品质等级。农产品气候认证标志实际上相当于农产品品质的一种身份证明，最终认证的等级标识将被贴在农产品上进入市场，消费者可以一眼就看到农产品的优劣好坏。一方面，有助于农产品知名度的提升，提高农产品市场竞争力，推动农民增收，助力产业发展；另一方面，通过气候认证，明确影响试点农产品的关键因素，可引导农民进一步合理利用气候资源开展种植，提高农产品品质。

中国多个省份气象部门在农产品气候品质认证方面开展了探索和实践。例如，2012 年起，浙江省气象部门开始了农产品气候品质认证的探索，先后完成了水稻、茶叶、杨梅、西瓜、枇杷等 3 大类 15 种农产品的气候品质认证报告，共发放认证标识近 90 万枚，为农产品气候品质认证申请单位带来了巨大的经济效益。例如，白茶是浙江省茶叶的主栽品种之一，其品质形成和气候条件密切相关，2013 年安吉县有 10 个茶叶大户主动申请开展茶叶气候品质认证，据安吉县一些茶叶种植大户信息反馈，农产品气候品质认证促进附加值增值 10%，3 年累计增效 3000 万元。近年来，北京市气象部门也陆续为平谷大桃、门头沟京白梨和怀柔板栗开展了气候品质认证。根据认定结果制作相应的《果品气候品质认证证书》和《果品气候品质认证报告》。《果品气候品质认证证书》显示具体的果品名称、认证区域、委托单位、认证编号、认证单位以及认证结论等信息，并附带当年的关键生育期天气气候特征，以卡片形式随果品一同包装。气候品质认证工作作为气象为农服务的一项创新举措，为进一步提高北京市优质林果的质量和市场竞争力添油助力。

8.2.1.5 原材料品质气候适宜性评估

气候影响原材料的品质，这在部分特色种植业、食品、服装印染业表现得尤为明显。许多原料在超过一定的湿度和温度范围后会改变其物理特性，包括色彩、味道、表面粗糙度和弹性等。例如，新疆伊犁独特的地理气候造就了当地高品质的薰衣草。贵州省遵义市仁怀市茅台镇常年高温少雨成就了酱香型白酒独特的生产环境和窖藏环境，这里独特的气候、水质和土壤条件造就了真正原汁原味的茅台酒。针对珍贵、稀有的原材料的产地开展气候适宜性评估，可以为原材料产区的拓展、高品质原材料的优选提供重要参考，为原材料种植和加工业带来巨大的经济效益。

8.2.1.6 林业、牧业、渔业气候服务

林业。气候条件是影响林业资源生长、发育、产量和质量等的重要因素。针对林业的气候服务包括：针对森林树种的选择开展气候条件评估；森林火险的监测、预测预报服务，如利用气象卫星实时监测热源点信息，考虑降水和温度距离平均值的情况预报下一个月或季度的森林火险趋势，根据可燃物含水率和综合气象要素进行森林火险等级预报等；林区生态环境监测服务，通过收集林内小气候、大气成分、水环境因子、森林气象灾害和病虫害监测等数据信息，结合卫星遥感监测信息开展森林气候适宜度评价、森林生长发育监测与评价、森林气象灾害监测预警等服务。中国气象部门2010年起逐步建成了月、季森林火险等级监测、预测系统，每月月末以及春、夏、秋三季为国家林业局提供全国森林火险趋势预测。该项服务在森林防火关键期中为林业局在重点林区部署防火设施及资源提供了重要参考，预警和服务效果显著。

牧业。牧草生长、发育以及放牧的各个环节都具有明显的季节性，与气候条件关系紧密，特别是干旱、暴风雪和特大范围寒潮等灾害影响巨大。中国气象部门很早就开始了针对黑白灾、牧区干旱、暴风雪、冷雨等草原畜牧业的气象灾害预报服务。例如，内蒙古自治区气象部门根据国家将内蒙古建成中国北方生态防线的决策，在各级台站推进生态监测和服务业务，建成了中国最大的卫星遥感和地面监测相结合的省级生态监测服务站网，围绕该区生态环境质量演变状况，提供不同时段的生态气象监测评估服务产品，定期发布年度生态环境监测评估报告和重点区域专题评价报告，深入细致地服务于畜牧业，得到了地方政府和牧民的认可和好评。

渔业。渔业养殖和远洋渔业捕捞受自然条件特别是气象条件影响明显。中国气象部门开展了泛塘气象预报、渔用气象预报、渔业产量气象预报、渔业灾害性

天气预报等服务。针对渔业生产最为敏感的大风、寒潮、浓雾、台风、春秋季降温和回暖情况的预报能够有效指导渔民规避安全风险，实现科学养殖、提高效益的目的。例如，湖北省气象部门从 2009 年起在湖北仙洪新农村建设试验区开展水体生态环境多要素自动连续观测和主要水产养殖关键期与病害气象指标试验，初步建立了气象要素预报水温、水体溶解氧等的模型，构建了鱼类繁殖育苗适宜程度、黄鳝和河蟹苗种投放适宜程度以及鱼类浮头泛塘程度等级预报渔用天气预报模型，通过手机短信、农村电子显示屏等多种形式，将产品分发到仙洪试验区的各水产技术推广站和养殖大户。渔业养殖气象服务为养殖户节约养殖成本、避免经济损失提供了科学保障。

8.2.2 气候为水资源服务

8.2.2.1 水资源评估、预测

降水资源评估和预测。降水是地表水资源最根本的来源，区域或流域水资源评估需要长时段的降水气候特征分析，这是水资源评估的一项基础工作。为全面系统地了解区域降水的发生规律，需对降水气候特征包括降水的天气系统、地区分布、季节分布等进行综合分析。除对形成降水的水汽输送、降水时空分布、年际年内变化等特征值进行统计和相关分析外，降水气候特征分析还包括气温、风、蒸发、相对湿度、干旱指数、日照、霜、雾等各类气候要素的分析。其中，气温分析主要包括年平均气温、极端最高最低气温、气温年较差及日较差、气温的年内分布和年际变化等；风分析主要包括风速、风向及其季节变化，还包括大风出现概率及出现日数等；蒸发分为水面蒸发和陆面蒸发，须分析各种不同蒸发观测器的实测结果、蒸发模型计算结果、折算系数、蒸发的时间及空间分布等；相对湿度、干旱指数和日照等要素主要需统计年平均值及时空分布、最大最小值及出现时间等。

地表水资源预测和预估。地表水资源预测是对某一地区或流域未来特定时期内水资源所做的估算。地表水资源预测应充分应用水文气象测站观测数据、卫星遥感及雷达资料、数值模式输出数据、基础地理信息数据等不同性质、不同数据源、不同数据类型的实时数据和历史数据，借助于数值高程模型、信息融合、数据同化、大尺度水文模型等现代信息和预报技术，分析预测某一地区或流域未来一定时期内降水量及其可能形成的地表水、地下水资源量和水质变化等。

水资源预测对气候信息的需求主要集中于汛期和非汛期、月尺度、季节尺度及年尺度降水量丰歉预测气候信息。降水量预测信息的定量化结果可用于汛期流域洪水预测、流域旱涝预报及流域年内及年度径流量评估等方面。此外，地表水

资源利用中还需要用于评估蒸发量的气温和蒸发量等气候信息，这些信息可以用来辅助判断地表水资源的消耗和损失情况。

8.2.2.2 水资源优化配置

水资源分配。中国独特的地理位置和地形结构，决定了中国各地的水资源条件千差万别。空间上，中国水资源呈现出南多、北少、东多、西少的分布状况。时间上，中国降水主要集中在夏季，年际变化大，年内分布不均，使半干旱、半湿润地区甚至南方多水地区经常出现季节性缺水。水资源供需矛盾的加剧，直接导致工农业争水、城乡争水、地区间争水和挤占生态需水等矛盾。缓解水资源时空分布不均衡与区域需水量不均衡之间的矛盾需要科学合理地进行水资源优化配置。在水资源可利用量评估及各类行业间的水资源分配中，气候服务的支撑殊为重要，特别是对农业用水及生态需水的评估和预测离不开区域气候背景信息的支撑。以生态需水量评估为例，生态系统生态需水的核算中，关键是计算在目标生态状况下植物蒸腾量以及维持适宜土壤湿度的土壤蒸发量和渗透量（严登华 等，2007），这些量的计算必须基于气温、辐射、风速、日照、湿度及降水等各类型的基础气候信息。

跨流域调水。跨流域调水是指利用水资源在地区分布上不平衡的特点，利用跨流域调水工程以调剂余缺。从地区上划分，跨流域调水可分为从湿润区向干旱区调水，从湿润区向半湿润半干旱区调水；区域内部的调配则根据用水需求量，由用水需求量小的地区向用水需求量大而相对缺水的地区调水（钱正英 等，2001）。如何有效进行跨流域调水，需要对调水区及受水区进行水资源气候特征综合分析，需要区域降水资源年际年内变化、年际预估及年景预测的气候信息。以南水北调中线工程为例，由于中线工程横跨了中国不同的气候区，水源区与受水区降水与径流都有丰枯相交变化及年际波动的特点。水源区丹江口水库上游来水有着很大的不确定性，进而会使水源区与受水区其不同的来水丰枯组合对于水资源的调度产生很大的影响（张琼楠 等，2015）。对于水源区上游来水量，需要进行中长期径流预测，利用降水、气温等历史气候资料来驱动和率定水文模型，利用气象预测资料对未来水源区径流量进行预估是现实可行的方法（李岩 等，2008）。如要了解未来气候变化下水源区与受水区降水丰枯遭遇的特征，则须基于未来气候变化的预估结果进行情景分析（陈锋 等，2012）。

8.2.2.3 重大水利工程安全运维

重大水利工程建成后，局地气候的变化使得水利工程可能面临各种各样的气候风险，对水利工程的安全运维具有重要影响。因此，需要对工程建成后局地气候异常或重大气象灾害进行长期监测和研究，特别是加强极端气候事件的强度、频率以及气候变化下极端气候事件发生发展规律的研究。在研究气候对水利工程的影响中，可运用区域或小尺度的气候模式，诊断气候异常现象可能对工程运行、经营、经济效益、维修、防护及生态环境保护等方面的影响，分析其发生规律及影响机制。须研究气候异常所能影响的范围，并基于此提出相应的对策和措施。

　　以三峡水库水利工程气候服务为例，随着三峡工程的蓄水发电以及三峡水库上游梯级电站的开发，气候服务的重点正逐渐从工程建设施工保障服务向如何发挥洪水资源化的巨大效益上转移。近年来，长江流域中上游洪水、干旱灾害时有发生，这对三峡水库安全运行、科学调度和发挥水利枢纽工程防洪、抗旱、发电、蓄水、航运的综合效益来说是一项巨大的考验。三峡水库调度需要蓄水期、供水期、消落期、汛期等关键期的面雨量和降水趋势预测。开展关键期气候特征分析和降水趋势预测以及延伸期预报研究，提高流域气候趋势预测的准确率和针对性，实现三峡水库上游区域关键期、月气候趋势预测和延伸期预报无缝隙连接。通过流域中长期气象预报系统和关键期气候预测系统的建立，气象部门定期和不定期制作蓄水期、供水期、消落期、汛期等关键期的面雨量和降水趋势预测以及月气候趋势预测和延伸期预报产品，通过网络将产品推送至三峡梯级调度通信中心，从而为三峡水库综合调度提供科学、有效、及时的气候服务（图 8.3）。

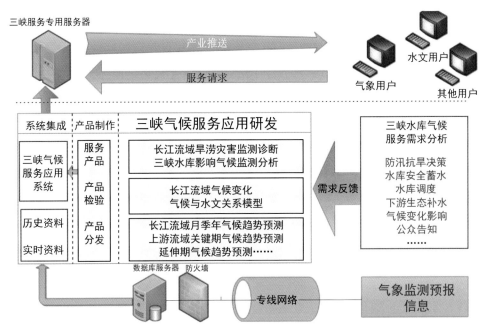

图 8.3　长江三峡水库水利工程气候服务示意图

8.2.3 气候为能源服务

8.2.3.1 可再生能源规划与选址

气候资源评估是国家或地方政府制定可再生能源发展规划的重要科学依据，是风电场、太阳能电站和水力发电站建设选址论证中不可缺失的技术环节。

风能。中国风能资源的分布非常不均匀。从 20 世纪 70 年代末，中国气象局开展了多次风能资源普查，采用数值模拟技术结合历史探空和地面气象观测资料进行了精细化的风能资源评估，得到了 30 年平均、水平分辨率 1 千米 ×1 千米、垂直方向每 10 米间隔的风能资源分布，为国家制定 2030 年、2050 年能源发展规划、二氧化碳减排的国家自主决定贡献提供了重要科学依据。

在风电场选址的可行性论证中，需要根据历史气象观测资料，通过中尺度气象数值模拟和计算流体力学（CFD）模拟技术以及地理信息系统分析得到一个地区更精细的风能资源分布，水平分辨率一般不超过 100 米 ×100 米，甚至是 25 米 ×25 米，以便初步划定风电场场区范围和布设测风塔点位。以河北省张北县为例，首先根据中尺度数值模拟可以得到张北县 30 年平均风速分布，并可统计分析出张北县风速的年变化、月变化和日变化规律；经过地理信息系统（GIS）空间分析，剔除陡峭地形、自然保护区、居民区等不适宜开发风电的区域，得到风能资源技术可开发量及分布；然后对关心的区域采用 CFD 模拟技术得到水平分辨率 25 米 ×25 米的平均风速分布，由此，再结合工程地质、道路交通、电网接入等建设条件，可以初步划定风电场建设范围和设计测风塔观测方案。最后是风电场建设可行性研究中的风电场风能资源评估技术环节，在邻近气象站的历史气象观测资料的基础上，采用长年代订正方法将测风塔观测到的 1~2 年实测风速数据订正为 30 年历史序列数据，同时分析计算当地 50 年一遇最大风速、评估气象灾害风险。

太阳能。中国太阳能总辐射资源丰富，总体呈现"高原大于平原、西部干旱区大于东部湿润区"的分布特点。对太阳能资源的评估为国家制定中长期太阳能资源开发规划提供了重要科学依据。例如，评估结果显示，中国戈壁面积约 57 万平方千米，仅仅开发利用 5% 的戈壁面积可安装超过 15 亿千瓦的太阳能光伏发电系统，按照中国戈壁地区平均年等效利用小时数 1600 小时计算，则年发电量可达 2.4 万亿度，约相当于 29 个三峡电站的全年发电量。

在太阳能电站（包括光伏电站和光热电站）选址的可行性论证中，需要根据长时间序列的太阳辐射观测数据（或基于卫星反演或模式模拟的太阳辐射数据），同时结合当地的土地利用类型、地形、交通、入网条件、气象灾害等信息，利用地理信息系统空间分析技术获取项目场址区较为详细的太阳能资源图谱，分析项目场址区太阳能资源的时间变化，评估项目场址区太阳能资源开发的气象灾害风险等。

8.2.3.2 能源的需求与供给

气候年景和极端气候事件等对能源的需求与供给有明显的影响。极端高温或极端低温都会导致社会用电量陡增；大、小风年或干旱、多雨、雾、霾等都会导致发电设备利用小时的明显波动。另外，极端天气气候事件（如冰冻灾害、风灾、雪灾等）对能源和电力的运输也会产生极大影响。电力需求和供给的较大波动对电网的安全运行会造成危险，需要在有效的长、中、短期天气气候预测的基础上，进行电力调度和能源调配，以满足社会用电需求和保障电网安全运行。

中国长江以北地区都实行冬季供暖，大部地区供暖季长达 5 个月，而且以煤为主的能源体系对生态环境、碳减排都带来巨大压力。2002 年，北京市气象局开始面向社会提供供暖气象服务，目前分别向决策用户、供热企业和公众提供分类的服务产品。2005 年建立了北京城市集中供热节能气象预报系统，提供预报时段内的逐 12 小时或逐小时气温和供暖指数，以网页方式指导用户科学供暖。在每年供暖开始 / 结束前 1 个月、15 天、10 天和 1 周，由北京市市政市容委、市财政局、市气象局联合召开冬季供暖气象专题会商，根据长期、中期和短期气候预测结果，结合供暖初终日的气象标准，确定供暖的初日、终日。利用供暖气象服务指导科学供暖，北京热力集团每年少烧 89508.5 吨煤，经济效益在 3%～5%，在供暖节能减排、保证供暖质量和保护生态环境方面都取得了较好的效益。

8.2.3.3 能源基础设施安全运行

风能、太阳能和水能发电的基础设施都暴露在大自然环境中，因此，受气象灾害破坏的风险性较高。影响风电场运营的主要气象灾害有台风、雷电、极端低温、积冰等；影响太阳能电站的主要气象灾害有沙尘、高温、大风、雷暴、积雪、冻土、暴雨、冰雹等。能源基础设施（如风机、光伏组件、水坝、输电线路等）的设计标准及选型等均需要大量翔实的气候观测数据作支撑。另外，短期极端天气和气候事件的预警是能源基础设施安全运行的有力保障。气象部门提供的灾害预警服务可以帮助企业提前采取规避风险的措施。

8.2.4 气候为交通服务

8.2.4.1 交通路网规划选址

铁路线路规划。铁路线路规划时气候可行性评估和论证是非常重要的一个方面。根据铁路工程气候分区标准，不同气候区的铁路建设需要采用不同的设计原则和建设方案。青藏铁路建设前期就很好地进行了气候可行性论证。青藏铁路位于青藏高原腹地，由于全球变暖和铁路工程对冻土退化的双重影响，冻土环境问题成为影响青藏铁路建设工程质量和未来安全运营的重大难题。气候专家评估了不同排放情景下青藏铁路沿线未来温度和降水的变化（图 8.4），对青藏铁路的建设和安全运营提供了科学依据。在青藏铁路的修建过程中，铁道部的专家们充分考虑了气候变暖的影响。他们根据气候学家的预测，并参考其他高纬度国家的类似经验与教训，加强了冻土保护措施。因此，即使气候变暖更快、更显著，也会有应对措施，可保证铁路长期安全运营。

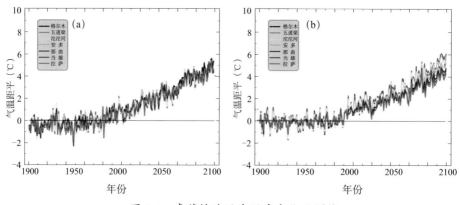

图 8.4 青藏铁路沿线温度变化及预估

机场建设选址。机场选址时气候可行性评估极其重要。首先，在选址初期，需要科学地进行气候论证和气象评估，对不利飞机起降的气象因素要充分重视；其次，机场建设立项之后，要开展一年以上的气象观测，采集风速、风向、风频、云高、大雾、雷暴等气象资料，进一步开展气象评估；再次，在机场建设过程中，需要依据临时气象观测站的资料统计分析，优化跑道方向。如果机场位置发生变更，哪怕是变更 1 千米，也需要重新进行气象观测，对采集到的气象资料重新进行气象评估，不能想当然地认为位移很小，天气影响也较小。2013 年1 月，因为大雾，万名乘客滞留昆明长水机场；2013 年 11 月，又因为大雾，万名乘客再次滞留长水机场。河南郑州的新郑机场，每年少则十多天，多则一个多月，飞机因大雾无法正常飞行。

港口选址和运营。风、浪、海冰、风暴潮等对船只、港口设施和海岸水力系统的设计和运行起着决定性作用。中国沿海自然条件错综复杂，分析评定自然条件对港口运营的影响状况，确定不同类型港口对自然条件的敏感性，对明确港口选址、建设所重点考虑的自然环境因素，以及评价现有港口竞争力及运营状况具有参考价值，对港口进一步发展具有指导作用（李世泰，2006）。一般来说，自然条件包括海象条件和气象条件两方面，进而通过建立层次分析模型综合分析自然条件对港口运营的影响程度（刘国良，2011）。这种有针对性的气候服务，不但能够评估自然条件对沿海港口运营的主要影响和不同类型港口对自然条件的敏感性，更对港口选址的自然环境因素分析具有一定的参考价值。

8.2.4.2 交通调度

根据气候监测预测信息提供远洋导航服务是气候服务在交通调度方面的完美体现。海洋气候导航的基本原理是根据短、中、长期天气和海况预报，结合船舶特性和船舶运载情况，选择一条尽量能避开大风浪，特别是可能造成船舶危害的顶头浪和横浪等不利因素，又能充分利用有利的风、浪、流等因素的航线，达到既安全又经济的目的。因此，大范围、中长期的天气和海况预测是海洋气象导航的基础。海洋气象导航的主要服务产品有推荐航线报告、跟踪导航报告和航线评估分析报告等。

根据气候预测预警信息，及时调整交通运量、改变交通运输方式、变更交通运输时间能够有效地规避灾害风险，降低经济成本。冬季，交通部门根据暴雪和低温冰冻灾害的预测预警信息，及时做好线路检修保障、路面除冰消雪措施和铁路降速慢行等来有效地降低暴雪和低温冰冻灾害影响；夏季，暴雨洪涝、雷暴大风和台风等灾害性天气频发，远洋货轮、旅游游轮等提前下锚停靠或进港避险，公路出行时可避免容易出现内涝积水的路段，交通部门也可提前做好雷暴闪电的应急准备。除此之外，充分的灾害性天气的气候特征分析，能够为交通调度提供有力的依据，如山西省气象部门根据本省高速公路沿线 17 个气象站气候资料，分析了大雾的地域分布及其天气气候特征，并在此基础上将各路段的大雾天气划分为不同的预报服务期和不同的预报服务路段，为大雾高发期及时的交通调度提供了气候依据。

8.2.5 气候为金融服务

8.2.5.1 气候为保险服务

气象指数保险。随着经济发展规模增长，气象因素导致的经济损失也在持续上升，越来越多的重大气象灾害事件使保险商开始意识到当今保险业比以往更需要气候信息的支持。气象指数保险，也称为"天气指数保险"，是气候信息服务于保险业的一种创新性产品。它是指把一个或几个气候条件对行业产量或产值损害程度指数化，每个指数都有对应的产量和损益，保险合同以这种指数为基础，当指数达到一定水平并对生产造成一定影响时，投保人就可以获得相应标准的赔偿。其理赔步骤通常为：气象条件触发气象指数 → 赔付结案。

以某项作物干旱指数保险为例，在作物某一生长期内按照累积降雨量指标核算，若累积降雨量大于 230 毫米，认为作物需水供应充足，不予理赔；而降雨量不足 230 毫米时，认为作物遭受干旱损失，则触发理赔，降雨量每差 1 毫米则每亩作物赔偿 1.2 元，每亩最高赔偿 150 元（图 8.5）。

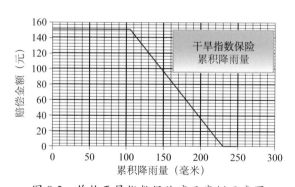

图 8.5　作物干旱指数保险产品案例示意图

保险理赔。由于气候保险以气象要素指标为触发机制，气象要素权威、准确的监测是判定气象指数保险是否触发的先决条件，气象部门的观测资料和客观分析结论是理赔的重要依据。当气象指数保险产品投放市场后，气象部门就开始扮演天气指数认证的角色。当灾害性天气发生时，衡量某一气象指数保险产品是否达到触发点，或达到触发点之后的何种级别，需要由气象部门出具权威的监测结果，并为之承担相应的法律责任。这样可以形成一套气象指数保险的快速理赔模式，由气象部门每日发布权威气象数据，保险公司根据每日的气象数据第一时间通知被保险人出险情况，进行实时定损，在一个理赔周期结束后，主动告知被保险人赔付金额，待承保周期结束后，即将全部赔款支付到保险用户手中。

8.2.5.2 气候为期货服务

商品期货与天气和气候存在或多或少的联系，与气候密切相关的期货和衍生品，包括农产品、能源、金属等期货以及电力、保险和气候等衍生品。

农产品期货。在众多商品期货中，农产品期货最易受气候影响。气候通过气温、降水、光照等气候因子，首先影响农作物的产量，导致农作物标的价格波动；再传导到期货市场，影响期货标的的价格指数波动。以厄尔尼诺为例，厄尔尼诺带来的气候异常往往会导致大多数农作物减产，如玉米、小麦、糖、棕榈油、橡胶等，从而导致全球农产品现货市场和期货市场价格产生较大的波动。但大豆例外，因为美国、巴西和阿根廷等大豆主产地在厄尔尼诺次年往往雨量充沛，大豆增产。此外，厄尔尼诺还会对全球的海洋渔业和淡水养殖带来较大影响，并间接影响畜禽养殖等下游行业。另一方面，历史数据表明，拉尼娜期间的粮价波动幅度远大于厄尔尼诺；而且强厄尔尼诺之后紧接着出现强拉尼娜的概率极高，导致农作物产量和价格波动更大（图 8.6）。

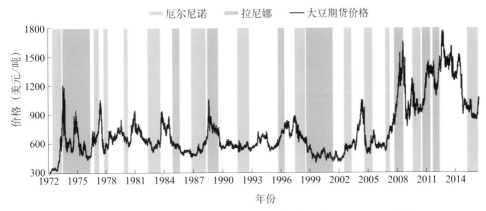

图 8.6 厄尔尼诺、拉尼娜与大豆期货价格（1972—2016 年）

气象部门可以提供农产品期货相关的产品和服务，包括：

（1）历史气候数据与分析：按不同种类农产品定制的历史气候信息，如针对不同种类农产品及其主产区制作所有气候要素的历史数据，针对特定农作物的历史气候与历史产量与价格进行分析研究。

（2）气候监测、预测和预报服务：如厄尔尼诺、拉尼娜监测与预测，1～30天预测，月、季、年度气候预测。

（3）农作物生长气候条件及灾害预警服务：农作物生长季、气候适宜度、气候资源利用率、积温、初霜冻、干旱指数、土壤有效系数、土壤生产潜力等；对重大气象灾害提供预报预警服务，提供气象灾害对特定作物产量影响的评估报告。

（4）指数类产品：结合气候年景预测，提供特定农作物的气候指数产品，如气候年景产量和价格指数、关键生长期气候指数，并提供各类相关研究咨询服务。

中国气象部门在气候与农产品期货方面已经开展了一些探索。例如，由中国气象局与财新智库莫尼塔共同发布的中国大宗农产品气候指数已公开发布，包括中国气候灾害指数、大宗农作物（水稻、小麦、玉米）气候产量指数与价格指数等。金融中介服务商可以据此形成相关的研究报告和投资建议，期货交易者可以参考上述指数进行操盘。

气候指数期货。全球有数个交易所提供天气期货合约，在中国，这类气候期货指数尚处于起步阶段。目前，由中国气象局与大连商品交易所共同开发的温度指数已在大连商品交易所公开发布。温度指数主要反映中国东北地区（哈尔滨、长春、沈阳及呼伦贝尔4个城市的算术平均值）及哈尔滨、北京、武汉、上海、广州5个城市的温度变化情况。温度指数包含两大类：月平均温度和月制冷制热指数。温度指数的计算以日平均温度为基础，综合过去5年历史平均温度情况，采用加权平均法计算得出，每日发布。

⚡|知识窗

气候指数期货

气候指数期货的标的为天气气候指数，包括温度（制热/制冷度日，Heating/Cooling Degree Day, HDD/CDD）、降水量、降雪量、霜冻天数等天气气候指标；也可以是其他与天气气候相关的衍生指数。

8.2.5.3 气候为商品贸易服务

商品需求。很多行业都与天气和气候关系密切，如农业、饮料、空调、服装、医药、交通等。随着卖方市场向买方市场过渡，各行各业对气象的依赖性日益增强。某些商品的消费对天气特别敏感，天气和气候的变化会影响到这些商品的市场需求。例如，流通类销售额的65%取决于天气，气温相差1℃或降水量增减1毫米，反映到商场的客流和销售量都有明显变化。一个典型的案例是日本的许多大型商业中心和超市，会根据每天的天气变化调整橱窗展示和柜台布局来进行促销，从而实现精细化管理和精准化营销。

商品供给。天气和气候尤其是气象灾害，有时通过影响商品的市场需求从而影响市场供给，有时则直接影响生产企业的生产和供应链的物资调配从而影响市场供给。国内有一个气候与空调销售的典型案例：1997 年，北热南凉的现象使众多空调厂家措手不及，长江以南地区的空调出现滞销，北方市场的空调货源却青黄不接。而海尔空调由于事先向中国气象局购买了针对空调市场的专项预测资料，准备了充足的货源和安装人员，囤重兵于华北、东北等地区，海尔以 7000 多元的信息代价赢得了北方空调市场。这就是预知气候信息从而在瞬息万变的商场中取得竞争优势的明证。

气象灾害通过影响产品生产供应链从而影响商品供给和贸易。气象部门可以通过提供各类气象预报和灾害性气象灾害监测预警服务，为市场供需双方提供参考。针对农业、交通、能源、制造业、旅游、商业和贸易等不同的行业类型，气象部门可以根据行业和客户的需求，对各类传统的监测预报预警产品进行再加工和深加工，提供各类产品和服务。例如，气象部门对各类气象灾害提供监测预警服务，特别是对厄尔尼诺等对中国天气形势有重大影响的气候现象监测；开展灾害及灾情监测，提供针对重点领域及特色行业灾害影响的实时定量评估产品；对重点领域及特色行业提供精细化预报和短时临近预报，提供各类极端天气气候事件和灾害风险预测预警，从而满足农业、交通、能源、制造业、旅游、商业和贸易等不同行业对天气气候产品和服务的需求。

此外，根据市场需求可以开发形形色色的气象指数产品，中国气象部门已经开发出了部分生活类指数，如紫外线指数、穿衣指数、洗车指数、感冒指数等，但生产性和消费性指数产品开发少，这也是未来气候服务需要着力发展的领域。

8.3 气候为民生福祉服务

8.3.1 气候为人体健康服务

8.3.1.1 流行性疾病的传播与预报

人类健康始终受到疾病的威胁，无论是非流行性疾病还是流行性疾病，气候与之关系密切，这也是许多疾病的发病特征呈现出明显的季节性和地域性的原因。

对于非流行性疾病而言，天气的变化、季节的推移会增加病发或者复发。例如，冬季气候寒冷，会增加脑血管疾病、恶性肿瘤和心脏病的死亡人数，还有一些间接方式（如取暖造成的一氧化碳中毒）可能导致死亡；夏季气候炎热，会增加中暑等发病率。此外，季节性的干湿演变，还会引起风湿性关节炎等发病率的显著变化。

对于流行性疾病而言，气候是疾病传播的必要条件，一些流行性疾病的传染源的病原体对气候条件十分敏感。例如，冬季如果遭遇暖冬，各种病菌、病毒活跃程度增加，会增加病虫害的滋生和蔓延。此外，气候的演变还会影响一些流行性疾病传播媒介的变化，例如，蚊虫在 10 ℃以下出现滞育，10 ℃以上有吸血活动，25～32 ℃最适宜生长繁殖。

气候服务对疾病疫情的提前防控有很大的作用。目前，气象部门与疾病预防控制部门开展了部门合作与共享，实现对与疾病疫情敏感的要素进行实时监测和滚动预测，一方面可以提醒公众开展预防，另一方面可以提醒主管部门做好应对措施，特别是面对极端天气气候事件，提前做好准备和预防，对于减轻灾害损失具有重要意义。

8.3.1.2 大气环境容量评估

城市大气污染是由于人类过多的污染物排放造成的。边界层大气运动产生的风对大气污染物浓度有稀释扩散作用，降水对大气污染物有清除作用，因此，大气运动本身对大气污染物有一定的自净能力。当大气污染物排放量并不是很大时，大气运动能起到清除污染物的作用，城市空气质量可以得到保障；当大气污染物排放量超过一定限值，大气运动已经无法清除污染物时，大气污染物会累积，最终造成城市空气重污染。在一定范围内的气候平均状态下，大气对污染物清除能力所能承受的最大污染排放量即为大气环境容量。大气环境容量是反映大气对污染物的通风扩散和降水清洗能力的综合指标。容量低，表示大气对污染物的自净能力弱。大气环境容量值较低的地方，大气对污染物的清除能力较低，不适宜发展大气污染排放量大的重工业。大气环境容量值较低的时期，大气对污染物的清除能力较低，是容易发生强污染事件的时期，也是污染治理中的重点时期。从 1961—2015 年全国平均大气环境容量分布看，大气环境容量较高的区域分布在内蒙古、黑龙江南部、吉林、辽宁、山东半岛、江苏南部沿海、上海、浙江沿海、雷州半岛、青藏高原和云贵高原；大气环境容量较低的区域分布在新疆中部和西部、四川盆地、陕西渭河以南、湖北和湖南。

8.3.1.3 空气污染气象条件预测

空气污染与气象条件有密切的关系，天气气候形势从根本上决定了气象要素的分布和变化，从而决定了大气的扩散能力与大气的稳定程度。对一个地区而言，污染源的变化在短时间内是相对稳定的，在这种情况下，污染物浓度的高低变化主要取决于大气的扩散能力，因此，准确地做好与污染有关的天气气候形势预报，是空气污染气象条件预报的重要依据之一。中国气象局从 2013 年 9 月 1 日起正式开展空气污染气象条件预报，包括空气质量及 $PM_{2.5}$、PM_{10}、气溶胶等大气成分的分析，雾、霾、降水、天空状况等天气实况的分析，环流形势及水汽、风、逆温、混合层高度、稳定度等气象参数的分析等。月以上更长时间尺度的空气污染潜势和气候条件的趋势预测也纳入了气候预测的业务范畴，业务部门可以制作月以下尺度的空气污染潜势和雾、霾过程预测，以及季节尺度的大气环流等气候条件的趋势预测产品，为空气污染预报预测提供气候条件的背景信息。

8.3.1.4 水体质量

人类活动加速了生态系统的养分循环过程。近几十年来，随着经济社会快速发展，中国水体富营养程度整体在加剧，许多大型水体出现水华现象。水华是淡水水体中藻类大量繁殖的一种自然生态现象，是水体富营养化的一种典型特征。典型的案例有太湖蓝藻事件、青岛浒苔爆发、海洋赤潮频发等。这些污染事件的发生存在两个必要条件，一是水体的富营养化，二是适宜的温度。以太湖蓝藻事件为例，当时的日平均气温达到 19.0 ℃，是 25 年来同期最高的温度，给蓝藻的爆发提供了很适宜的温度，结合太湖长期富营养化的状况，导致了蓝藻的大爆发，给我们敲响了警钟。要治理水体水华，一方面要控制废水污水排放，另一方面也要根据气象条件开展科学治理。通常情况下，降水偏多的气候背景下，雨水冲刷和稀释作用强，不利于水华事件的发生；温度偏低的气候背景下，水体中藻类繁殖速度偏慢，也不利于水华事件发生。因此，在分析关键气候因子时空变化与蓝藻或者水华事件、严重程度变化的关联度的基础上，诊断出对水华发生发展影响最明显的气候、水文因子及其分级指标，可以建立水华预测预报模型，为水体污染事件的发生提前做出预警，并有效指导污染事件的处理。

8.3.2 气候为旅游开发服务

随着社会经济的快速发展和人民生活水平的日益提高，旅游已由过去的"奢侈品"转为人们生活的"必需品"。中国部分省份已经将旅游业发展视为提高地方经济发展和人民生活水平的重要产业之一。

8.3.2.1 气候景观和旅游出行

天气气候和旅游有着密不可分的关系，天气气候条件对气候景观、旅游质量和出行旅游安全起着至关重要的作用。第一，气候信息为公众合理安排自己的出游计划提供参考，为景区合理防范自然灾害保证游客安全提供保障。第二，许多旅游景观本身就是一种气候现象（如雾凇、云海、赏雪），或者是与气候密切相联的景观现象（如赏花、胡杨林等），因而科学有效地利用气候服务能助力旅游产业提质增效。例如，吉林市开展了雾凇景观分析与预测，上海市开展了上海城区主要园林植物花期（如白玉兰、樱花、牡丹、油菜花、桃花、郁金香、茶花等）物候期气候响应研究及预测，北京开展了香山红叶、玉渊潭樱花物候分析和预测。第三，气候服务为新旅游资源、旅游景区的开发提供气候科学论证。旅游资源、旅游景区的开发其定位选择与本身的气候关系极为密切。为开辟陕西省新的旅游胜地（太白山旅游避暑胜地），通过气候论证，发现太白山地区同庐山的气候特征相似，完全具备旅游避暑的气候条件，且太白山山高、气温低、空气潮湿，山上呈现出绚丽多姿的立体垂直气象景观。在海拔 1800 米以上的山腰地带，常出现极为壮观的云海，尤以平安寺的云海最为著名，丰沛的降水使太白山区湖泊众多，构成了"太白明珠"的自然景观，太白山的垂直气候带非常明显，孕育了丰富的动植物景观，从海拔 780 米向山上依次是落叶栎林带、桦木林带、针叶林带和高山灌木草甸带；在南坡及东坡有金丝猴、熊猫、羚羊等，这些都有很大的科学考察和旅游观赏价值。科学的气候评估助力合理的开发定位，使得景区开发后迅速取得了良好的效果。

8.3.2.2 国家气候标志

气候是自然生态系统中最活跃的因素，也是人类社会赖以生存和发展的基础。我国幅员辽阔，气候类型多样，气候资源丰富。为践行习近平生态文明思想，深入贯彻落实党的十九大精神，依据《中华人民共和国气象法》，中国气象局于 2017 年 12 月印发了《关于加强生态文明建设气象保障服务工作的意见》，明确提出了开展绿色低碳循环发展气象保障服务和建设生态宜居城市气象保障服务体系，围绕满足人民日益增长的美好生活和优美生态环境的需要，开展国家气候标志评定授予活动，塑造国家气候标志系列品牌（图 8.7）。

图 8.7 中国国家气候标志

国家气候标志是指由独特的气候条件决定的气候宜居、气候生态、农产品气候品质等具有地域特色的优质气候品牌的统称，是衡量一地优质气候生态资源综合禀赋的科学认定，是挖掘气候生态潜力和开发价值的重要载体。国家气候标志评定工作，是气象部门服务和保障生态文明建设的具体实践，是助力乡村振兴战略的重要抓手，更是践行习近平生态文明思想的重要体现。国家气候标志评定旨在不断提高全社会气候意识，科学认识气候、合理利用气候、主动适应气候、努力保护气候，有效支撑地方政府打造气候经济，让人民充分地享受到气候优、环境美的生态红利，让全社会走上绿色生态可持续发展的快车道。

气候宜居城市： 国家气候中心建立了比较完善的气候宜居城市评价指标体系，从气候禀赋、气候风险、生态环境、气候景观、气候舒适度等方面进行评估，按照各单项指标百分位数进行分级，再对各单项指标等级进行不等权重统计，形成综合评判标准。以中国气候宜居城市—浙江省建德市为例：建德气候独特、生态气候优质、气候舒适宜人、自然风光秀丽、人文景观多样、休闲旅游四季皆宜，是回归自然的理想乐园。建德市年平均适宜温度日数达 131.3 天，年适宜湿度日数为 187.9 天，年适宜风速日数为 341.5 天，适宜降水小雨日数为 111.4 天，远高于全国平均水平；人体舒适度指数表明，建德气候舒适期长达 8 个月，和国内旅游城市及部分国外城市相比，人体气候舒适度处于"上位优势"；气象灾害风险总体偏低，气象灾害损失较少；良好的大气污染扩散条件和政府有效防控措施，使得建德 2014—2017 年 $PM_{2.5}$ 平均浓度为 40.5 微克 / 米^3，且呈下降态势，2017 年空气优良天数达 353 天；21 世纪以来，植被指数增加了 10.4%，平均达 0.744，为全国平均的 2 倍；此外，建德奇雾、雾凇、彩云等气候景观丰富。

气候生态城市：近年来，中国中东部地区持续的雾、霾天气给百姓的生活、出行以及健康带来了诸多影响，催生了"好空气""负氧离子游"以及"洗肺之旅"等主题旅游服务。冬季原本是中国旅游传统的淡季，但近几年，"躲避雾、霾"使得"洗肺之旅"迅速升温。这表明，随着中国城市化进程的加快，人们对生态旅游的需求加大，之前在旅游业中一直作为"配角"的气候资源正日益成为"主角"。

为适应公众对旅游资源需求的变化，进一步推进旅游气候服务和生态环境保护，国家气候中心于2017年启动了中国气候生态城市的评定工作。以中国气候生态城市——内蒙古阿尔山市为例：该市气候禀赋突出，冷季自然冰雪条件优良，是冰雪运动胜地；暖季温凉舒爽，是避暑休闲凉都；春秋气候宜人，是观光赏景明珠。正如习近平总书记所说："阿尔山自然风光四季都很美"。气候生态城市评定可以使生态环境优越的地区，发挥自身气候优势，实现旅游产业跨越式发展，让气候资源和名山大川、名胜古迹在同一平台竞争，让"洗肺之旅"成为可能。

8.3.3 气候为城市发展服务

在城市规划中合理布局，安排好工业区与居住区的位置，尽可能减少居住区受到大气污染。城市建筑结构设计需要根据城市风压数据、日照、风向来确定城市建筑物的最佳和适宜的朝向及建筑间距，建设绿色节能建筑。城市通风廊道建设，城市排水管道系统等地下管廊的设计和暴雨淹没模型，城市暴雨强度公式编制和雨型分析，城市气象灾害风险区划等都亟须高质量的气候服务，气候服务正让城市生活更美好。

8.3.3.1 城市建筑选址和布局规划

城市重点建设工程等气候资源开发利用项目以及城乡建设规划，应依法开展气候可行性论证，并将论证结果纳入项目或者规划可行性研究报告。项目规划设计主要提供的服务包括总体规划通风气象参数分析、局地气候条件影响分析、风载荷设计标准参数分析、排水系统设计暴雨量计算和采暖通风与空气调节设计的室外气象参数等。项目运营气候可行性论证包括室外设备保养气候条件分析、极端灾害性气候事件影响分析以及人体舒适度气候条件分析等。例如，在上海迪士尼度假区规划设计时，通过气候可行性论证得出园区选址地点基本气候条件适宜，园区所在地具有冬夏盛行风向180°转换、西北风和东南风对吹的特点，因此，在规划布局时可将建筑物高度和密度设计采用东南向西北逐渐增高增密的方式，这样在冬季可减弱寒冷西北风的侵袭，夏季可将东南方凉爽湿润的海风引入园区激发局地环流，促进园区通风、缓解炎热及热岛效应。同时，尽量将有污染源设施布置在污染系数最低的西南方位的上风向，以减少对整个园区的影响。利用微尺度气象模式对园区总体规格的气候效应模拟表明，气温、湿度和风速都将影响人体舒适度，与中心城区相比，园区夏季的舒适日数较多，而其他季节的舒适日数较少，同时园区的总体布局也将影响区内不同区域的人体舒适度指数。

8.3.3.2 暴雨强度公式编制和雨型分析

在海绵城市（仇保兴，2015）建设尤其在进行城市排水工程规划设计时，排水管网的规划设计中排水量应通过当地的暴雨强度公式进行计算。科学合理地规划设计城市排水系统是现代城市发展、提高城市韧性的迫切需求，准确的城市暴雨强度公式则是规划设计城市排水系统的基础，它给市政建设、水务及规划部门提供了科学的理论依据和准确的设计参数，直接影响排水工程的投资预算和可靠性。

8.3.3.3 城市大气环境管控和通风廊道建设

城市规划和建设应根据气候可行性论证结果，合理利用空气污染物扩散气象条件，科学设置、调整通风通道，避免和减轻大气污染物的滞留，政府部门需要对气候容量以及空气污染扩散和集聚的气候条件进行评估。例如，伊犁河谷地区在规划中进行大气环境分级管控导引。针对各类资源、城市建设空间及产业开发分布的不均匀性，统筹考虑受体敏感性、大气扩散条件和污染源分布，提出了大气环境分级管控分组，实现了伊犁地区污染敏感区的环境气候图技术（房小怡 等，2015）。再例如，根据北京市规划部门提供的现状和规划后的土地利用功能情况，进行通风环境评估，并从改善通风效能角度对通风廊道等城市建设工作提供建议。从技术上，先利用遥感和地理信息系统对地表通风参数（植被类型、叶面积指数、植被高度、建筑覆盖率和建筑高度）进行提取和计算，然后根据这些参数进一步计算天空开阔度和粗糙度长度。依据粗糙度和天空开阔度的组合对现状和规划方案实施后的通风潜力进行评估（房小怡 等，2015）。

8.3.3.4 城市安全运行

城市快速发展，承灾体脆弱性和暴露度不断增大，城市运行面临调整日趋增强。高温热浪、低温冷害、雷电大风、暴雨洪涝、低能见度等气象灾害及其引发的次生灾害对城市安全具有重要影响。在分析各种灾害的时空演变规律及城市规模与热岛效应、城市下垫面变化对气象灾害时空分布和强度演变的影响的基础上，利用卫星遥感、常规气象要素监测、数值模式预报和风险预警模型，建立城市气象灾害监测预警系统。评估城市生命线系统和城市重大建设工程的气象灾害风险，制定气象灾害防御对策和减灾工程技术研究可以为城市综合安全提供科学依据，气候服务正让城市生活更安全。

气候变化导致高温热浪、暴雨、雾、霾等灾害增多，北方和西南干旱化趋势加强，登陆台风强度增大，加剧沿海地区咸潮入侵风险，已经并将持续影响城市生命线系统运行、人居环境质量和居民生命财产安全。针对强降水、高温、台风、冰冻、雾、霾等极端天气气候事件，提高城市给排水、供电、供气、交通、通信等生命线系统的设计标准，加强稳定性和抗风险能力。根据气候变化对城市降水、温度和土壤地基稳定性的影响，制定或修订城市地下工程在排水、通风、墙体强度和地基稳定等方面的建设标准。根据海平面变化情况调整相关防护设施的设计标准。提高流域、区域性大洪水防洪设计标准。全面评估气候变化对城市敏感脆弱领域、区域和人群的影响和风险，包括水资源、交通、能源、建筑、卫生、旅游等行业。开展适应气候变化决策、管理及人文社会科学研究。加强对气候变化引发的传染性疾病、慢性疾病等人体健康风险的影响和传播机制研究，建立气候相关疾病的长期监测与评估体系。建立基础数据集，加强不同行业气象等相关数据处理以及应用方法研究。

8.3.4 重大工程气候可行性论证

天气气候条件的变化，如温度的波动、降水的多寡以及极端天气气候事件的突发，都有可能对重大工程的设施、辅助设备等产生影响，从而进一步影响工程的安全性、稳定性、可靠性和耐久性，通过开展重大工程与气候条件密切相关的气候影响分析和评估，避免或者减轻项目实施后可能受到的气象灾害、气候的影响，也可预判或评估重大工程实施后可能对局地气候产生的影响，从而合理开发、利用重大工程的气候资源。

气候可行性论证，是指对与气候条件密切相关的规划和建设项目进行气候适宜性、风险性以及可能对局地气候产生影响的分析、评估活动。目的是合理开发利用气候资源，尽可能避免或者减轻规划和建设项目实施中可能受到来自气象灾害和气候变化的影响，或者源自于项目建设造成的对局地气候的可能影响。

中国气象局于 2008 年 12 月 1 日发布的《气候可行性论证管理办法》规定，

与气候条件密切相关的规划和建设项目应当进行气候可行性论证。因此，气候可行性论证是《中华人民共和国气象法》和《气候可行性论证管理办法》赋予气象部门的职责。

近年来，极端天气气候事件明显增多，重大气象灾害及其次生、衍生灾害频发，灾害损失严重。在全球气候变暖的背景下和经济社会快速发展的过程中，国家各类规划和建设越来越受到气象灾害特别是恶劣天气的影响。气候不仅以水资源、热量资源、太阳能、风能等不同形式的资源供人类利用，而且作为一种重要的环境因素影响着人类的生存和发展。开展气候可行性论证工作对于科学应对气候变化，避免或减轻规划和建设项目可能受到气象灾害、不利气候因素的影响，提高规划和建设项目的科学性、安全性以及投资预算的合理性，以最大限度地减轻灾害所带来的后果，保障经济社会的正常运行等具有重要意义。

气候对重大工程项目的实施有关键作用，因其主要在野外作业，综合性强，环境条件也较复杂。重大工程建成运行后，也可能遭受各种气象灾害的袭击，造成严重后果。加强对重大工程立项的气候论证，保障工程的建设与运营安全，减少气象灾害对重大工程的影响，才能进一步提高项目工程应对各种气象灾害的能力。许多重大工程的建设运行过程对天气、气候的敏感性表现为多个方面，如大气环境、天气、气候直接影响建筑原材料的质和量，施工、运输过程以及劳动力价值和附加价值。基于实际劳动条件的适宜性和人的舒适性，城市、工厂、办公室和居室的设计方案、建筑材料和经常性的运行维持，必须考虑天气、气候条件及其变化规律，充分利用气象环境资源进行控制和调节。重大投资项目，气候可行性论证工作必须先行，这在国际上早已是常规的工作程序。如果不进行充分的气候可行性论证工作，气象灾害可能给重大投资项目造成严重的经济损失及环境破坏。通过论证使得该项目会考虑到当地气候可能出现的一些气象灾害或极端气候事件，避免对工程可能造成的危害或留下安全隐患；另外，大型工程建设对局地气候也可能会产生一些影响，通过论证须事先采取措施，避免周围的环境遭到破坏。

天气气候条件与城市发展、人居环境的关系十分密切，如果城市规划不当，会产生雨区的转移，降水量减少，水资源的安全受到威胁。气候可行性论证是保证城市规划、社会重大建设项目顺利实施、城市大气污染有效防治等不可或缺的必要环节，若不重视城市发展对局地气候的影响，很可能会造成难以逆转的严重后果，尽管在治理上投入了大量资金，最终改进环境的收效也会被抵消。相反，如果在城市发展规划中考虑气候可行性论证，合理安排城市建设布局，对政府及城市规划、建设部门科学决策，改善城市环境状况，提高市民生活质量，具有重要的意义和实用价值。

因此，加强气候可行性论证工作不仅是法律要求的具体落实，更是合理开发、利用和保护气候资源，合理实施重大项目，维护城市资源环境安全，保障社会经济可持续发展的重要举措。

长江三峡工程是治理和开发长江的关键性骨干工程，水库淹没涉及湖北省和重庆市的 20 余个县（市），坝址控制流域面积为 100 万平方千米，占长江总流域面积的 55.6%。在三峡建设前，中国气象局、中国科学院等多个单位联合组成研究团队，对三峡工程建设可能发生的环境问题进行充分研究分析，形成《长江三峡水利枢纽环境影响报告书》，是三峡工程建设气候论证的重要参考内容之一。

青藏铁路修建于对温度十分敏感的特殊冻土环境之上，而多年冻土是气候条件控制的特殊地质体，气温升高和降水条件变化都会对青藏铁路沿线的多年冻土产生深刻影响。青藏铁路在修建之前充分参考了气候分析结果，特别是冰川融水总量将处于增加状态，进行气候可行性论证在工程建设和运行保障中起到了至关重要的作用。例如，根据青藏铁路的运营期限和运营特点对不同时间段的气温变化趋势做出预测，根据温度变化幅度和不同季节变化特点，对冻土的影响程度和影响效果做出科学分析，在气候变化背景条件下对青藏铁路冻土区建设中工程设计原则的合理性、工程结构和工程措施的可靠性做出评价。

重大工程实施后，气候服务助力科学准确全面的动态跟踪评估，一是能够为决策提供参考，另一方面，能够回应社会关切。三峡工程建成蓄水后，随着水面面积扩大，水体高度增加，对周边环境效应逐渐显现，同时受大范围的大气环流影响，长江流域近些年发生了极端旱涝事件并产生了较大的社会影响。国家气候中心针对三峡库区基本气候特征的蓄水前后变化、库区与长江流域及西南地区的气候差异、三峡水库与不同尺度天气气候事件的相互关系等几个方面，进行了三峡库区蓄水的气候效应评估，科学阐述了水库蓄水对局地气候的可能影响程度和影响范围，揭示了长江流域的极端旱涝事件是更大范围的气候变化的区域体现（矫梅燕，2014）。气候效益评估指出，中国仍然是世界上少数几个以煤炭为主要能源的国家之一，煤炭在中国能源结构中占有很大的份额，三峡工程蓄水后由于航运条件的改善，通过三峡枢纽的船舶单位能耗降低，水运在替代公路运输等方面具有明显的节能减排作用，对于降低中国煤炭在一次能源使用中的比例、推进大气污染治理具有重要作用。

案例分析

气候可行性论证可以有效避免因气象灾害给重点工程带来的经济损失与环境破坏。不进行气候可行性论证，工程建设就有可能面临两种后果：要么是工程安全存在隐患；要么是工程设计的保险系数太高，也就是在工程安全上进行了不必要的投入，增加工程的造价。苏格兰的泰(Tay)桥和美国的塔科马(Tacoma)悬索桥就是缺乏充分前期气候可行性论证的佐证；国内的湖北松木坪电厂、广东马坝冶炼厂等，亦是因为前期没有严格论证气候条件，在选址和设计上存在问题，导致烟体无法排出，被迫减产或停产。"水浸街"一直是城市之患，如 2004 年 7 月北京市来势凶猛的暴雨造成城市交通瘫痪；2010 年夏季广州市连遭大雨侵袭，上百辆汽车遭雨水浸泡而报废等。一个很主要的原因在于进行市政建设时，未能充分考虑当地的气候特点和城市发展带来的气候变化。东南亚很多城市都出现一些灾害，例如在菲律宾的马尼拉，由于基础建设和排水设施落后，台风经常给城市造成巨大的损失，一次台风甚至一场暴雨过后，街区变"泽国"，供水供电系统中断。2008 年年初，席卷中国南方大部分地区的低温冰冻雨雪灾害，给电力、交通、农业、林业等行业造成严重影响，高速公路、铁路运输曾多次瘫痪，电网遭受重创，这正暴露了部分领域气候可行性论证的缺失。

西方及发达国家较早开始对各种重大建设项目和城市规划开展气候可行性论证，并积累了较为丰富的经验。1999 年建成的日本明石海峡大桥（跨本州—九州海峡），提前 13 年就在工程位置建起 200 多米高的气象塔进行工程气象观测，气象观测工作一直做了 13 年，确保了大桥的顺利建成与安全。巴黎是一座海拔较低的城市，年平均降水量为 642 毫米，由于建有规模庞大、完善发达的城市下水道排水系统，重视自然灾害预防和应急管理，设立风险预警系统，很少发生下雨积水引发的城市内涝灾害，有效降低了洪涝灾害的威胁。

国内近几年建成或正在筹建的许多大型项目也十分重视气候可行性论证。广东省港珠澳大桥、琼州海峡跨海工程、阳江核电站、台山核电站、陆丰核电站、广州新电视塔、广州西塔、深圳 LNG 项目等大型项目进行了详尽的气候可行性论证工作，此外，舟山的跨海大桥、浙江的杭州第二电信枢纽大楼、括苍山风力发电厂等重大工程，在设计或选址时都曾专门做过严格的气候可行性论证。三峡工程、青藏铁路、南水北调等重大工程，不仅在开工前进行了论证，在建设过程中还持续进行了气象保障服务。

部分省（自治区、直辖市）已经形成了特色的气候可行性论证案例，北京在城乡规划领域，广东在核电、风能选址以及大型交通设施领域的工作较为突出；吉林、辽宁在风电场和太阳能电站选址方面开展较好；浙江和湖北在大型交通设施领域的气候可行性论证开展比较有特色。

根据有关统计数据，2005—2010 年，全国共开展了 988 项气候可行性论证工作。主要集中在风能太阳能电站选址、核电、城乡规划、交通设施、火电空冷等领域。其中风能太阳电站选址所占比重最大，占总数的 40%，其次为城乡规划，占 11%，核电占 10%，交通设施和其他类占 9%，地方政府行业规划类占 8%。而火电空冷、输变电线路、大型水利工程类所占份额较小。在中国的环境影响评价中，特别是战略环评和规划环评中包含了气候可行性论证的内容。

8.4 气候服务前景

中国是最早开展气候服务的国家之一。1994 年，在国际上率先成立了国家级气候中心，2005 年又相继成立了省级气候中心。在极端天气气候事件频发和气候变化问题日益凸显的背景下，各级气候中心面向决策、面向民生、面向生产，为国家防灾减灾、应对气候变化、生态文明建设和经济社会发展提供了优质的气候服务，在认识气候、适应气候、利用和保护气候、保障气候安全中发挥了重要作用。

2009 年，在瑞士日内瓦召开的第三次世界气候大会上，国际社会决定建立全球气候服务框架（GFCS）。该框架由联合国主导，世界气象组织牵头，多个联合国机构、国际组织共同参与，向国际社会呈现了一个分享气候信息、共同加强科学研究、解决交叉性和与可持续发展有关问题的平台。实施 GFCS 的目标是促进社会更好地管理因气候变率和气候变化所引起的各种风险和机遇，减少社会对气候相关灾害的脆弱性，促进全球关键发展目标的实现，体现气候服务在社会、经济、安全和可持续发展方面的价值。

随着经济社会发展，气候对经济建设、社会发展和人民生活的影响日益显著。同时，政府决策部门、社会经济部门、社会公众对气候服务的需求越来越复杂，对气候服务能力的期望越来越高，对气候服务手段的要求越来越多样。实时监测、精准预测、有效预警、无所不在、深度融合、技术创新将使气候服务不断充满智慧。

建设智慧型气候服务，内容主要包括智能感知、精准预测、普惠服务等方面。智能感知包括对气象要素的感知、气候对经济社会影响的感知、用户需求的感知、业务运行状态的感知，这些感知都必须是高度智能化的。充分利用气象服务大数据洞察服务需求，获取交通、地理、农业、环保、国土、旅游、安监、林业、统计、海洋等行业信息，优化资源配置，丰富服务内容，提高服务质量。利用物联网、智能传感器、智能穿戴设备等，对气象信息、社会经济信息、用户需求信息、用户行为信息等基本信息进行实时自动采集，发展各类信息的实时感知技术。

精准预测包括气象要素预测、气象灾害预测、基于影响预测三个层次。精准包括精细化和准确率。精细化是指预测的更高空间分辨率和更快更新频次，利用现代信息技术，实现更加精准的预测。研发精细化的专业气候服务数值模式和基于影响的专业气候预测等核心技术，建立完善分类气象灾害案例库，实现对气象灾害快速识别和定位，建立动态致灾临界阈值计算方法和定量化气象灾害风险评估模型，逐步向客观定量影响预测延伸。

普惠服务是指能敏捷响应社会需求，将气候融入各行各业和人们衣食住行之中，让人人都能享受到个性化、专业化的气候服务，并在生产生活的决策中获得巨大的经济、社会价值和最佳体验。基于新一代移动通信、下一代互联网、数字广播电视网等技术手段，发展移动式交互、智能定向信息发布等气候服务信息传播手段，满足个性化、高并发、大流量的用户服务需求。发展问诊式、触手可及的自助服务，让社会感受到气候服务的无微不至、无所不在。发展企业生产用户定单式、仓储式的自动适应气候服务产品清单，提升气候保障经济生产减损增效能力。

未来，随着气候服务产品的个性化、精准化、专业化、多样化和智慧化的发展，云计算、物联网、移动互联、大数据等新技术的深入应用，依托于气象科学技术进步，气候服务将成为一个具备感知、判断、分析、选择、行动、创新和自适应能力的系统，气候服务全过程充满智慧，必将深入各行各业，走进千家万户，发挥越来越重要的作用。

参考文献

白媛，张建松，王静爱，2011. 基于灾害系统的中国南北方雪灾对比研究——以2008年南方冰冻雨雪灾害和2009年北方暴雪灾害为例 [J]. 灾害学，26（1）：14-19.

陈超，庞艳梅，张玉芳，2010. 近50年来四川盆地气候变化特征研究 [J]. 西南大学学报，32（9）：115-120.

陈锋，谢正辉，2012. 气候变化对南水北调中线工程水源区与受水区降水丰枯遭遇的影响 [J]. 气候与环境研究，17（2）：139-148.

陈烈庭，1998. 青藏高原冬春季异常雪盖与江南前汛期降水关系的检验和应用 [J]. 应用气象学报，9（增刊）：1-7.

程建刚，解明恩，2008. 近50年云南区域气候变化特征分析 [J]. 地理科学进展，27（5）：19-26.

程建刚，王学锋，范立张，等，2009. 近50年来云南气候带的变化特征 [J]. 地理科学进展，1（1）：18-24.

重庆市统计局，2015. 重庆统计年鉴—2015[M]. 北京：中国统计出版社.

仇保兴，2015. 海绵城市（LID）的内涵、途径与展望 [J]. 城乡建设（2）：8-16.

《大气科学词典》编委会，1994. 大气科学词典 [M]. 北京：气象出版社.

戴一枫，刘屹岷，周林炯，2011. 中国东部地区城市化对气温影响的观测分析 [J]. 气象科学，31（4）：365-371.

邓伟涛，孙照渤，曾刚，等，2009. 中国东部夏季降水型的年代际变化及其与北太平洋海温的关系 [J]. 大气科学，33（4）：835-846.

《第二次气候变化国家评估报告》编写委员会，2011. 第二次气候变化国家评估报告 [M]. 北京：科学出版社.

丁一汇，2008. 中国气象灾害大典（综合卷)[M]. 北京：气象出版社.

丁一汇，2013. 中国气候 [M]. 北京：科学出版社.

丁一汇，李清泉，李维京，等，2004. 中国业务动力季节预报的进展 [J]. 气象学报，62（5）：598-612.

丁一汇，朱定真，2013. 中国自然灾害要览 [M]. 北京：北京大学出版社.

杜军，2001. 西藏高原近40年的气温变化 [J]. 地理学报，56（6）：682-690.

杜军，马玉才，2004. 西藏高原降水变化趋势的气候分析 [J]. 地理学报，59（3）：375-382.

房小怡，王晓云，杜吴鹏，等，2015. 我国城市规划中气候信息应用回顾与展望 [J]. 地球科学进展，30（4）：445-455.

贵州省统计局，2015. 贵州统计年鉴—2015[M]. 北京：中国统计出版社.

郭渠，孙卫国，程炳岩，等，2009. 重庆市气温变化趋势及其可能原因分析 [J]. 气候与环境研究，14（6）：646-656.

花振飞，江志红，李肇新，等，2013. 长三角城市群下垫面变化气候效应的模拟研究 [J]. 气象科学，33（1）：1-9.

华南区域气候变化评估报告编写委员会，2013. 华南区域气候变化评估报告决策者摘要及执行摘要2012[M]. 北京：气象出版社.

黄刚，胡开明，屈侠，等，2016. 热带印度洋海温海盆一致模的变化规律及其对东亚夏季气候影响的回顾 [J]. 大气科学，40（1）：121-130.

黄健，吴兑，黄敏辉，等，2008. 1954—2004年珠江三角洲大气能见度变化趋势 [J]. 应用气象学报，19（1）：61-70.

黄中艳，2010. 1961—2007年云南干季干湿气候变化研究 [J]. 气候变化研究进展，6（2）：113-118.

贾小龙，陈丽娟，高辉，等，2013. 我国短期气候预测技术进展 [J]. 应用气象学报，24（6）：641-655.

矫梅燕，2014. 三峡工程气候效应综合评估报告 [M]. 北京：气象出版社.

李爱贞，牟际旺，1994. 城市混浊岛和城市热岛 [J]. 山东师大学报（自然科学版），9（1）：62-68.

李崇银，穆明权，潘静，2001. 印度洋海温偶极子和太平洋海温异常 [J]. 科学通报，46（20）：1747-1751.

李海燕，张文君，何金海，2016. ENSO及其组合模态对中国东部各季节降水的影响 [J]. 气象学报，74（3）：322-334.

李世奎，侯光良，欧阳海，等，1988. 中国农业气候资源和农业气候区划 [M]. 北京：科学出版社.

李世泰，2006. 港口核心竞争力影响因素及分析评价研究 [J]. 特区经济（7）：327-328.

李天杰，1995. 上海市区城市化对降水的影响初探 [J]. 水文（3）：34-41.

李维京，2012. 现代气象业务丛书：现代气候业务 [M]. 北京：气象出版社.

李维京，张培群，李清泉，等，2005. 短期气候综合动力模式系统业务化及其应用 [J]. 应用气象学报，16（增刊）：1-11.

李先维，2005. 中国天气景观旅游资源的类型与成因分析 [J]. 云南地理环境研究，17（5）：57-61.

李岩，胡军，王金星，等，2008. 河流集合预报方法（ESP）在水资源中长期预测中的应用研究 [J]. 水文（1）：25-27.

廖镜彪，王雪梅，李玉欣，等，2011. 城市化对广州降水的影响分析 [J]. 气象科学，31（4）：384-390.

廖要明，翟盘茂，等，2014. 中国气候区划与气候图集方案研究 [M]. 北京：气象出版社.

刘国良，2011. 条件对港口运营影响程度的综合分析 [J]. 中国水运，11（8）：25-26.

刘国玮，1997. 水文循环的大气过程 [M]. 北京：科学出版社.

刘时银，姚晓军，郭万钦，等，2015. 基于第二次冰川编目的中国冰川现状 [J]. 地理学报，70（1）：3-16.

刘燕，王谦谦，程正泉，2002. 我国西南地区夏季降水异常的区域特征 [J]. 南京气象学院学报，25（1）：105-110.

罗文芳，杨莉，许炳南，2005. 贵阳市秋绵雨的气候统计特征及其环流成因 [J]. 贵州气象，29（4）：3-5.

罗喜平，杨静，周成霞，等，2008. 贵州省雾的气候特征研究 [J]. 北京大学学报（自然科学版），44（5）：765-772.

马振峰，程炳岩，杜军，等，2012. 西南区域气候变化评估报告决策者摘要及执行摘要 [M]. 北京：气象出版社.

马振锋，彭俊，高文良，等，2006. 我国西南地区近40年西南地区的气候变化事实 [J]. 高原气象，25（4）：634-642.

聂安祺，陈星，冯志刚，2011. 中国三大城市带城市化气候效应的检测与对比 [J]. 气象科学，31（4）：372-383.

牛文元，2012. 中国新型城市化报告 2012[M]. 北京：科学出版社.

裴琳，严中伟，杨辉，2015. 400多年来中国东部旱涝型变化与太平洋年代际振荡关系 [J]. 科学通报（1）：97-108.

钱正英，张光斗，2001. 中国可持续发展水资源战略研究综合报告及各专题报告

[M]. 北京：中国水利水电出版社.

秦大河，张建云，闪淳昌，等，2015. 中国极端天气气候事件和灾害风险管理与适应国家评估报告 [M]. 北京：科学出版社.

任国玉，2007. 气候变化与中国水资源 [M]. 北京：气象出版社.

任玉玉，任国玉，张爱英，2010. 城市化对地面气温变化趋势影响研究综述 [J]. 地理科学进展，29（11）：1301-1310.

邵海燕，宋洁，马红云，2013. 东亚城市群发展对中国东部夏季风降水影响的模拟 [J]. 热带气象学报，29（2）：299-305.

申彦波，2017. 我国太阳能资源计算方法研究进展 [J]. 气象科技进展（2）：1-17.

申彦波，赵宗慈，石广玉，2008. 地面太阳辐射的变化、影响因子及其可能的气候效应最新研究进展 [J]. 地球科学进展，23（9）：915-923.

施能，鲁建军，朱乾根，1996. 东亚冬、夏季风百年强度指数及其气候变化 [J]. 南京气象学院学报，19（2）：168-177.

石广玉，2007. 大气辐射学 [M]. 北京：科学出版社.

四川省统计局，2015. 四川统计年鉴—2015[M]. 北京：中国统计出版社.

孙卫国，2008. 气候资源学 [M]. 北京：气象出版社.

谈建国，陆晨，陈正洪，2009. 高温热浪与人体健康 [M]. 北京：气象出版社.

滕卫平，俞善贤，胡波，等，2013. 气候变化对中国疟疾传播范围与强度的影响 [J]. 科技通报，29（7）：38-42.

王炳忠，张富国，李立贤，1980. 我国的太阳能资源及其计算 [J]. 太阳能学报，1（1）：1-9.

王连喜，陈怀亮，等，2010. 农业气候区划方法研究进展 [J]. 中国农业气象，31（2）：277-281.

王琼，谭秀益，陈峻峰，2012. 中国地下水污染现状分析及研究进展 [J]. 环境科学与管理，37（12）：52-56.

王绍武，赵宗慈，龚道溢，等，2005. 现代气候学概论 [M]. 北京：气象出版社.

吴兑，吴晓京，朱小祥，等，2009. 雾和霾 [M]. 北京：气象出版社.

吴普，周志斌，慕建利，2014. 避暑旅游指数概念模型及评价指标体系构建 [J]. 人文地理，29（3）：128-134.

吴宜进，2009. 旅游资源学 [M]. 武汉：华中科技大学出版社.

西藏自治区统计局，2015. 西藏统计年鉴—2015[M]. 北京：中国统计出版社.

徐雨晴，何吉成，2012. 1951—1998 年强降雨诱发的中国铁路洪水灾害分析 [J].

气候变化研究进展，8（1）：22-27.

徐裕华，1991. 西南气候 [M]. 北京：气象出版社.

许小峰，2012. 现代气象业务丛书——气象防灾减灾 [M]. 北京：气象出版社.

闫俊岳，陈乾金，张秀芝，等，1993. 中国近海气候 [M]. 北京：科学出版社.

严登华，王浩，王芳，等，2007. 我国生态需水研究体系及关键研究命题初探 [J]. 水利学报，38（3）：267-273.

杨修群，朱益民，谢倩，等，2004. 太平洋年代际振荡的研究进展 [J]. 大气科学，28（6）：979-992.

杨玉华，雷小途，2004. 我国登陆台风引起的大风分布特征的初步分析 [J]. 热带气象学报，20（6）：633-642.

叶笃正，高由禧，等，1979. 青藏高原气象学 [M]. 北京：科学出版社.

于宏源，2010. 气候变化与全球安全治理：基于问卷的思考 [J]. 世界经济与政治（6）：19-32.

云南省统计局，2015. 云南统计年鉴—2015[M]. 北京：中国统计出版社.

翟盘茂，王萃萃，李威，2007. 极端降水事件变化的观测研究 [J]. 气候变化研究进展，3（3）：144-148.

张家诚，2010. 季风与水 [M]. 北京：气象出版社.

张家诚，林之光，1985. 中国气候 [M]. 上海：上海科学技术出版社.

张立杰，胡天浩，胡非，2009. 近30年北京夏季降水演变的城郊对比 [J]. 气候与环境研究，14（1）：63-68.

张强，潘学标，马柱国，等，2009. 干旱 [M]. 北京：气象出版社.

张庆云，吕俊梅，杨莲梅，等，2007. 夏季中国降水型的年代际变化与大气内部动力过程及外强迫因子关系 [J]. 大气科学，31（6）：1290-1300.

张琼楠，杨淇翔，2015. 南水北调中线水源地与郑州市受水区丰枯遭遇分析 [J]. 南水北调与水利科技，13（2）：84-88.

张顺利，陶诗言，2001. 青藏高原积雪对亚洲夏季风影响的诊断及数值研究 [J]. 大气科学，25（3）：372-390.

张顺谦，马振峰，2011. 1961—2009年四川强降水变化的时空特征 [J]. 安徽农业科学，39（23）：14202-14207.

张小曳，孙俊英，王亚强，等，2013. 我国雾—霾成因及其治理与思考 [J]. 科学通报，58（13）：1178-1187.

张艳梅，黄锋，钟静，等，2009. 贵州主汛期极端降水事件及其环流特征分析

[J]. 热带地理，29（5）：445-449.

张艳梅，江志红，王冀，等，2008. 贵州夏季暴雨的气候特征 [J]. 气候变化研究进展，4（3）：182-186.

赵健，范北林，2006. 全国山洪灾害时空分布特点研究 [J]. 中国水利（13）：45-47.

郑国光，陈跃，王鹏飞，等，2005. 人工影响天气研究中的关键问题 [M]. 北京：气象出版社.

郑景云，卞娟娟，葛全胜，等，2013. 1981—2010 年中国气候区划 [J]. 科学通报，58（30）：3088-3099.

郑景云，尹云鹤，李炳元，2010. 中国气候区划新方案 [J]. 地理学报，65（1）：3-12.

郑小波，罗宇翔，周成霞，等，2007. 近 45 年来贵州省日照时数的变化特征 [J]. 气象研究与应用，28（增刊Ⅱ）：2-4.

郑益群，贵志成，强学民，等，2013. 中国不同纬度城市群对东亚夏季风气候影响的模拟研究 [J]. 地球物理学进展，28（2）：554-569.

《中国大百科全书》总编委会，2009. 中国大百科全书 [M]. 北京：中国大百科全书出版社.

中国气象局，2012. 全国风能资源评估报告 [M]. 北京：气象出版社.

中国气象局发展研究中心，2016. 中国气象发展报告（2016）[M]. 北京：气象出版社.

中国气象局气候变化中心，2015. 中国气候变化监测公报（2014 年）[M]. 北京：科学出版社.

周丽贤，黄蔚薇，章芳，等，2016. 平原与高山雾凇景观的旅游气象指数预报 [J]. 气象灾害防御，23（2）：42-45.

周晓农，杨坤，洪青标，等，2004. 气候变暖对中国血吸虫病传播影响的预测 [J]. 中国寄生虫学与寄生虫病杂志，22（5）：262-265.

周学华，王哲，郝明途，等，2008. 济南市春季大气颗粒物污染研究 [J]. 环境科学学报，28（4）：755-763.

周长艳，岑思弦，李跃清，等，2011. 四川省近 50 年降水的变化特征及影响 [J]. 地理学报，66（5）：619-630.

朱琦，刘涛，张永慧，等，2012. 广东省各区县洪灾脆弱性评估 [J]. 中华预防医学杂志，46（11）：1020-1024.

朱乾根，杨松，1989. 东亚副热带季风的北进及其低频振荡 [J]. 南京气象学院学报，12（3）：249-257.

朱益民，杨修群，2003. 太平洋年代际振荡与中国气候变率的联系 [J]. 气象学报，61（6）：641-654.

朱振全，2013. 气象谚语精选——天气预报小常识 [M]. 北京：金盾出版社.

Appel B R, 1985. Berkeley visibility as related to atmospheric aerosol constituents[J]. Atmos Environ, 19（9）：1525-1534.

Armstrong R L, Brun E, 2008. Snow and climate: Physical processes, surface energy exchange and modeling[M]. Cambridge, UK, Cambridge University Press.

Barnett T P, Dumenil L, Schlese U, et al, 1988. The effect of Eurasian snow cover on global climate[J]. Science, 239（4839）：504-507.

Chen H P, 2013. Projected change in extreme rainfall events in China by the end of the 21st century using CMIP5 models[J].Chinese Science Bulletin, 58（12）：1462-1472.

Fan H L, Sailor D J, 2005. Modeling the impacts of anthropogenic heating on the urban climate of Philadelphia: A comparison of implementations in two PBL schemes[J]. Atmos Environ, 39（1）：73-84.

Guo X L, Fu D H, Wang J, 2006. Mesoscale convective precipitation system modified by urbanization in Beijing City[J]. Atmos Res, 82（1）：112-126.

IPCC, 2007. Climate Change 2007: The Scientific Basis. Houghton J T, et al. eds. Contribution of Working Group I to the Third Assessment Report of the Intergovernmental Panel on Climate Change[M]. Cambridge：Cambridge University Press.

IPCC, 2012. Managing the risks of extreme events and disasters to advance climate change adaptation: special report of the intergovernmental panel on climate change[M].Cambridge: Cambridge University Press.

IPCC, 2014. Climate Change 2014: Impacts, Adaptation and Vulnerability. Part A: Global and Sectoral Aspects. Contribution of Working Group II to the Fifth Assessment Report of the Intergovernmental Panel on Climate Change[M]. In: Field C B, Barros V R, Dokken D J, Mach K J, Mastrandrea M D, Bilir T E, Chatterjee M, Ebi K L, Estrada Y O, Genova R C, Girma B, Kissel E S, Levy A N, MacCracken S, Mastrandrea P R, and White L L eds. Cambridge, UK, and New York, NY, USA: Cambridge University Press.

Jones P D, Lister D H, Li Q X, 2008. Urbanization effects in large-scale temperature records, with an emphasis on China[J]. Journal of Geophysical Research, 113, D16122.

Kim Y H, Balk J J, 2005. Spatial and temporal structure of the urban heat island in Seoul[J]. J Appl Meteorol, 44（5）：591-605.

Ma H Y, Jiang Z H, Song J, et al, 2015. Effects of urban land-use change in East China on the East Asian summer monsoon based on the CAM5.1 model[J]. Climate Dynamics, doi:10.1007/s00382-015-2745-4.

Magee N, Curtis J, Wendler G, 1999. The urban heat island effect at Fairbanks, Alaska[J]. Theor Appl Climatol, 64（1/2）：39-47.

Morris C J G, Simmonds I, Plummer N, 2001. Quantification of the influences of wind and cloud on the nocturnal urban heat island of a large city[J]. J ApplMeteorol, 40（2）：169-182.

Ren G Y, Zhou Y Q, Chu Z Y, et al, 2008. Urbanization effects on observed surface air temperature trends in North China[J]. Journal of Climate, 21（6）：1333-1348.

Sailor D J, Lu L, 2004. A top-down methodology for developing diurnal and seasonal anthropogenic heating profiles for urban areas[J]. Atmos Environ, 38（17）：2737-2748.

Tang I N, Wong W T, Munkelwitz H R, 1981. The relative importance of atmospheric sulfate and nitrates in visibility reduction[J]. Atmos Environ, 15（2）：2463-2471.

Wang X Q, Gong Y B, 2010. The impact of an urban dry island on the summer heat wave and sultry weather in Beijing City[J]. Chinese Science Bulletin, 55（16）：1657-1661.

Wu T, Li W, Ji J, et al, 2013. Global carbon budgets simulated by the Beijing climate center climate system model for the last century[J]. J Geophys Res Atmos, 118（10）：4326-4347.

Wu T, Song L, Li W, et al, 2014. An overview of BCC climate system model development and application for climate change studies[J]. J Meteor Res, 28（1）：34-56.

Wu T, Yu R, Zhang F, et al, 2010. The Beijing Climate Center atmospheric general circulation model: description and its performance for the present-day climate[J]. Clim Dyn, 34：123-147.

Yeh T C, et al, 1983. A model study of the short-term climatic and hydrologic effects of sudden snow-cover removal[J]. Monthly Weather Review, 111（5）：1013-1024.

Zhou B T, Wen H Q Z, Xu Y, et al, 2014. Projected changes in temperature and precipitation extremes in China by the CMIP5 multimodel ensembles[J]. Journal of Climate, 27（17）：6591-6611.